D1726702

Martin Zerta | Werner Zittel | Jörg Schindler | Hiromichi Yanagihara

AUFBRUCH

UNSER ENERGIE-SYSTEM IM WANDEL

Martin Zerta | Werner Zittel | Jörg Schindler | Hiromichi Yanagihara

AUFBRUCH

UNSER ENERGIE-SYSTEM IM WANDEL

Der veränderte Rahmen für die kommenden Jahrzehnte

FinanzBuch Verlag

Bibliografische Information der Deutschen Nationalbibliothek
Die Deutsche Nationalbibliothek verzeichnet diese Publikation in der Deutschen Nationalbibliografie.
detaillierte bibliografische Daten sind im Internet über **http://d-nb.de** abrufbar.

Für Fragen und Anregungen:
zerta@finanzbuchverlag.de
zittel@finanzbuchverlag.de
schindler@finanzbuchverlag.de
yanagihara@finanzbuchverlag.de

1. Auflage 2011

Nymphenburger Straße 86
D-80636 München
Tel.: 089 651285-0
Fax: 089 652096

Lektorat & Korrektorat: Stefan Just
Satz: Daniel Förster
Druck: CPI – Ebner & Spiegel, Ulm

ISBN 978-3-89879-605-7

Inhalt

Vorwort **7**
Einleitung **9**

Kapitel 1 - Energien heute, Energien morgen **15**
Peak Fossil 15
Die großen erneuerbaren Energiepotentiale müssen noch erschlossen werden 20
Regionale Perspektiven 22
Die große Transition 25
Methodik 27

Kapitel 2 - »Säulen« unserer Energieversorgung **31**
Peak Oil ist schon da 34
Erdgasversorgung am Scheideweg 79
Kohleenergie die Lösung? 98
Strahlender Retter? Ausblick auf die nukleare Energieversorgung 119

Kapitel 3 - Neue Energie: Investieren in die Zukunft **139**
Erneuerbare Energien im Aufwind 139
Wo stehen wir heute? 143
Solarenergie – Riesige Potentiale erschließen 151
Windenergie – Zugpferd der erneuerbaren Energien 165
Wasserkraft – Alte und neue Technologien 173
Geothermie – Wärme und Strom aus der Erde 179
Biomasse – zunehmende Nutzungskonkurrenz 183

Kapitel 4 - Regionale Perspektiven **189**
Regionen - ungleiche Voraussetzungen und Perspektiven 189
Globale Ansichten und Aussichten 192
OECD-Nordamerika 199
OECD-Europa 208
China 219
Indien (Südasien) 225
Übergangsstaaten 231
Mittlerer Osten 235
Ostasien 239
Afrika 244
Lateinamerika 251
OECD-Region Pazifik 257

Kapitel 5 - Die große Transition **261**
Eine kurze Geschichte der Energienutzung 261
Industrielle Revolution und fossiles Zeitalter 269
Die Transition in die postfossile Ära 282
Eine verträgliche Transition ist möglich 320

Literatur **327**
Abkürzungsverzeichnis **335**
Tabellenverzeichnis **339**
Abkürzungen **341**
Ludwig-Bölkow-Systemtechnik GmbH **343**
Autoren **345**
Stichwortverzeichnis **347**

Vorwort

Mit dem Erreichen des Höhepunkts der weltweiten Ölförderung – Peak Oil – steht die Welt am Beginn eines epochalen Wandels. Es ist der Übergang zu einer Gesellschaft, die immer weniger Erdöl, Gas und Kohle (wie übrigens auch Uran) zur Verfügung haben wird und schließlich ganz ohne diese Energiequellen auskommen muss. Für jeden sichtbare Indizien für diese Entwicklung sind die seit dem Jahr 2000 stark steigenden Preise von Erdöl und anderen fossilen Energieträgern und die Krisen in wichtigen vom Öl abhängigen Branchen wie der Automobilindustrie und der Luftfahrt.

Die Nichtnachhaltigkeit der heutigen Energiewirtschaft ist nicht nur in ihren negativen Folgen für das Klima begründet, sondern sie liegt auch in der Endlichkeit der fossilen Energieträger, die jetzt mit ihren aktuellen Auswirkungen spürbar wird. Die Zeit der billigen und reichlichen Energie geht zu Ende. Das ist der Beginn des Übergangs vom fossilen Zeitalter zu einer postfossilen Ära, eine Transition, die ebenso grundlegend und einschneidend sein wird wie es die fossil geprägte industrielle Revolution vor über 200 Jahren war. Deswegen werden alle Menschen betroffen sein.

Toyota Motor Europe (TME) hat im Jahr 2006 die Ludwig-Bölkow-Systemtechnik GmbH (LBST) beauftragt, die Auswirkungen eines drohenden Rückgangs der weltweiten Erdölförderung auf insbesondere die Automobilindustrie zu untersuchen. Dieses Buch fasst die wesentlichen Ergebnisse zusammen, die die Autoren von der LBST in enger Zusammenarbeit mit Dr. Yanagihara von TME in den folgenden Jahren erarbeitet haben. Die damals und seitdem gewonnenen Erkenntnisse sollen hiermit einer breiten Öffentlichkeit zugänglich gemacht werden.

Es ist das Anliegen dieses Buches, die Entwicklungen verständlich zu machen und für die anstehende Transition Orientierung zu geben. Es gibt keine einfachen Lösungen, aber es gibt die unabweisbare Erkenntnis, dass man nichtnachhaltige Strukturen so schnell wie möglich verlassen muss. Insbesondere erfordert dies den raschen Übergang zu erneuerbaren Energien und zu einer nachhaltigen Nutzung von Mineralien und anderen Stoffen in den für die Erhaltung des Lebens auf der Erde zu beachtenden Grenzen. Es ist eine gesellschaftliche Aufgabe, den anstehenden Wandel positiv und verträglich zu gestalten.

Martin Zerta
Werner Zittel
Jörg Schindler
Hiromichi Yanagihara

Ottobrunn und Tokio
Oktober 2010

Einleitung

Seit Beginn des neuen Jahrtausends ist der Ölmarkt zunehmend in Turbulenzen geraten. Hatte der renommierte *Economist* im Jahre 1999 noch vorausgesagt, dass die Welt in Zukunft eine Ölschwemme erleben werde – mit Preisen von fünf US-Dollar pro Barrel –, so zeigte sich bald, dass es doch anders kommen sollte. Es gab erste Knappheiten und Verteuerungen. LKW-Fahrer streikten in England und Frankreich, und die *Bild-Zeitung* schürte in Deutschland die »Benzinwut«. Die OPEC versprach in der Folge, den Ölpreis in einem Band von 22 bis 28 Dollar halten zu wollen, um die Weltwirtschaft nicht zu gefährden. Wir wissen heute, dass die OPEC dieses Versprechen nicht einhalten konnte, und wir wissen auch, dass die Weltwirtschaft bei Preisen von 30, 40 und 50 Dollar pro Barrel in den Folgejahren nicht zusammengebrochen ist.

Aber es sollte noch schlimmer kommen. Der Ölpreis werde niemals über 60 Dollar pro Fass Erdöl gehen, war noch im Frühjahr 2003 zu hören. Im Sommer 2005 wurden die 60 Dollar überschritten. In dieser Zeit begann sich auch das Verhalten der Autokäufer zu verändern. Große Fahrzeuge, sogenannte SUVs, wurden seltener gekauft, die Autoabsatzzahlen begannen zunächst in den USA und zwei Jahre später auch in Deutschland einzubrechen. General Motors, der damals noch weltgrößte Automobilhersteller, schrieb zum ersten Mal rote Zahlen und sollte aus diesen auch erst einmal nicht mehr herauskommen.

Handelte es sich um zufällige Ereignisse oder gab es doch strukturelle Ursachen für die zunehmenden Verwerfungen? Die Ludwig-Bölkow-Systemtechnik GmbH hatte sich seit Mitte der 1990er Jahre mit der künftigen Verfügbarkeit von Erdöl befasst und schon einige Arbeiten veröffentlicht, die vor einem unmittelbar bevorstehenden Peak der globalen Ölförderung warnten. Das war zu diesem Zeitpunkt jedoch eine Außenseiterposition, weit ab vom Mainstream. Besonders betroffen von den Ölpreissteigerungen und den möglichen Weiterungen war natürlich die Automobilindustrie. So war auch Toyota beunruhigt und wollte wissen, was die wahren Ursachen der neuen Entwicklungen waren. Unter anderem wurde auch die LBST aufgefordert, ihre (damals unorthodoxen) Analysen und Deutungen der Ereignisse einzubringen.

Im Jahr 2006 beauftragte so Toyota Motor Europe die LBST, die beobachteten Veränderungen zu untersuchen und ihre Ursachen zu identifizieren. Erkennbare Trends der langfristigen Entwicklung sollten ermittelt und potentielle Konsequenzen für die Autoindustrie herausgearbeitet werden. Dies sollte mit einer Empfehlung für den Umgang mit diesen Problemen und einer Darstellung der Konsequenzen für die Autoindustrie abgeschlossen werden.

Entstanden ist in mehrjähriger Arbeit eine detaillierte Analyse der künftigen Verfügbarkeit fossiler und nuklearer Energiequellen und der Konsequenzen für künftige Entwicklungen. Mit einer Fokussierung auf die Autoindustrie wurden Empfehlungen für eine Neuausrichtung erarbeitet, wie man mit dieser Herausforderung umgehen könne. Die Ergebnisse wurden als so wesentlich angesehen, dass sie in einer allgemeinverständlichen Kurzfassung mit diesem Buch einer breiten Öffentlichkeit zugänglich gemacht werden.

Es stellte sich bald heraus, dass es nicht genügt, sich auf Erdöl – zweifellos die Leitwährung für Transport und Verkehr – zu beschränken. Wie sieht es aus mit den Substitutionspotentialen, wenn Erdöl tatsächlich einmal weniger wird? Kann Erdgas das Öl ersetzen, oder Kohle? Welches Potential haben erneuerbare Kraftstoffe? Also musste das ganze Energiespektrum untersucht werden, um zu strategisch relevanten Aussagen zu gelangen.

Das Buch ist folgendermaßen aufgebaut:

- Das erste-kürzere-Kapitel gibt eine Zusammenfassung der Ergebnisse in knapper Form und ohne ausführliche Begründungen. Diese finden sich in den folgenden Detailkapiteln.
- Im zweiten Kapitel wird ausführlich die Verfügbarkeit der fossilen Energieträger und die Zukunft der Kernenergienutzung abgehandelt. Ausgehend von der beginnenden Ölverknappung werden die Möglichkeiten diskutiert, Öl durch die anderen fossilen Energieträger Erdgas und Kohle oder durch eine Ausweitung der Kernenergienutzung zu substituieren. Basierend auf detaillierten Analysen der Ölförderung sowie der Kohle-, Gas- und Uranförderung in den verschiedenen Regionen der Welt wird die Entwicklung der kommenden Jahrzehnte skizziert.
- Kapitel 3 befasst sich mit der Entwicklung der regenerativen Energietechnologien – der Historie bis 2009 und der Extrapolation anhand der verfügbaren Potentiale und der regionalen Trends.
- Kapitel 4 versucht eine Zwischenbilanz zu ziehen, indem für einzelne Weltregionen die regionale Verfügbarkeit fossiler und regenerativer Energien diskutiert wird. Hier werden auch Entwicklungen im wirtschaftlichen und politischen Raum skizziert, um darzustellen, wie sich die unterschiedlich betroffenen Regionen heute positionieren.
- Das abschließende Kapitel 5 zieht aus diesen Analysen in aller gebotenen Grundsätzlichkeit die notwendigen Schlüsse.

Wir stehen heute mit dem Erreichen des weltweiten Ölfördermaximums vor einem epochalen Umbruch, der weit über die Energieversorgung hinausgehen wird. Das sich vergrößernde Defizit wird nicht durch die verstärkte Nutzung anderer fossiler Energieträger ausgeglichen werden können. Es geht wohlgemerkt nicht darum, dass das Öl über Nacht versiegen wird, aber der Wechsel von »Jedes Jahr ein bisschen mehr« zu »Jedes Jahr ein bisschen weniger« stellt einen Wendepunkt dar. Vermutlich wird in etwa 20 Jahren nur noch halb so viel Erdöl gefördert werden wie heute. Die Nutzung reichlicher und billiger Energie wurde zur Basis unseres Wirtschaftens im Kleinen wie im Großen. Die heutigen Strukturen sind an diese Randbedingung angepasst. Der Beginn einer irreversiblen

Verknappung der Energiereserven muss in einer Welt mit immer größerem Hunger nach Energie zu einem Strukturbruch führen.

Dieser Wandel wird die Automobilindustrie sehr früh und in besonderem Maße betreffen. Doch letztlich wird die Gesellschaft als Ganzes in ihren Strukturen betroffen werden. Ein länger andauernder Anpassungsprozess wird erzwungen werden, ähnlich dem Übergang zum Beginn der Industrialisierung in die Neuzeit.

Wirtschaften heißt, mit knappen Gütern zu haushalten. Ausgerechnet bei dem knappsten (den endlichen Energieträgern) und dem wichtigsten Gut (unserer Atmosphäre) bestehen wir auf »Dumpingpreisen«. Wir rechtfertigen das damit, dass wir die uns nachfolgenden Generationen auf dann sicherlich vorhandene billige Alternativen vertrösten, und haben lange gehofft, dass wir noch nicht selbst davon betroffen sein würden. Doch das entpuppt sich mehr und mehr als Selbstbetrug.

Dieses Buch will Material an die Hand geben, das jedem helfen kann, sich auf den kommenden Strukturbruch vorzubereiten. Es erscheint in einem Wirtschaftsverlag, denn es geht um Verständnis dessen, was an den Börsen oder in von der Energieversorgung, insbesondere vom billigen Öl, abhängigen Wirtschaftszweigen bereits passiert. Die richtige Einordnung ist Grundlage für richtige Entscheidungen.

Wie die Zukunft sein wird, das kann man nicht wirklich wissen. Wohl aber können wir die Pfade benennen, die sicher nichtnachhaltig sind und in Sackgassen führen. Damit können wir Leitplanken definieren, innerhalb derer sich künftiges Handeln bewegen muss, um zukunftsfähig zu sein. Das sind notwendige, aber keineswegs hinreichende Bedingungen.

Das Verhalten der Akteure – Wirtschaft, Politik, Zivilgesellschaft – bestimmt, was daraus wird. Nur eines kann mit Sicherheit gesagt werden: Was nicht den Kriterien der Nachhaltigkeit genügt, wird nicht lange durchzuhalten sein.

Es geht dabei aber nicht nur um einen technologischen Wechsel. Es geht nicht einfach darum, den einen Energieträger durch den anderen zu ersetzen. Die Transition von der fossil geprägten zu einer postfossilen Welt wird zu grundlegend neuen Mustern führen: bei Siedlungsstrukturen, in der Landwirtschaft, in der Wirtschaft und in der Art, wie wir auch künftig Mobilität für alle Menschen sicherstellen können. Nur mit Hilfe von strukturellen Lösungsansätzen, die den kommenden Wandel unterstützen und ihm nicht entgegenstehen, kann mittel- bis langfristig auftretenden Verwerfungen wie einer Wirtschaftskrise, einer Energiekrise oder Klimakatastrophen gegengesteuert werden. Umgekehrt wird das möglichst lange Festhalten an alten Strukturen dann die Krisen verschärfen, wenn ein Beharren nicht mehr möglich ist. Dann aber wird wertvolle Zeit verstrichen und Ressourcen werden verschwendet sein.

Dabei gilt es auch, Abschied zu nehmen von alten, heute noch vorherrschenden Sichtweisen. In Zukunft wird Energie nicht mehr billig und reichlich sein. Nur unter dieser geänderten Voraussetzung wird der Blick frei, um Kreativität in der Suche nach Neuem zu entfalten. Auch wenn am Ende noch viele Fragezeichen bleiben, so ist der Weg klar. Und letztlich ist es der einzig gangbare Weg, um dauerhafte Verwerfungen zu vermeiden. Nachhaltigkeit ist kein Luxus, den wir uns leisten wollen oder können – sie ist eine Notwendigkeit, deren Nichtbeachtung zu einer harten Landung führt.

Es gibt aber keinen Grund für Katastrophenszenarien. Die Zukunft ist gestaltbar und muss gestaltet werden, damit eine verträgliche Transition in eine postfossile Welt möglich wird. Das soll im abschließenden Kapitel dieses Buches deutlich gemacht werden.

Nur mit langfristigem Denken, nur mit Denken in Zeiträumen, die weit über die eigene Lebenszeit und erst recht über die Zeit des aktiven Berufslebens hinausgehen, nur so werden wir unserer Verantwortung für die nach uns kommenden Generationen gerecht. Nur wenn wir eine Denkebene über unserem täglichen »Management« in Forschung und Wissenschaft, in Technik und Industrie, in Gesellschaft und Politik einnehmen und uns dieser Notwendigkeit bewusst sind, führen wir wirklich.

Eine Person, ein Unternehmen, eine Verwaltung, eine Regierung können angesichts der auf uns zukommenden Probleme, auch wenn diese erkannt werden, allein kaum Entscheidendes tun. Es ist die gesamte Gesellschaft, die gefragt und gefordert ist, wenn die Chance eines Erfolges bei der Lösung der gegenwärtigen großen Probleme wie der Umstrukturierung der Land- und Energiewirtschaft, des Bevölkerungszuwachses in der Dritten Welt, der Umweltbelastung, des Sterbens der Wälder und der Arbeitslosigkeit bestehen soll.

Ludwig Bölkow, 1983
(1912–2003)

1. Energien heute, Energien morgen

»The world's energy system is at crossroads. Current global trends on energy supply and consumption are patently unsustainable – environmentally, economically, socially. But that can – and must – be altered; there's still time to change the road we're on. It is not an exaggeration to claim that the future of human prosperity depends on how successfully we tackle the two central energy challenges facing us today: securing the supply of reliable and affordable energy; and effecting a rapid transformation to a low-carbon, efficient and environmentally benign system of energy supply. What is needed is nothing short of an energy revolution.«

Internationale Energieagentur, World Energy Outlook 2008

Peak Fossil

Peak Oil ist jetzt

In den letzten Jahren ist der Ölpreis um den Faktor Zehn gestiegen, während die Ölförderung selbst seit 2005 nicht mehr ausgeweitet werden kann. Die Förderraten in den großen und wichtigen Ölregionen beginnen zurückzugehen, und der Anschluss von kleineren, schwer zugänglichen Ölfeldern und unkonventionellen Quellen wie Teersanden und Tiefseeöl kann nicht schnell genug ausgeweitet werden – auch unter dem Einsatz immer besserer Technologie. Nachdem 2000 die europäische Förderung ihren Höhepunkt erreicht hat, konnten auch die OPEC-Staaten im

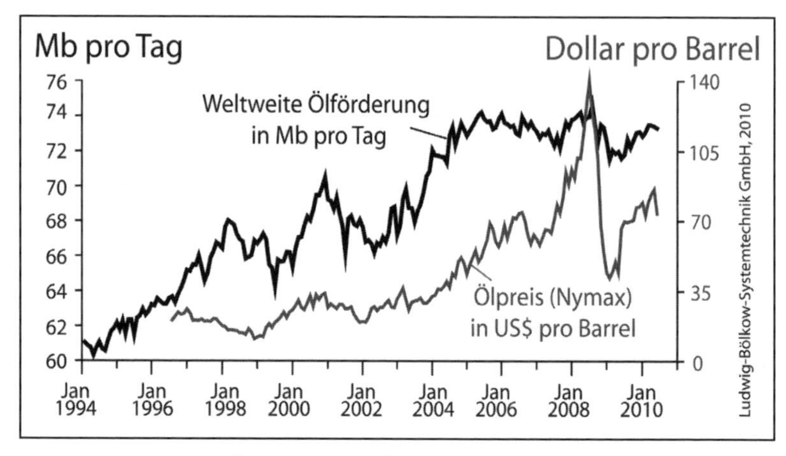

Abbildung 1: Weltweite Ölförderung und Ölpreis [EIA 2010]

Mittleren Osten ihre Ölexporte nicht mehr nennenswert ausweiten. Seit 2005 ist ein Förderplateau von unter 74 Millionen Barrel Öl pro Tag erreicht. Obwohl sich zwischen 2005 und 2008 der Rohölpreis nochmals verdoppelte, konnte die Förderung nicht ausgeweitet werden. Im Gegenteil, in Saudi-Arabien, dem weltgrößten Ölförderland, ging die Förderung sogar zurück. Abbildung 1 fasst die weltweite Förderung von Rohöl (crude oil and least condensates) und die Entwicklung des Ölpreises in den letzten Jahren zusammen. Diese beinhalten nicht den Beitrag von Flüssiggasen (NGLs), biogenen Kraftstoffen und Raffineriegewinnen (all liquids).

Energieträger sind nicht addierbar und austauschbar

Das Aufaddieren verschiedener Energieträger wie Öl, Gas, Kohle, Nuklearenergie, Biomasse und auch erneuerbarer Strom ist irreführend und nicht zielführend.

Am Beispiel des Verkehrs, der zu 95 Prozent vom Öl abhängig ist, kann dies einfach veranschaulicht werden. Benzin- und Dieselantriebe von PKWs oder LKWs können nicht einfach durch Kohle- oder Nuklearenergie ersetzt werden. Auch regenerativer Strom kann für den bestehenden Fuhrpark kein einfaches Substitut sein. Neue Fahrzeugantriebe und neue Infrastrukturen müssen hierfür errichtet werden.

Peak Oil leitet den Peak aller fossilen Brennstoffe ein

Ganz entgegen dem Eindruck, den die scheinbar riesigen Mengen an existierenden Ressourcen vermitteln, wird die weltweite Förderung von fossilen und nuklearen Brennstoffen höchstwahrscheinlich schon bis Ende dieses Jahrzehnts ihren Höhepunkt erreicht haben. Dieser Wendepunkt, wird eine grundlegende strukturelle Veränderung einleiten: Die erwarteten Folgen von »Peak Oil« (bereits eingetreten) und »Peak Gas« (bis 2020) werden zu einem rasanten Abschwung in der konventionellen Energiebereitstellung führen – mit drastischen Rückkopplungen und Auswirkungen auf die Weltwirtschaft und die Gesellschaft.

Abbildung 2 zeigt die historische Förderung von Öl, Gas, Kohle und Nuklearenergie zwischen 1920 und 2006 und gibt einen Ausblick auf die zu erwartende weltweite Förderung bis 2100. Der weltweite Energiebedarf bis 2030, wie er von der Internationalen Energieagentur (IEA) im World Energy Outlook (WEO) 2009 beschrieben wird, wird weiter steigen; trotz absteigenden Kurven wird die Notwendigkeit einer steigenden Förderung aus diesen Energiequellen sichtbar [WEO 2009]. Wir erwarten jedoch, dass unser heutiges konventionelles Energiesystem dieses Wachstum nicht ermöglichen kann und wird. Spätestens zu Beginn des nächsten Jahrzehnts wird die gesamte Energiebereitstellung aus diesen Quellen weltweit zurückgehen. Auf solch einen fundamentalen Wandel in so naher Zukunft sind wir jedoch nicht vorbereitet.

Was die weltweite Primärenergiebereitstellung aus fossilen und nuklearen Energiequellen betrifft, können einige begründete Aussagen getroffen werden:

- Von allerhöchster Bedeutung ist, dass die Förderung unseres wichtigsten Energieträgers (Öl stellt mehr als ein Drittel der weltweiten

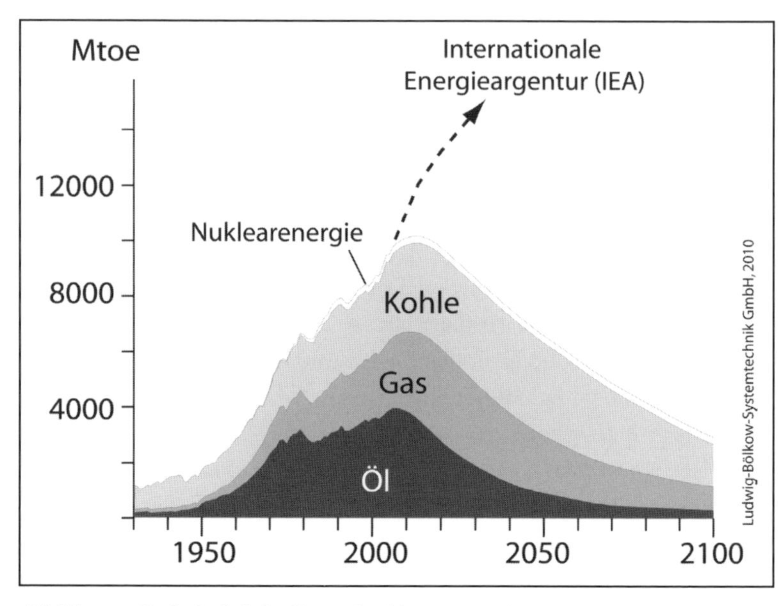

Abbildung 2: Verfügbarkeit fossiler und nuklearer Energie – Historie und Prognose

Energieversorgung und treibt zirka 95 Prozent des Transportsektors an) den Höhepunkt erreicht hat und in Zukunft mit 3 Prozent pro Jahr (wie zum Beispiel in den USA in den letzten 30 Jahren, nach dem nationalen Förderhöhepunkt, zu beobachten ist) oder sogar noch stärker (wie nahezu in allen »Offshore«-Gebieten mit 5 bis 10 Prozent pro Jahr) fallen wird.

- Die Energieszenarien und -prognosen der Internationalen Energieagentur (IEA) adressieren dieses Problem nicht ausreichend [WEO 2004], [WEO 2006], [WEO 2008], [WEO 2009].
- Die weltweite Gasversorgung wird vermutlich bereits in den nächsten 10 Jahren beginnen abzufallen, in manchen Regionen sogar schon in den nächsten Jahren, wenn interkontinentale Gastransporte die fallende regionale Gasförderung nicht ausgleichen können.
- Die weltweite Kohleförderung wird ihr Maximum ebenfalls bereits um 2020, parallel zum Höhepunkt der Gasförderung, erreichen. Schon vor diesem Zeitpunkt wird insbesondere die auf dem Welt-

markt verfügbare Kohlemenge zurückgehen. Damit wird die maximale Verfügbarkeit von Öl und Kohle nahezu gleichzeitig erreicht.

Nuklearenergie – ein Auslaufmodell

Die Nuklearenergie wird auch in Zukunft keine nennenswerte Rolle spielen können. Nach einer Hochlaufphase von fünfzig Jahren mit erheblicher politischer und finanzieller Unterstützung stellen nukleare Kraftwerke heute lediglich zwei Prozent der weltweiten Endenergie zur Verfügung.

Veralteter Kraftwerkspark

Das Durchschnittsalter der weltweit 441 Reaktoren (2010) beträgt 26 Jahre. Obwohl die Internationale Atomenergieagentur (IAEA), viele Kraftwerkshersteller und Betreiber von Nuklearanlagen eine Renaissance der Nuklearenergie herbeireden wollen, zeigt ein näherer Blick auf die tatsächliche Entwicklung, dass der Beitrag der Kernkraft an der Energieversorgung bereits abnimmt. Zwischen 2000 und 2009 schrumpfte der nukleare Kraftwerkspark in Europa um 7200 MW. Allein im letzten Jahr ging die installierte Leistung in Europa um fast 1000 MW zurück [EWEA 2010].

Sinkende Uranverfügbarkeit und Abhängigkeit von wenigen Lieferanten

Die Analyse der verfügbaren Uranressourcen führt zu der Einschätzung, dass die Reserven nicht ausreichen werden, um die nukleare Energieversorgung auf dem heutigen Niveau für mehr als dreißig Jahre zu gewährleisten. Bei Berücksichtigung aller bekannten Ressourcen würde sich auf Grundlage des heutigen Uranbedarfs maximal eine Reichweite von 60 bis 90 Jahren ergeben.

Neue Technologien

Kernfusion wird zur Energieversorgung der Menschheit günstigstenfalls in fünfzig Jahren substantiell beitragen können. Zu diesem Zeitpunkt muss aber die Umstrukturierung der Energieversorgung längst erfolgt sein.

Die großen erneuerbaren Energiepotentiale müssen noch erschlossen werden

Im Gegensatz zu den fossilen Energien, deren Endlichkeit feststeht und deren Rückgang absehbar ist und uns in den nächsten Jahren treffen wird, ob wir vorbereitet sind oder nicht, wird es bei den erneuerbaren Energien eine Frage unserer Voraussicht und unserer Initiative sein, in welchem Maße wir sie weiter ausbauen können, mit welcher Geschwindigkeit und Entschlossenheit dieser Ausbau vorangetrieben wird. Das Umstellen auf erneuerbare Energien – insbesondere erneuerbaren Strom – erfordert große Investitionen in Anlagen zur Energieerzeugung und in die Infrastruktur (Ausbau der Stromnetze und Stromspeicher).

Effizienter Einsatz der Ressourcen

Steigende Energie- und Brennstoffkosten werden eine Folge des Förderrückgangs bei fossilen Energieträgern sein. Die Zeit reichlich vorhandener und billiger Energie in den Industriestaaten geht zu Ende. Damit wird eine effizientere Nutzung von Energie nicht nur wichtig, sondern aus ökonomischer Sicht auch notwendig. Der heutige Energieverbrauch der industrialisierten Länder kann nicht – räumlich – auf die ganze Welt und – zeitlich – auf die kommenden Generationen übertragen werden. Ein Übergang zu nachhaltigeren Strukturen ist so schnell wie möglich einzuleiten. Die vorhandenen Ressourcen an Energie, Finanzmitteln und Zeit sollten umgehend für den Aufbau von erneuerbaren Energiestrukturen eingesetzt werden, statt dass an den bestehenden Strukturen festgehalten wird.

Wachsender Anteil – trotzdem nicht ausreichend?

Unser Energiesystem wird dominiert von fossilen Energieträgern: Mehr als 85 Prozent der Primärenergie werden durch Öl, Erdgas und Kohle bereitgestellt. Besonders abhängig ist dabei der Transportsektor, der nahezu vollständig mit Öl betrieben wird. Der Anteil biogener Kraftstoffe beträgt weniger als 3 Prozent [IEA 2010a].

In den letzten Jahren konnten erneuerbare Energien trotz der Finanzkrise deutlich zulegen. Zur Stromerzeugung werden mittlerweile mehr Kraftwerke mit erneuerbaren Quellen errichtet als fossile und nukleare zusammen. 2009 waren das beispielsweise 62 Prozent aller neuen Kraftwerke in Europa. Für 39 Prozent der installierten Kraftwerksleistung standen Windkraftanlagen, für 17 Prozent Fotovoltaik-Anlagen [EWEA 2010].

Trotzdem ist der absolute Anteil erneuerbarer Energien an der Energieversorgung noch relativ gering. 2008 wurden weltweit weniger als 13 Prozent der Primärenergie durch Erneuerbare bereitgestellt. Bei einem Großteil davon (fast 80 Prozent) handelt es sich zudem um die traditionelle Nutzung von Biomasse (Kochen und Wärmeerzeugung durch Verbrennen) in Nicht-OECD-Ländern. In den OECD-Staaten beträgt der Anteil der Erneuerbaren sogar nur sieben Prozent. 2008 lieferten erneuerbare Energiequellen weltweit 18,5 Prozent des erzeugten Stroms. Hier steuerte die Wasserkraft den größten Teil bei; sie erzeugte allein 15,9 Prozent des weltweiten Stroms.

Große Potentiale erneuerbarer Energien

Die Potentiale zur Stromerzeugung aus regenerativen Energiequellen betragen mindestens 180 000 TWh pro Jahr (das entspricht, umgerechnet in Tonnen Öläquivalent – toe – ungefähr 15 000 Millionen toe). Zum Vergleich: 2008 verbrauchte die Welt knappe 18 000 TWh, ein Zehntel dieses Potentials. Der Verbrauch an Wärme und Kraftstoffen lag 2008 bei weniger als 6300 Mtoe. (Zur Erklärung der Benennungen siehe auch die Deckelklappe dieses Bandes). Die Potentiale zur Nutzung von regenerativer Wärme und Strom reichen rechnerisch aus, den heutigen Energieverbrauch darauf umzustellen.

Der Zubau der erneuerbaren Energien kann mit dem Rückgang der fossilen Energien nicht Schritt halten

Die Erschließung der reichlich vorhandenen Potentiale der erneuerbaren Energien stellt eine große Herausforderung dar. Der Umbau unserer Infrastruktur und Wirtschaft hin zu erneuerbaren und nachhaltigen Strukturen erfordert Zeit, Investitionen und Ressourcen. Besonders betroffen ist hier der Transportbereich. Der Rückgang in der Verfügbarkeit von Öl erfolgt schneller als der Zubau erneuerbarer Energiesysteme und die Umstellung der Infrastruktur (Stromnetze, Stromspeicher, Wasserstoffspeicher) sowie der Fahrzeuge (Batterie- und Brennstoffzellenfahrzeuge).

Regionale Perspektiven

OECD-Regionen

Heute müssen die reichen Industrieländer mit ihrem hohen Pro-Kopf-Energieverbrauch große Mengen an Energie und Materialien aus den anderen Ländern importieren. Der Rückgang der Verfügbarkeit von fossilen Brennstoffen und wichtigen Rohstoffen wie beispielsweise Kupfer, Lithium oder Platin wird drastische Auswirkungen haben. Insbesondere der Transportsektor, die Landwirtschaft und die Industrie werden bei einer zunehmenden Verknappung und bei Preisanstiegen neue Auswege suchen müssen (Recycling, Substitution, alternative Energien). Der Lebensstil in den heutigen Industriestaaten wird sich rasch ändern. Ein »Weiter so« wird es nicht geben können. Peak Oil wird grundlegende Veränderungen mit sich bringen.

In den nächsten Jahrzehnten müssen die OECD-Staaten den Übergang hin zu einer nachhaltigen Energieversorgung vollbringen. Andernfalls droht eine Energieverknappung. Der Anteil regionaler erneuerbarer Energieerzeugung muss genauso wie die Zubaurate der Produktionskapazitäten steigen, der Energieverbrauch muss reduziert und die Infrastrukturen für Energietransport und -verteilung müssen an die oft ungleichmäßige Produktion der regenerativen Energien angepasst werden. Hierzu sind auch Stromspeicher und »intelligente« Netze notwendig, die ein steuerndes Eingreifen auf Produzenten- wie auch auf Konsumentenseite erlauben.

Nicht-OECD-Regionen

Im Unterschied zu den Industriestaaten werden die Entwicklungs- oder Schwellenländer manche technologische Entwicklungsschritte auslassen können und auch müssen. Die ineffiziente Nutzung von Energie auf einem Niveau, wie die Industriestaaten es erreicht haben, wird für diese Staaten nicht möglich, aber auch nicht notwendig sein. Der Umstieg auf regenerative Energien und insbesondere auf neue Fahrzeugantriebe (Elektroantriebe mit Batterie und Brennstoffzelle) ermöglicht die effiziente Nutzung der regionalen Potentiale (Energie und Arbeitskräfte).

Zusammenfassend zeigt sich, dass die Nicht-OECD-Länder über gewaltige Potentiale für die Nutzung erneuerbarer Energien verfügen. In Afrika dominiert die Solarenergie, in Südamerika Wind und Biomasse, in Asien Wasserkraft, Wind- und Solarenergie. Längst sind Hersteller aus China und Indien mit führend in der Herstellung von erneuerbaren Energieanlagen. Die regionale Nutzung der erneuerbaren Energien ermöglicht Ländern in Asien, Afrika, Südamerika und Ozeanien neue Perspektiven: Überschussenergie, beispielsweise aus Solarenergie, könnte in Zukunft zur Wasserstoffherstellung oder, auf dem Umweg über Meerwasserentsalzung, zur Nahrungsmittelerzeugung dienen. Da bezweifelt werden muss, dass diese Energiepotentiale den Industriestaaten weiterhin so zur Verfügung stehen werden wie bisher, eröffnen diese Möglichkeiten den Nicht-OECD-Staaten aber auch neue Chancen für einen gerechteren Anteil an der globalen Ressourcennutzung.

Ressourcen-Nationalismus

Der Rückgang der Förderung der fossilen Energieträger führt zu einem verstärkten Wettbewerb um die verbleibenden Ressourcen. In dieser Situation machen die reichen, auf Importe angewiesenen Länder den über die Rohstoffe verfügenden Ländern oft den Vorwurf des »Ressourcen-Nationalismus« (resource nationalism). Er bezieht sich darauf, dass diese Länder einerseits ihre Ressourcen für sich reservieren wollen, und andererseits, dass sie das Tempo der Förderung selbst bestimmen wollen. Gemeint sind Länder wie China oder südamerikanische Länder, die ihre Rohstoffvorkommen nicht mehr möglichst schnell ausbeuten und unbeschränkt exportieren. Doch mit welchem Recht wird dieser Vorwurf erhoben?

Neue Bündnisse und Player

Die nach ihrem Gründungsort benannte »Shanghai Cooperation Organisation« (SCO) ist ein Beispiel für neue Bündnisse, die sich ohne Beteiligung des »Westens« bereits entwickeln und ein Gegengewicht zur OECD, zur NATO und vor allem zu den USA darstellen. China, Russland, Kasachstan, Kirgisien, Tadschikistan und Usbekistan sowie die Mongolei, Indien, Pakistan und Iran, die seit einigen Jahren einen Beobachterstatus bei der SCO haben, bündeln die Mehrheit der Weltbevölkerung mit einer großen und wachsenden wirtschaftlichen und militärischen Macht. Diese Gruppierung vereint viele der größten Produzenten und Konsumenten von Energie. Der russische Expräsident Wladimir Putin hat durch seine Formulierung, er wünsche sich die SCO als einen »energy club«, ein Schlaglicht auf eines der Hauptziele des Zusammenschlusses gelegt.

Die großen Ressourcen an wichtigen Rohstoffen wie zum Beispiel Lithium oder Neodym verschaffen China einen strategischen Vorteil bei der Entwicklung von Batterien und Elektrofahrzeugen: Während westliche Nationen Lithium aus Chile, Australien, China oder Bolivien beziehen müssen, kann China unabhängig von Importen die Entwicklung neuer Fahrzeuge vorantreiben, anstatt weiter in die Infrastruktur einer auf Erdöl basierenden Verkehrsstruktur zu investieren. Darüber hinaus hat China bereits begonnen, sich künftig wichtige Ressourcen an Landflächen und Rohstoffen in Afrika, Südamerika und Australien zu sichern.

Der bereits spürbare Förderrückgang bei fossilen Energieträgern zwingt westliche Länder, die über mangelnde Ressourcen bei Energieträgern und Rohstoffen verfügen, sich aber gleichzeitig als Exportnationen verstehen, nach neuen Strategien zu suchen.

Die große Transition

Der Umbruch, den die Veränderung in den energetischen Rahmenbedingungen der Gegenwart einleitet – Peak Oil ist nur ein Aspekt dieser Entwicklung – hat begonnen und darf nicht mehr ignoriert werden. Das Wort Transition – »Übergang« – steht für einen Weg in die kommende Epoche, der mit so wenig Brüchen und Verwerfungen wie möglich gegangen werden kann.

Dieser Weg hat für viele bereits begonnen, und nicht alle wissen es schon. In der Lebenszeit der heute jungen Menschen werden sich für selbstverständlich gehaltene Transportmethoden, Siedlungsstrukturen und Lebensweisen als zunehmend unpraktikabel herausstellen, weil sie auf eine Weise, die kaum jemandem mehr bewusst war, an das Vorhandensein von billiger und reichlicher Energie gebunden waren. Andere, die in der gleichen Epoche – der der Industrialisierung – entstanden sind, werden auch das zukünftige Leben bestimmen können: Basisinnovationen, die nicht auf das Vorhandensein von großen Mengen fossiler Energie angewiesen sind. Die elektronische Kommunikation ist eine solche Innovation, die Datenverarbeitung, und auch alle Aspekte der Fahrzeugtechnik, die nicht ausschließlich auf Verbrennungsmotoren zielen: bis hin zum Fahrrad. Die Unterscheidung high-tech/low-tech, die auch schon bisher oft wenig sinnvoll gebraucht wurde, wird hier ihren Sinn verlieren.

Der Weg der Transition wird zur Anwendung erneuerbarer Energien in allen Größenskalierungen führen: von der fotovoltaisch aufgeladenen Lampe in einer afrikanischen Hütte bis zu Offshore-Windparks an den Küsten und Solarkraftwerken in den Wüstengürteln der Erde. In der Anwendung dieser Energien werden die großen vorhandenen Möglichkeiten zur Effizienzsteigerung ausgeschöpft werden müssen. Elektrizität als wichtigstes Medium wird »intelligente Netze« erfordern, da die zwei wichtigsten Energiequellen der Zukunft, Sonne und Wind, ungleichmäßig zur Verfügung stehen. Speicher wie Pumpspeicherwerke, Wasserstoff oder Biomasse sind mögliche Puffer für Überproduktion oder Engpässe.

Der private Verkehr wird in relativ kurzer Zeit – in den Grundzügen bis 2030 – auf elektrischen Antrieben aufbauen müssen. In der Übergangszeit werden Hybridfahrzeuge eine Rolle spielen, dann Batterieantriebe und Brennstoffzellen auf der Basis von Druckwasserstoff. Für die entsprechenden Fahrzeuge müssen Strom- und Wasserstoff-Infrastrukturen aufgebaut werden. Der Recyclinganteil in den Stoffströmen der Fahrzeugindustrie muss bis Mitte des Jahrhunderts auf nahezu neunzig Prozent steigen: Grund ist die Limitierung nicht nur bei Energien, sondern auch bei Rohstoffen und ihren Transportmöglichkeiten.

Der Flug- und Schiffsverkehr und der Lastenverkehr auf Straßen werden die knapper werdenden fossilen Treibstoffe nicht vollständig durch »biofuels« und Wasserstoff kompensieren können; die Menge der transportierten Güter wird insgesamt abnehmen.

Der »Raumwiderstand« nimmt damit wieder zu, für den Gütertransport und für die Bewegungen der Menschen. Es wird wieder mehr Reisen zu nahen Zielen geben, mehr Mobilität auf der Basis der eigenen Körperkraft. All das muss nicht nur Beschränkung bedeuten. Straßen- und Stadträume, die während der Lebenszeit der jetzt älteren Menschen vollkommen nach den Bedürfnissen des motorisierten Verkehrs umgestaltet worden sind, könnten wieder zu Märkten, zu Aufenthalts- und zu Begegnungsraum werden.

Die reichen Länder der Erde müssen den Weg der Transition vorgehen. Sie müssen sich der Tatsache bewusst sein, dass das Traumbild von Wohlstand, das sie den ärmeren Ländern vorgelebt haben, dort nicht mehr in Erfüllung gehen kann. Hierin liegt eine fundamentale Ungerechtigkeit begründet. Diese Einsicht muss auch bei der Verteilung der Verantwortlichkeiten zur Bekämpfung des Klimawandels eine Rolle spielen. Wo Ackerbau stark maschinengeprägt und damit abhängig von fossilen Energien ist, muss internationale Solidarität ermöglichen, von extensiven zu intensiven Anbaumethoden zurückzukehren. Der Schutz von Naturräumen muss international honoriert werden.

Methodik

Die Analyse der Verfügbarkeit endlicher Energieträger basiert auf zwei Detailanalysen: der Analyse der Reserven und der Analyse der Förderung.

Da die Reservenangaben oft intransparent sind und nach unterschiedlichen Regeln erhoben werden, ist – soweit die entsprechenden Daten verfügbar sind – die Analyse der Funde vorzuziehen. Aus der Zeitreihe des Findens von Erdöl oder Erdgas kann man für jede Region ein typisches Muster erkennen, das sich gleicht: Große Funde werden bereits sehr früh gemacht, mit besseren Technologien findet man später die »übersehenen« kleinen Felder. Summiert man alle Funde bis zu einem bestimmten Zeitpunkt und trägt diese kumulierten Funde über der Zeit auf, so ergibt sich in der Regel eine konvexe Kurve, die sich asymptotisch einem Grenzwert nähert. Die Differenz der letzten Angabe der kumulierten Funde zum asymptotischen Grenzwert ergibt die Öl- oder Gasmengen, die vermutlich noch gefunden werden können. Das ist eine Wahrscheinlichkeitsaussage, basierend auf der empirischen Erfolgsrate im Finden von Lagerstätten. Genauer werden diese Aussagen, wenn man die Funde nicht über der Zeit, sondern über dem Aufwand, das heißt, der Anzahl der getätigten Bohrungen aufträgt. Diese Analyse kann man für jede Region und innerhalb der Region für Festland und Meer getrennt durchführen.

Förderprofile einzelner Felder zeigen ein mehr oder weniger stark ausgeprägtes Fördermaximum. Nach dessen Überschreiten führen der sinkende

Lagerstättendruck und der zunehmende Wasseranteil dazu, dass die Förderung exponentiell abfällt. Dieser Abfall zeigt sich bei Auftragung der Förderrate gegen die kumulierte Förderung als Gerade. Durch die Verlängerung der Gerade kann das künftige Förderprofil gut beschrieben werden. Der Schnittpunkt mit der Abszisse gibt den insgesamt förderbaren Inhalt an. Diese Methode wird für jedes einzelne Feld durchgeführt. Sie kann auch kumuliert für jede Förderregion durchgeführt werden. Dann mitteln sich die Fehler der einzelnen Felder weitgehend aus.

Für Regionen nach dem Fördermaximum hat die Reserveangabe keinen Einfluss auf die Fördermöglichkeiten, umgekehrt kann oft aus einem Vergleich der Reserveangabe mit dem Förderprofil die Angabe der Reserve auf Plausibilität überprüft werden.

Nur in Regionen, in denen das Fördermaximum noch nicht überschritten wurde oder nahe ist, muss mit der Reserveangabe das künftig mögliche regionale Förderprofil abgeschätzt werden.

Eine genauere Abschätzung ergibt sich, wenn man jedes einzelne Feld extrapoliert und über die Analyse von Firmen- und Branchenmeldungen alle in Entwicklung befindlichen und noch bekannten Funde einzeln mit einem typischen Förderprofil und einer zeitlichen Vorgabe für die Feldentwicklung berücksichtigt. Diese Angaben sind meist in Firmenberichten zu finden. Erfahrungsgemäß verzögert sich die reale Erschließung gegenüber dem projektierten Zeitrahmen. Daher bilden die so ermittelten Förderprofile Obergrenzen, die nur im Idealfall erreicht werden können.

Geographische Unterteilung in diesem Buch

In diesem Buch wird die Welt, analog zur Einteilung der Internationalen Energieagentur (IEA), in zehn Weltregionen unterteilt. Zur Vereinfachung wird die Bezeichnung OECD für Nordamerika, Europa und Pazifik nicht immer wiederholt.

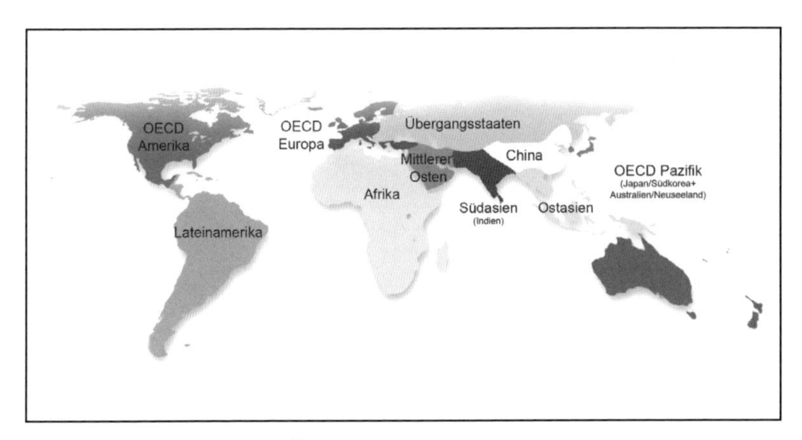

Abbildung 3: Weltregionen im Überblick

Und noch ein Tip: Auf den Innenseiten des Schutzumschlages finden Sie einen Index mit den wichtigen Kenngrößen und Energieeinheiten, die in diesem Buch verwendet werden. Ein sehr leistungsfähiger Energierechner kann von der Seite der Arbeitsgemeinschaft Energiebilanzen unter www.ag-energiebilanzen.de geladen werden.

Die zehn Weltregionen sind: OECD-Nordamerika (USA, Kanada, Mexiko), OECD-Europa, OECD-Pazifik (Australien, Japan, Neuseeland, Südkorea), Übergangsstaaten, China, Südasien (Bangladesch, Indien, Nepal, Pakistan), Südostasien, Lateinamerika, Mittlerer Osten und Afrika.

2. »Säulen« unserer Energieversorgung

»Wir sollten das Öl verlassen, ehe das Öl uns verlässt.«

Fatih Birol, Chefökonom Internationale Energieagentur, 3. August 2009

Weltenergieverbrauch heute

Im Jahr 2009 verbrauchte die Welt knappe 11 600 Mtoe – Millionen Tonnen Öl-Äquivalent – an Primärenergie. Abbildung 4 auf der folgenden Seite zeigt die Aufteilung auf die einzelnen Energieträger: Mehr als 85 Prozent wurden dabei aus fossilen Quellen gewonnen. Öl stellt von diesen die wichtigste Energiequelle dar; sie deckte zirka 34 Prozent des weltweiten Energieverbrauchs ab [BP 2010], [WEO 2009].

Die OECD-Staaten decken ihren Energiebedarf zu mehr als 60 Prozent allein durch Öl und Erdgas. In Nicht-OECD-Staaten beträgt der Anteil fossiler Brennstoffe sogar fast 90 Prozent [IEA 2008]. Diese hohe Abhängigkeit von fossilen Energieträgern kennzeichnet unser heutiges Energiesystem. Steigende Energiepreise und die sinkende Verfügbarkeit fossiler Brennstoffe, mit der bereits in den nächsten Jahren zu rechnen ist, werden grundlegende Veränderungen für die weltweite Energieversorgung mit sich bringen.

In diesem Kapitel wird die Verfügbarkeit der fossilen Energieträger beleuchtet. Ausgehend von vorhandenen Reserven und historischer Förderung werden mit diesen Zahlen kompatible Verfügbarkeitsszenarien für

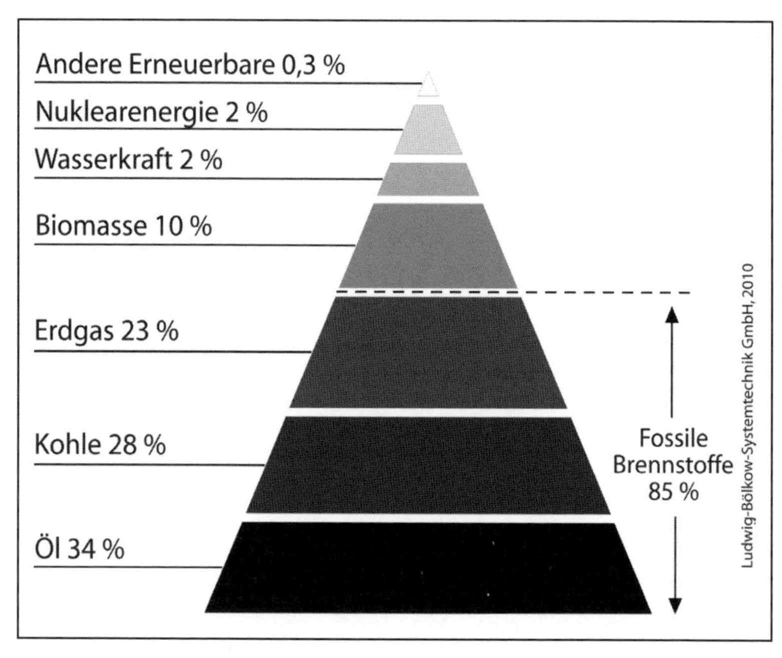

Abbildung 4: Weltweiter Primärenergieverbrauch 2009 [BP 2010], [WEO 2009]

die kommenden Jahrzehnte vorgestellt. Die vorhandenen Reservedaten werden aber auch kritisch auf ihre Plausibilität hinterfragt.

Erdöl, das den Charakter einer Energie-Leitwährung besitzt, wird ausführlich diskutiert. Für die anderen Energieträger Erdgas und Kohle wird diese Diskussion etwas verkürzt. Für alle Energieträger werden regionale Verfügbarkeitsszenarien gezeigt. Dabei lehnt sich die Einteilung der Welt in zehn Weltregionen eng an die Definitionen der Internationalen Energieagentur an.

Von der Primärenergie zur Endenergie

Als *Primärenergieträger* werden natürlich vorkommende Energieträger oder Energiequellen bezeichnet. Dazu zählen Öl, Gas, Kohle, Uran, Solarenergie und Erdwärme. Strom wird in der Regel in einem Wärmekraftwerk beim Abbrand von Öl, Gas, Kohle oder Uran erzeugt. Daher bezeichnet man Strom als *Sekundärenergieträger*. In den offiziellen Statistiken wird der Beitrag von Kernenergie zur Stromerzeugung direkt als Sekundärenergie (TWh Strom) oder als Primärenergie (zum Beispiel in Joule oder Mtoe) angegeben. In der Regel wird der erzeugte Strom mit dem Wirkungsgrad des Kraftwerkes in Primärenergie umgerechnet. Bei einem Kernkraftwerk beträgt der Wirkungsgrad 38 Prozent. Die Stromerzeugung in Solarzellen oder Windkraftanlagen geht nicht über einen thermischen Energiewandler. Wird der erzeugte Strom direkt als Primärenergie angegeben, dann spricht man von der Umrechnung mittels Wirkungsgradmethode. Bei der Substitutionsmethode wird regenerativ erzeugter Strom gegenüber Strom aus einem Wärmekraftwerk oder Kernkraftwerk etwa mit dem Faktor Drei geringer berücksichtigt, da er diesen Strom substituiert.

Daher ist für einen Vergleich die Substitutionsmethode besser geeignet, das heißt, Strom aus regenerativen Energiewandlungstechnologien wird mit dem durchschnittlichen Wirkungsgrad eines Wärmekraftwerkes in Primärenergie umgerechnet.

Im täglichen Leben verwenden wir *Endenergie*, zum Beispiel Strom für die Beleuchtung oder Öl, Gas und Holz zum Heizen. Diese Endenergie muss aus den uns zur Verfügung stehenden Primärenergiequellen bereitgestellt werden. Endenergie bezeichnet den Anteil der Primär- oder Sekundärenergie, der nach Abzug aller Transport- und Umwandlungsverluste beim Verbraucher ankommt. Im Jahr 2007 betrugen die Verluste durch Transport und Umwandlung der Primärenergie in Endenergie weltweit ungefähr 30 Prozent [IEA 2009].

Als *Nutzenergie* wird der Anteil der Endenergie bezeichnet, der nach allen Umwandlungsschritten tatsächlich die physikalische Arbeit verrichtet. Das ist beispielsweise Wärme zum Kochen (nicht der eingesetzte Strom) oder Heizen im Wohnraum (nicht der Ölverbrauch der Heizungsanlage), Licht (nicht der hierfür benötigte Strom) oder die zur Fortbewegung eines Autos aufzuwendende Bewegungsenergie nach Abzug aller Motor-, Getriebe- und Reibungsverluste, also nicht der Energieinhalt des getankten Kraftstoffes. Die Verluste von Primärenergie zur Nutzenergie können über 90 Prozent betragen.

Beim Übergang von fossilen Brennstoffen hin zu erneuerbaren Energien wird uns in Zukunft mehr elektrischer Strom aus Fotovoltaik-Anlagen, solarthermischen Kraftwerken und Windkraftanlagen zur Verfügung stehen. Gleichzeitig wird jedoch die Bereitstellung von flüssigen, gasförmigen und festen Brennstoffen wie Öl, Gas und Kohle abnehmen. Während wir heute aus konventionellen Energieträgern wie Öl, Gas, Kohle und Uran Strom mit hohen Verlusten erzeugen, wird in Zukunft, in einem Energiesystem auf Basis erneuerbarer Energien, umgekehrt die Erzeugung von flüssigen oder gasförmigen Kraftstoffen wie Wasserstoff mit höheren Verlusten verbunden sein.

In den folgenden Texten wird der Energieinhalt einer Trägersubstanz allgemein in toe oder Mtoe angegeben: Tonnen Öl-Äquivalent oder Millionen Tonnen Öl-Äquivalent. Diese Einheiten werden auch für den Verbrauch von Wärmeenergie und für den Kraftstoffverbrauch von Fahrzeugen verwendet. Wo Energiemengen in Form von elektrischem Strom erzeugt oder verbraucht werden, sind die verwendeten Einheiten KWh (Kilowattstunden), MWh (Megawattstunden), GWh (Gigawattstunden) oder TWh (Terawattstunden). 1 Mtoe entspricht 11,64 TWh, damit natürlich auch 1 toe 11,64 MWh: Mit einer Tonne Erdöl könnte man also theoretisch – Umwandlungsverluste einmal vernachlässigt – 11 640 Kilowattstunden Strom erzeugen, mit einem Barrel Öl (159 Litern) 1850 Kilowattstunden.

Peak Oil ist schon da

Trend: Steigende Ölpreise – hastig geänderte Prognosen

Auch wenn dem Ölpreis wenig Aussagekraft über die längerfristige Verfügbarkeit zukommt, so gilt er doch als wichtiger Indikator für die Versorgungslage mit Öl. Betrachten wir die langfristige Entwicklung, so können wir rückwirkend jeweils konkrete Ereignisse als Ursache von Preisänderungen identifizieren.

So finden die beiden großen Sprünge 1973 und 1979 als Ölpreisschocks einmal in der Drosselung der OPEC-Fördermengen um 5 Prozent, das zweite Mal im Machtwechsel im Iran mit nachfolgenden Lieferängsten ihre Erklärung. Diese Preissprünge waren aber auch ein Anlass für westliche Ölfirmen, die teurere Ölförderung in den schon zuvor gefundenen Regionen in Alaska und in der Nordsee aufzunehmen. Diese Differenzierung der Bezugsquellen entspannte die Fördersituation deutlich – die OPEC verlor an Marktmacht, der Ölpreis sank, allerdings auf ein Niveau, das deutlich über dem vor 1973 lag.

Erst der Irakkrieg im Jahr 1991 führte wieder zu einem kurzfristigen Preisausschlag. Nach einem Einbruch zum Jahresende 1998 auf 12 US-Dollar/Barrel – verursacht durch die asiatische Wirtschaftskrise – begann

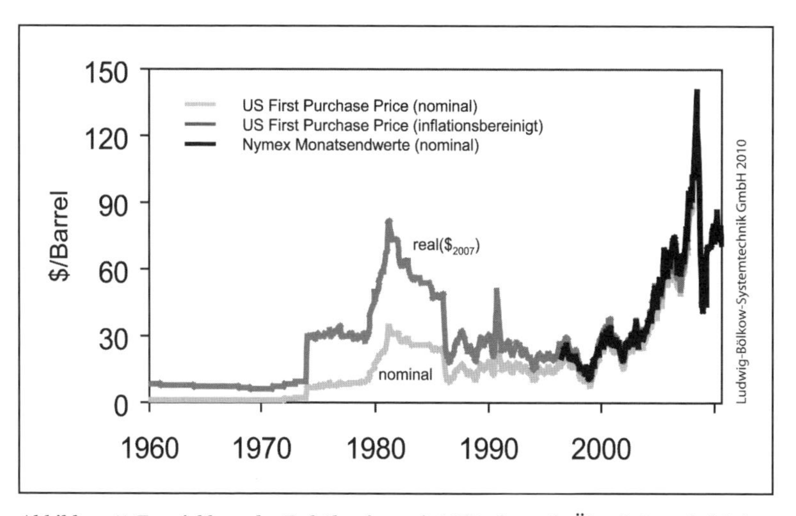

Abbildung 5: Entwicklung des Rohölpreises seit 1960; der reale Ölpreis berücksichtigt die Inflationsrate und ist daher für einen langjährigen Vergleich besser geeignet als der nominale Ölpreis

die bekannte Rallye bis auf 140 Dollar/Barrel. Viele Ökonomen und Analysten führten dafür kurzfristig und hastig wechselnde Begründungen an – doch keine kann erklären, warum der Ölpreis innerhalb weniger Jahre um den Faktor zehn anstieg. Sei es der schnelle Verbrauchszuwachs in China oder Indien, der die Ölfirmen überrascht habe – hatte man darauf nicht immer gehofft? – seien es Streiks in Venezuela und Nigeria oder kurzfristige Lieferunterbrechungen, ausgelöst durch Stürme im Golf von Mexiko – seit wann ist das denn im globalen Handel relevant? – Verknappungen der Raffineriekapazitäten – warum treibt dies eigentlich den Rohölpreis in die Höhe? – Terrorismusängste – sollten diese nicht eher dämpfend auf die Nachfrage wirken? – oder die Aktivität der Spekulanten; alles wurde in kürzesten Abständen und teilweise in widersprüchlicher Interpretation herangezogen.

Nur eine Erklärung blieb aus, nämlich die einer Verknappung des Rohstoffes Erdöl, dessen Verfügbarkeit nicht mehr mit der Nachfrage Schritt halten konnte. Und doch ist dies die einzig plausible Erklärung, eine, die bereits im Vorfeld bekannt und auch auf diesen Zeitraum datiert worden war – allerdings von Geologen, die im Big Business ja nur eine nachgeordnete Funktion haben.

Tatsächlich passiert seit dieser Zeit wenig, was dieser Erklärung zuwiderliefe. So hat um 2000 die europäische Ölförderung ihren Höhepunkt erreicht und geht seit dieser Zeit zurück; in Summe konzentriert sich die Förderausweitung nur noch auf ganz wenige Regionen in der Welt. Auch die Exporte der OPEC-Staaten im Mittleren Osten wurden seit 2000 fast nicht mehr erhöht. Dennoch konnte bis 2005 das Ölangebot – dem steigenden Preis folgend – nochmals angehoben werden. Doch dann erreichte die Rohölförderung ein Plateau. Gemäß der Statistik der amerikanischen Energiebehörde wurde die Förderrate von 2005 in Höhe von von 73,7 mb/d (Megabarrel pro Tag) bis heute nicht mehr übertroffen.

Der Ölpreis verdoppelte sich bis Mitte 2008 nochmals, doch die Ölförderung verharrte auf ihrem Stand, in Saudi-Arabien ging sie sogar zurück. Nur wenn man andere »liquids« wie Flüssiggas oder Ethanol aus Biomasse hinzurechnet, kann noch ein ganz leichter Anstieg bis 2008 gesehen werden.

Wenn das auch oft geleugnet wird, so zeigte der Ölpreis doch Wirkung: Airlines fusionierten oder bankrottierten in Zeiten schrumpfender Nachfrage; Autofirmen wären in Konkurs gegangen, hätte der Staat sie nicht aufgefangen. Auch der Zeitpunkt der Finanzkrise und der darauf folgende Kollaps, der schließlich auch die produzierende Wirtschaft in die Rezession trieb, hatten hier Wurzeln. Doch dies wird ausführlich an anderer Stelle beschrieben [Rubin 2010].

Jetzt, im Sommer 2010, ist es wieder ruhiger geworden – scheinbar ist alles wieder in Ordnung. Finanz- und Wirtschaftskrise scheinen überwunden, der Ölpreis ist der fallenden Nachfrage folgend auf immerhin noch 70 bis 80 Dollar/Barrel gefallen, und an eine mögliche bevorstehende Angebotsverknappung wird nicht mehr gedacht.

Die öffentliche Diskussion ist fast ausschließlich auf den Ölpreis fixiert. Doch dieser wird von vielen Faktoren beeinflusst – ein grundlegender ist letztlich die geologische Verfügbarkeit. Diese kann man nicht an Preisausschlägen verstehen, sie folgt eigenen Gesetzmäßigkeiten, die über ökonomische Zusammenhänge hinausgehen, und sie diktiert Randbedingungen der Preisentwicklung. Und tatsächlich ist nichts in Ordnung.

Die folgenden Kapitel zeigen die Ergebnisse statistischer Analysen und deren Extrapolation auf Basis empirischer Befunde. Dies erlaubt ein besseres Verständnis der langfristig wirkenden Trends als die reine Fixierung auf Preise. Und vieles spricht dafür, dass der Höhepunkt der weltweiten Ölförderung erreicht ist. Die spannende Frage bleibt noch, wann der Abstieg beginnt und wie schnell er vor sich gehen wird. Wird er »angebotsgetrieben« sein oder »nachfragegetrieben«? Letzteres wäre denkbar, wenn der Bedarf an Erdöl schneller zurückgeht als die Verfügbarkeit, wie es zum Beispiel die Wirtschaftskrise zeigte.

Auch die Internationale Energieagentur hat in den letzten Jahren vieles zum Erdöl geschrieben und damit oft mehr zur Vernebelung der Tatsachen beigetragen als zu ihrem Verständnis. Daher muss auch die Funktion dieser Behörde in unserem Zusammenhang beleuchtet werden.

Die Position der Internationalen Energieagentur

Die Internationale Energieagentur gilt seit ihrer Gründung im Jahr 1974 als »watchdog« und Frühwarnsystem der Industriestaaten gegenüber drohenden Ölversorgungsproblemen. Tatsächlich aber hat sie eine vielschichtigere Funktion. Zunächst ist sie zwar als autonome Institution gegründet worden. Über die Finanzierung ist sie jedoch den Interessen ihrer wesentlichen Geldgeber, allen voran der USA, verpflichtet. In ihren Analysen stützt sie sich auch meist auf Quellen aus den Vereinigten Staaten. Insbesondere die amerikanische Energiebehörde (EIA) und das amerikanische geologische Amt (USGS) geben die Randbedingungen für die Analyse vor. Beide sind der US-Regierung verpflichtete Institutionen.

Im Jahr 1998 machte die IEA in ihrem World Energy Outlook erstmals auf ein wahrscheinliches Maximum der weltweiten Rohölförderung vor dem Jahr 2020 aufmerksam. Dort werden kritische Analysen neben die Fortschreibung des Status Quo gestellt. Das Förderszenario bis 2020 zeigt hier eine zunehmende Lücke zum errechneten Angebot. Diese Lücke müsse, so der Report, mit noch nicht identifizierten unkonventionellen Ölvorkommen geschlossen werden. Dieser Analyse gingen heftige Diskussionen mit den Geologen Campbell und Laherrère voraus, die bereits 1995 Warnungen veröffentlicht hatten, zwischen 2000 und 2010 werde das weltweite Fördermaximum erreicht werden – danach werde die Förderung mit 2 bis 3 Prozent pro Jahr zurückgehen [Petroconsultants 1995].

Im Jahr 2000 liegt der Beginn der oben skizzierten Schwierigkeiten und Preisanstiege. Doch anstatt die Aufmerksamkeit von Regierungen und Verbrauchern stärker auf das Thema zu richten, wurde in den nachfolgenden Jahren eher beruhigt und abgelenkt. Die Szenarien bis 2030 suggerieren stets eine Fortschreibung bestehender Trends, grundsätzliche Änderungen werden als nicht wahrscheinlich angesehen. Und doch zeigt sich im Vergleich der Berichte ein steter Wandel.

Zum einen wechseln fast jährlich die Hoffnungsträger künftiger Ölversorgung: War es einmal die Erschließung von Teersanden in Kanada und Venezuela, ist es das nächste Mal die schnelle Förderausweitung von Saudi-Arabien und anderen Staaten im Mittleren Osten, dann wieder in den Übergangsstaaten, oder die Tiefseeförderung im Golf von Mexiko, vor Brasilien und vor Westafrika. Dieser schnelle Wechsel in der Beurteilung der langfristigen Ölversorgung ist wenig plausibel und weckt wenig Vertrauen in die in den WEOs vorgestellten langfristigen Analysen.

Zweitens verändert sich auch die erwartete Verbrauchsentwicklung mit jedem Bericht. Dies wird an einigen Beispielen im Folgenden noch aufgezeigt.

Drittens mischen sich zunehmend doppeldeutige Botschaften in den Text. Das Referenzszenario zeigt jedes Mal eine Entwicklung mit einer Fortschreibung bestehender globaler Trends, wenn auch regional fast jedes

Mal deutlich korrigiert. Im Detailtext tauchen dann viele Analysen und Aussagen auf, die an den Voraussetzungen hierfür Zweifel aufkommen lassen. Beispielsweise lautet eine Grundaussage, die Verfügbarkeit von Erdöl sei bis 2030 weltweit überhaupt kein Problem. Allerdings werde die Erschließung des erforderlichen neuen Erdöls sehr teuer werden. Außerdem sei es sehr wahrscheinlich, dass die entsprechenden Akteure die dafür notwendigen Investitionen nicht in der erforderlichen Zeit tätigen würden. Erst die letzte Aussage weckt die Zweifel an den Trendfortschreibungen.

Auch außerhalb der Berichte äußert sich Fatih Birol, der verantwortliche Ökonom der IEA, in Zeitungsinterviews oder auf Tagungen zunehmend kritisch. Dies gipfelte im Jahr 2008 in der Aussage: »Es ist an den Regierungen, Maßnahmen zu ergreifen. Wir haben sie gewarnt.«[Birol 2008].

Beispielgebend für diesen ständigen Wandel in der Argumentation sind in Abbildung 6 die Projektionen des Ölpreises aus den einzelnen Berichten

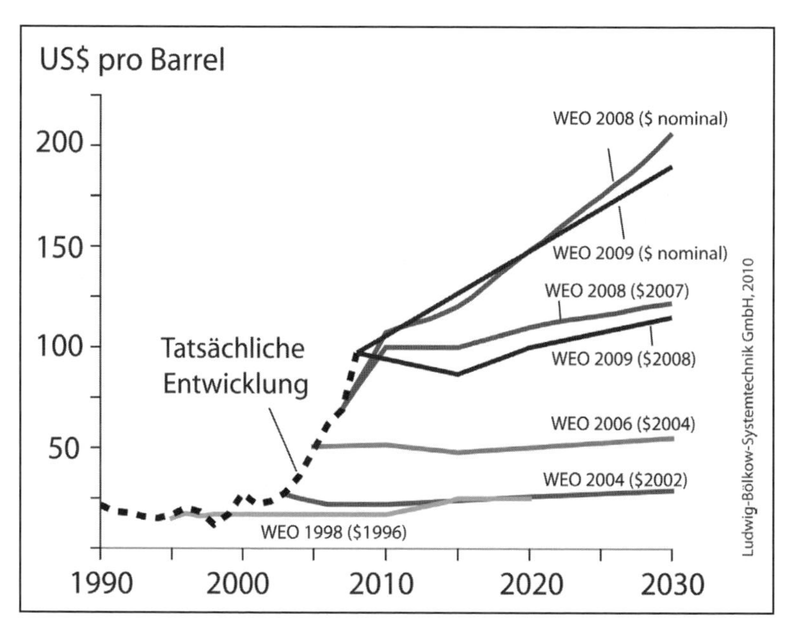

Abbildung 6: Der künftig zu erwartende Ölpreis – Anpassung der Prognosen der Internationalen Energieagentur an die reale Entwicklung

zusammengefasst. Fast jährlich wurde, der realen Entwicklung nacheilend, die Preisannahme deutlich nach oben korrigiert. Anfangs zwar noch zaghaft, mit der Begründung, höhere Preise würden einen erhöhten Explorationsaufwand rechtfertigen. Dies werde zu einer Ausweitung des Angebotes und in Folge wieder zu einem Absinken des Ölpreises auf das alte Niveau führen. Doch im Jahr 2008 war dann klar, dass grundsätzliche Preisänderungen zu erwarten seien. Die Prognose für 2030 wurde gegenüber dem Vorjahr nochmals verdoppelt, nachdem diese bereits doppelt so hoch wie 2004 lag.

Die Internationale Energieagentur (IEA)

Die Internationale Energieagentur (International Energy Agency – IEA) mit Sitz in Paris ist eine eigenständige Organisation der OECD-Länder und wurde nach dem ersten Ölpreisschock 1974 auf Initiative von Henry Kissinger von den Industrienationen als »Gegengewicht« zur OPEC gegründet. Ihr Auftrag lautet, die Energieversorgungssicherheit ihrer Mitgliedsländer durch gemeinsame Maßnahmen zur Bewältigung von Ölversorgungsstörungen zu fördern und ihre Mitgliedsländer in Fragen der Energiepolitik zu beraten. Heute gehören dieser Organisation 28 Regierungen an, die meist durch die Wirtschaftsministerien in diesem Rat vertreten sind. Exekutivdirektor ist der Japaner Nobuo Tanaka, Chefökonom ist Fatih Birol, der zuvor in leitender Funktion bei der OPEC tätig war.

Die IEA veröffentlicht mit dem *World Energy Outlook (WEO)* alle ein bis zwei Jahre Energieszenariorechnungen mit einem Ausblick auf die nächsten zwei Jahrzehnte. Grundannahme dieser Berichte ist die Entwicklung von Energiepreisen und Wirtschaftswachstum. Diese Einschätzungen dienen Politik und Wirtschaft als wichtige Planungsgrundlagen.

Im Sommer 2009 hat Fatih Birol in einem Interview davor gewarnt, dass chronische Unterinvestitionen in Ölproduktionsanlagen in den nächsten fünf Jahren in einer »Ölkrise« enden könnten, die jede Hoffnung auf Erholung von der globalen Wirtschaftkrise gefährden könnte.

»Es gibt nun das reale Risiko einer Krise der Ölversorgung ab nächstem Jahr.«

»Ich bin nicht sehr optimistisch, dass die Regierungen sich der Schwierigkeiten bewusst sind, denen wir in punkto Ölversorgung gegenüberstehen.«

Quelle: Fatih Birol, Chefökonom, IEA, Interview vom 3. August 2009 im Independent

Was ist wirklich los? Seit dreißig Jahren öffnet sich die Schere

Die Analyse der künftigen Ölförderung beginnt bei der Geschichte des Findens von Erdöl. Diese kann detailliert an anderer Stelle nachgelesen werden, wobei in diesem Zusammenhang weniger die politischen Hintergründe und Ereignisse als vor allem die Quantifizierung der Funde und deren zeitliche Einordnung wichtig sind [Campbell 2008].

Eine globale Übersicht über die jährlichen Ölfunde seit 1920 gibt Abbildung 7 auf der folgenden Seite. Einige Jahre treten in der Abbildung besonders hervor: Im Jahr 1938 wurde das bis heute zweitgrößte Ölfeld, Burgan in Kuwait, gefunden. Es enthält etwa 65 Gb (Gigabarrel, Milliarden Barrel) förderbares Erdöl. Zehn Jahre später im Jahr 1948 entdeckte man das größte Ölfeld, Ghawar in Saudi-Arabien. Sein förderbarer Inhalt wird heute mit 110 bis 120 Gb angegeben. Es gibt allerdings auch begründete Zweifel an diesen Zahlen. Demnach könnte die Größe des Feldes mit 80 bis 90 Gb deutlich geringer sein. Auf diese Diskrepanz wird im entsprechenden Kapitel nochmals kurz eingegangen. Wesentlich in der Darstellung sind jedoch die langfristigen Trends, die ja auch plausibel nachvollziehbar sind.

Im langjährigen Mittel nahmen die Funde zunächst deutlich zu. Die Dekade 1960 bis 1970 brachte mit etwa 50 Gb/Jahr die höchsten Funde. Seit dieser Zeit gehen die Neufunde wieder zurück, auch wenn sich starke jährliche Fluktuationen zeigen.

Mit zunehmender Erfahrung in der Exploration und der Ausweitung der Geschäftstätigkeiten nahmen also auch die Erfolge in Form von gefundenem Erdöl zu. Doch ab einem bestimmten Zeitpunkt werden zwar immer noch mehr neue Felder gefunden, doch werden sie kleiner und beinhalten in Summe geringere Ölmengen. Der hauptsächliche Effekt der neuen Technologien ist, dass man jetzt auch kleinere Felder findet und dass man in technisch anspruchsvollere Regionen vordringen kann.

Das meiste Öl wurde mit relativ einfachen Mitteln gefunden, und dies vor allem in zwei Weltregionen. Ein Gürtel reicht von Sibirien über den kaspischen Raum nach Süden und erstreckt sich dort über den Iran, Saudi-

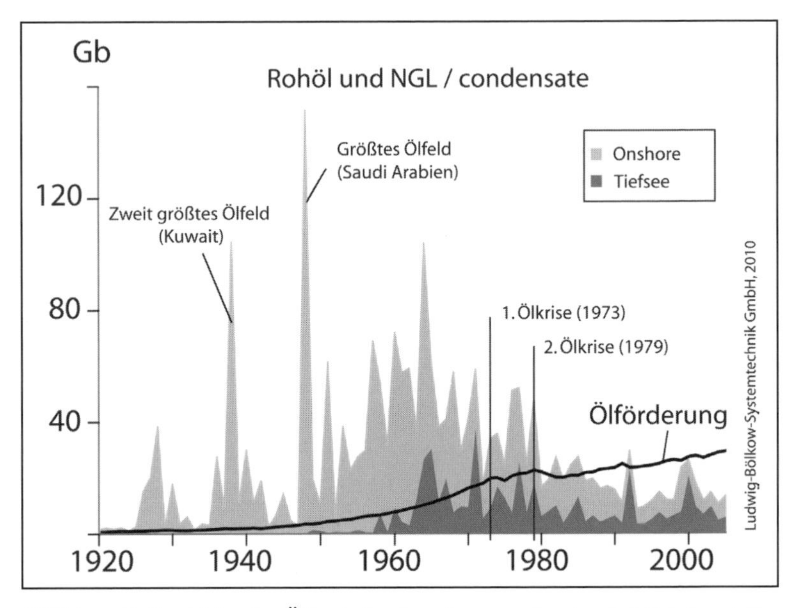

Abbildung 7: Geschichte der Ölfunde (nachgewiesene und wahrscheinliche) und die jährliche Ölförderung

Arabien und Libyen bis nach Algerien. Der zweite zieht von Alaska nach Süden bis ins nördliche Südamerika. In diesen beiden Regionen wurden fast 90 Prozent des bis heute gefundenen Erdöls entdeckt.

Die neuen Technologien erlauben zwar das Vordringen in Grenzregionen, doch sind diese rar im Vergleich zu den großen Gebieten. Es wird immer noch Öl gefunden, jedoch unter schwierigen Bedingungen und mit in der Gesamtmenge rückläufiger Tendenz.

Ein Aspekt der Abbildung ist auch der Anteil der im Meer gefundenen Ölmengen. Die Offshore-Exploration begann fast 100 Jahre nach der auf dem Festland, zunächst im flachen Wasser der Küstenbereiche der USA. Später wurde sie auf andere Regionen und mit dem technischen Fortschritt in tiefere Seegebiete ausgeweitet. Tatsächlich nahm der Anteil der Funde im Meer in den letzten Jahren wieder etwas zu. Im Durchschnitt sind die neuen Funde dort noch wesentlich größer als die auf dem Festland. Hier spiegelt sich vor allem die Tiefseeexploration seit 1980 wieder.

Zeitspanne	Durchschnittliche Ölfunde [Gb/Jahr]	
	Onshore	Offshore
1940–1949	26	0.3
1950–1959	31	1.2
1960–1969	42	13.4
1970–1979	24	14.8
1980–1989	14	6.9
1990–1999	8	7.1
2000/2001	7	10
2002/2003	5	8
2004/2005	7	5

Tabelle 1: Die Ölneufunde nehmen deutlich ab

Zusammenfassend kann man einige wesentliche Erkenntnisse festhalten: Heute haben die Geologen die Entstehung von Erdöl sehr gut verstanden. Man weiß, in welchen Zeiträumen und unter welchen Bedingungen Erdöl entstanden ist. Diese Voraussetzungen kann man auch sehr gut den geologischen »Basins« zuordnen. Sie sind heute weitgehend erforscht, so dass hier große Überraschungen nicht mehr erwartet werden können, wenn solche im Detail auch nicht ausgeschlossen werden können. Doch Neufunde sind immer in Relation zur Gesamtmenge der Funde und dem jährlichen Ölverbrauch zu sehen. Ein Fund von 10 Gb beispielsweise würde die Welt für vier Monate mit Erdöl versorgen. Dabei findet man heute nur noch in Ausnahmejahren ein Feld dieser Größe. So kann die Ausweitung der Ölsuche in das tiefe Meer oder in die Arktis durchaus als Eingeständnis gewertet werden, dass man in leichter zugänglichen Regionen kaum mehr Öl findet, denn sonst würde man natürlich zuerst in diese auch ökonomisch attraktiveren Regionen gehen.

Entgegen so mancher Einschätzung von Ökonomen kann mit dieser Entwicklung deutlich belegt werden, dass es keinen empirischen Zusammenhang zwischen steigenden Ölpreisen und einer quantitativen Zunahme der Ölfunde gibt. Im Gegenteil: Das meiste Öl wurde zu Zeiten niedriger Ölpreise, vor 1973, gefunden. Seit fast 30 Jahren übersteigt die weltweite

Ölförderung die neuen Funde: Auch heute noch basiert die Ölförderung vor allem auf dem Öl, das vor mehr als 40 Jahren gefunden wurde. So bildet die Nordsee mit etwa 60 Gb die weltweit größte in den vergangenen 50 Jahren entdeckte Region.

Diese Muster gleichen sich in fast jeder Ölregion. Mit einiger Verlässlichkeit können sie in die Zukunft extrapoliert werden. Insbesondere der Bezug der Funde nicht auf die einzelnen Jahre, sondern auf die Anzahl der getätigten Bohrungen zeigt einen glatten Verlauf, der eine solide Grundlage für eine Extrapolation bildet, wie dies ja auch in der Branche selbst usus ist, wenn die eigenen Erfolgschancen ermittelt werden. Eine allgemeine Extrapolation führt so auf global noch zu erwartende Funde von etwa 150 bis 200 Gigabarrel – oder weniger als 10 Prozent der bereits gefundenen Ölmengen.

Typische Ölförderung in einer Region

Abbildung 8 stellt das typische Förderprofil einer Region dar. Zu Beginn kann die Ölförderung mit jeder zusätzlichen Fördersonde erhöht werden. Doch mit der Entnahme des Öls nimmt der Lagerstättendruck stetig ab. Dadurch steigt der Wasserspiegel am unteren Rand des Ölfeldes nach oben. Die Fördersonde beginnt auch Wasser zu saugen. Mit der Zeit steigt der Wasseranteil der Bohrung an. Umgekehrt sinkt damit auch die Ölförderung. Auch das Einpressen von Wasser oder Gas zur Druckerhöhung kann hier nur kurzfristig Entspannung bringen. Mit zunehmendem Fortschreiten dieses Prozesses verringert sich die tatsächliche Ölförderung und steigt der Aufwand.

Nur Erdöl, das bereits gefunden wurde, kann gefördert werden. Natürlich sind die Firmen bemüht, die Ölfunde hinsichtlich ihrer ökonomischen Fördereigenschaften zu sortieren. Die wirtschaftlich günstigen Ölfelder werden zuerst in Produktion gebracht; in der Regel sind das die großen. Tatsächlich bilden sie ja auch heute noch die Basis der weltweiten Ölförderung. Das Feld Ghawar in Saudi-Arabien ist auch heute noch mit fast 5 Megabarrel pro Tag Förderrate das mit Abstand wichtigste Ölfeld.

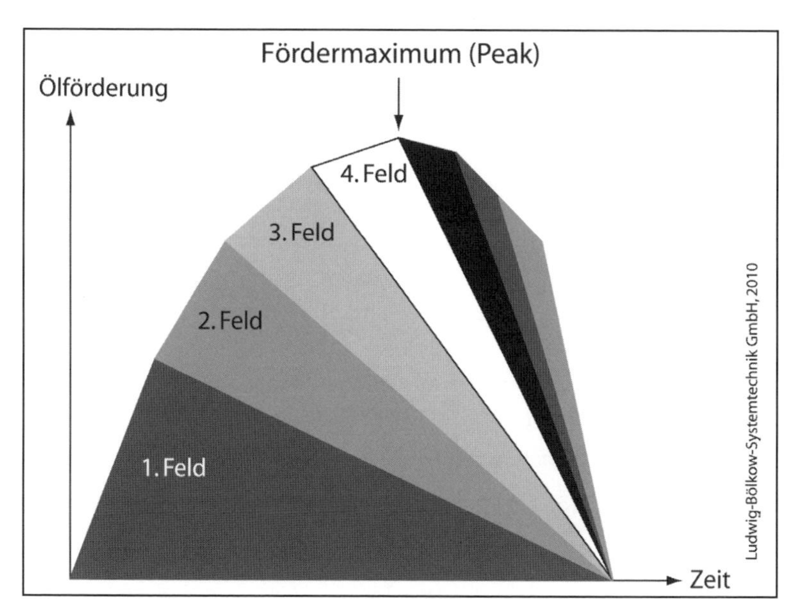

Abbildung 8: Schematische Darstellung der typischen Förderung in einer Region

Spätestens mit dem Beginn des Förderrückgangs aus diesen Feldern müssen auch kleinere Felder in Betrieb genommen werden, um entweder den Förderrückgang auszugleichen oder eine weitere Ausweitung der Förderung zu ermöglichen. Mit jedem Überschreiten des Fördermaximums eines Feldes verstärkt sich dieser Wettlauf. Ab einem gewissen Zeitpunkt kann der Beitrag der neuen Felder den Rückgang der älteren produzierenden Felder nicht mehr kompensieren.

Ab diesem Zeitpunkt beginnt die Ölförderung in der ganzen Förderregion abzunehmen – und zwar mit zunehmender Dynamik. Je mehr Felder in einer Region ihr Fördermaximum überschritten haben, desto stärker der resultierende kumulierte Förderabfall. Hier können viele kleine Ölfelder, die nur für kurze Zeit alte Felder kompensieren konnten, diesen Abschwung dramatisch verstärken.

In der schematischen Darstellung in Abbildung 8 werden nach dem Rückgang der Ölförderung im ersten Ölfeld neue Felder »rechtzeitig« erschlossen. Nach dem 4. Feld können jedoch auch weitere kleinere Felder nicht mehr verhindern, dass die gesamte Förderung in der Region zurückgeht. Zu diesem Zeitpunkt hat, in diesem sehr vereinfachten Beispiel, die Region ihr Fördermaximum erreicht und rasch überschritten.

Solch eine Analyse der einzelnen Felder kann natürlich für jede wichtige Förderregion gemacht werden. In einer aggregierten Form kann diese Feldanalyse für Förderregionen weltweit durchgeführt werden. Dabei können die Regionen gemäß des Förderzustandes sortiert werden in die Staaten vor, am und nach dem Fördermaximum. Weltweit Aufmerksamkeit erregte die Analyse der beiden Geologen Colin Campbell und Jean Laherrère im Jahr 1995 mit der Aussage, zwischen 2000 und 2010 werde die konventionelle Ölförderung das weltweite Fördermaximum überschreiten [Petroconsultants 1995].

Die Position der Ölfirmen – Der Kampf gegen die rückläufige Ölförderung hat begonnen

Im Frühsommer 2010 wurde am Untergang der Bohrplattform »Deepwater Horizon« im Golf von Mexiko auch deutlich, unter welchem zeitlichen und finanziellen Druck auf diesen Bohrplattformen gearbeitet wird. Dennoch zeigen die Förderstatistiken, dass die Bemühungen nicht ausreichen. Die Fördermengen vieler Ölfirmen gehen bereits seit mehreren Jahren zurück. Abbildung 9 zeigt die Entwicklung seit 1997, anhand der Förderzahlen aus den Quartalsberichten der Firmen.

Der niedrige Ölpreis zwang damals in Kombination mit steigenden Erschließungskosten viele Firmen zu Fusionen. Die Firmen mit der schlechtesten Explorations-Performance verschwanden als erste: Heute sind Namen wie Amoco, Arco, Fina oder Elf Geschichte, sie gingen in den stärkeren Firmen auf. Für diese war es günstiger, die Förderbasis durch Zukauf auszuweiten statt durch verstärkte Explorationsanstrengungen. Von den sechzehn großen Firmen sind acht geblieben. Dennoch erreichte deren gemeinsame Förderung mit 14 Mb/Tag bereits im Jahr 2004 den Höhepunkt. Seit dieser Zeit ist sie trotz eines wesentlich höheren Ölpreises um 15 Prozent gefallen. Besonders deutlich wird dies bei der Firma Shell. Seit 1998 sind ihre Förderraten um 30 Prozent zurückgegangen. Das Engagement in kanadischen

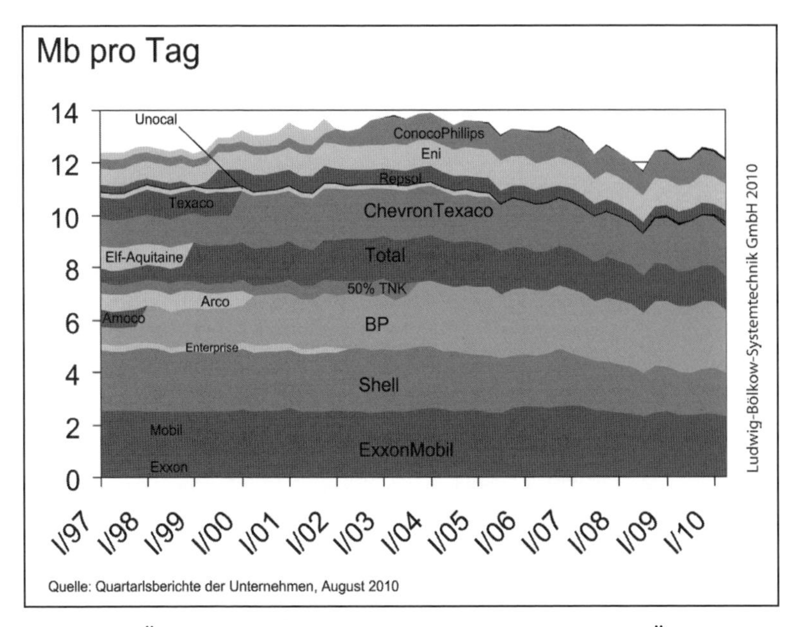

Abbildung 9: Ölförderung der großen europäischen und amerikanischen Ölfirmen.

Teersanden seit 2003 kostet zwar viel Geld, konnte aber bis heute diesen Trend nicht umkehren. Die Ölgewinnung aus Teersand trägt mit weniger als 5 Prozent zur Ölförderung von Shell bei. Bei BP ging die Förderung im zweiten Quartal 2010 sogar um 7 Prozent gegenüber dem Vorjahr zurück – so stark wie noch niemals zuvor.

Den Firmen gehen die guten Explorationsmöglichkeiten aus. Dass dies bisher wenig beachtet wird, liegt daran, dass trotz der enorm gestiegenen Ausgaben für Exploration und Förderung auch die Ölpreise deutlich anstiegen. Heute liegen die durchschnittlichen Ausgaben der Firmen etwa fünfmal so hoch wie vor zehn Jahren. Die Erschließungskosten neuer Felder in der Tiefsee lagen in den vergangenen beiden Jahren bei 60 bis 80 US-Dollar/Barrel mit steigender Tendenz. Shell gab umgerechnet etwa 100 Dollar/Barrel für die Ölsandförderung und Aufbereitung zu synthetischem Rohöl aus. Auch dies sind Gründe dafür, dass der Ölpreis künftig steigen wird. Gerne wird gefolgert, dass die Firmen bei steigendem Ölpreis mehr in die Exploration und Förderung investieren würden – dann könne auch das Angebot ausgeweitet werden. Doch der umgekehrte Schluss ist richtiger: Wenn der Preis nicht steigt, werden die Investitionen in neue Felder gekürzt, wie eben Ende 2008 geschehen, nachdem der Preis mangels Nachfrage von 140 Dollar/Barrel auf 50 Dollar abgestürzt war.

Die wenigen großen Feldentwicklungen, die in den letzten Jahren angegangen wurden – Kashagan im Kaspischen Meer, Thunderhorse und eben der Macando-Prospekt (Deepwater Horizon) im Golf von Mexiko, oder Bonga vor Westafrika, um einige prominente zu benennen – bedeuten ein Arbeiten an der technologischen und finanziellen Grenze. Dass man sich damit befasst, muss als Bestätigung gewertet werden, dass es woanders leicht und kostengünstig erschließbare Vorkommen eben nicht mehr gibt.

Neue Investitionsmöglichkeiten erhoffen sich die Firmen eben noch in anderen Gebieten. Diese liegen aber oft im Einflussbereich mächtiger Konkurrenten, der Staatsfirmen wie Petrobras in Brasilien oder Aramco in Saudi-Arabien. Vor diesem Hintergrund ist der zunehmende »Ressourcennationalismus« zu werten, den einige Staaten zeigen. Ausländischen Firmen wird, beispielsweise in China oder Russland, wenig Spielraum eingeräumt. Der Fall Chodorkovskys, des ehemaligen Chefs von Yukos, dem nichtstaatlichen russischen Ölkonzern, hat auch damit zu tun. Er wollte amerikanische Firmen an Yukos beteiligen. Unter dem Vorwand der Steuerhinterzieheung wurde er verhaftet und verurteilt, der Konzern für bankrott erklärt. Wenn der Chefökonom von BP, Christoph Rühl, die OPEC-Staaten als den Teil der Welt bezeichnet, zu dem man unter Wettbewerbsgesichtspunkten überhaupt keinen Zugang hat, dann klingt dies an [NRW-Enquete 2007]. Dabei wird unterschlagen, dass westliches Know-how in Form der Mitarbeiter von Schlumberger, Halliburton oder anderen in Arabien ebenso schon längst die Arbeit durchführt wie in Russland oder eben bei BP, Shell oder Exxon – die eigenen Spezialisten hat man nach Hause geschickt.

Ölreserven

Die Frage, ob und wann künftig Versorgungsprobleme zu erwarten seien, wird in der Regel mit einem Blick auf die Ölreserven beantwortet. Die Reserven sind mit 1260 Gb so hoch wie nie zuvor, erfährt man beispielsweise auf der Internetseite von BP. Damit hätten sie sich seit 1970 mehr als verdoppelt, obwohl auch die Ölförderung fast doppelt so groß wie damals ist. Auch die »statische Reichweite«, also wie lange dieses Öl bei heutiger Förderrate reichen würde, wird wesentlich höher als 1970 angegeben.

Doch diese beruhigenden Angaben führen in die Irre. Die Diskrepanz zwischen seit 1970 nachlassenden neuen Funden einerseits und verdoppelten Reserven andererseits muss aufgeklärt werden. Offensichtlich handelt es sich um unterschiedliche Begrifflichkeiten. Wie kommt dieses Reservenwachstum zustande? Was zeichnet eine nachgewiesene Reserve aus? Wer hat diese Daten erhoben und wie zuverlässig sind die Angaben? Auf welche Ölsorten beziehen sie sich?

Zunächst vorweg: Exakte Zahlenangaben gibt es nicht, jedenfalls keine, die einer Überprüfung standhalten. Es handelt sich immer um mehr oder weniger gute Schätzungen. Das ist aber gar nicht so wesentlich. Gerade da die

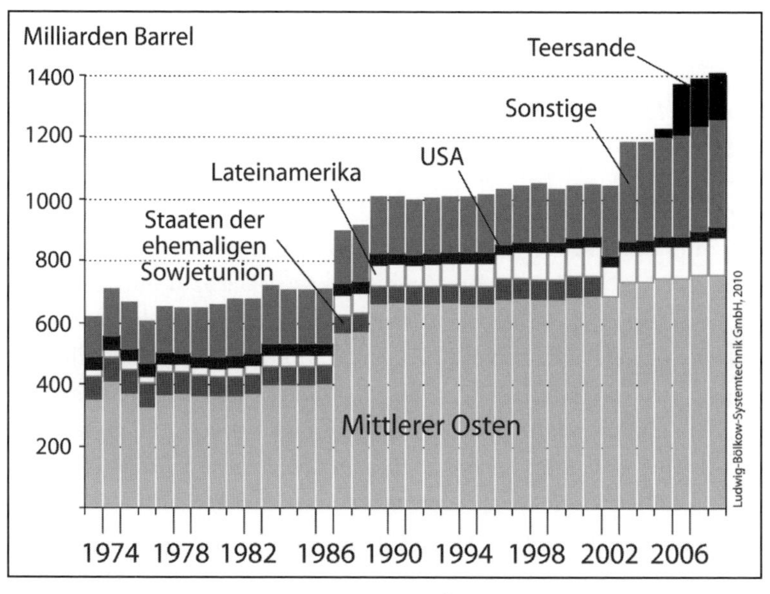

Abbildung 10: Entwicklung der »nachgewiesenen Ölreserven« [BP 2010]

ökonomischen Zwänge den Firmen auch eine Sortierung und Erschließung nach einem ökonomischen Ranking nahelegen, kann man Wesentliches bereits aus der Beobachtung der Förderverläufe beim Öl lernen – und diese Angaben sind wesentlich belastbarer.

Doch woher kommt das Wachstum? Offensichtlich nicht durch eine Zunahme der Funde. Tatsächlich werden Reserven in unterschiedliche Kategorien eingeteilt: in nachgewiesene Reserven, in wahrscheinliche Reserven und in mögliche Reserven. Nachgewiesene Reserven müssen durch Bohrungen bestätigt sein. Hier fasst man die Ölmengen zusammen, die über bereits getätigte oder genehmigte und in der Finanzierung gesicherte Bohrungen zugänglich werden. Die tatsächlich mit einem Ölfeld entdeckte förderbare Ölmenge ist jedoch größer. Diese vom explorierenden Geologen ausgeführte Schätzung wird dann als »nachgewiesene und wahrscheinliche« Reserve bezeichnet, wenn er die Datenunsicherheit nach oben und unten gleich groß einschätzt. Die Wahrscheinlichkeit, dass dem Feld mehr Öl als angenommen entnommen werden kann, ist also genauso groß wie die Wahrscheinlichkeit, dass es weniger Öl ist. Damit sollten sich bei Aufsummierung der Reservenangaben vieler Felder die unvermeidlichen Fehleinschätzungen ausmitteln. Für die Bestimmung der historischen Zeitreihe der Funde wurde diese sogenannte 2P-Reserve zugrundegelegt. (2P steht für »proved and probable«).

Die nachgewiesene Reservenangabe umfasst bei der Erschließung des Ölfeldes nur den Teil, der mit den ersten Bohrungen auch gefördert werden kann. Mit jeder Ausweitung der Bohrungen wächst die nachgewiesene Reserve des Feldes, da ein Teil der wahrscheinlichen Reserven in nachgewiesene überführt wird, ohne dass damit neues Öl gefunden worden wäre. Die Firmenstatistiken beziehen sich aus finanztechnischen Gründen immer nur auf nachgewiesene Reserven. Um so mehr irritierte Anfang 2004 die Meldung, dass Shell seine nachgewiesenen Reserven in den Finanzberichten deutlich übertrieben hatte – auf Druck der amerikanischen Börsenaufsicht musste eine Abwertung um fast dreißig Prozent vorgenommen werden. Der Vorstandsvorsitzende Philip Watts musste daraufhin die Firma verlassen – waren diese Aufwertungen doch während seiner Zeit als Leiter der Explorationsabteilung vorgenommen worden, und hatten ihm nicht zuletzt diese »Erfolge« zur Wahl zum Vorstandsvorsitzenden verholfen.

Ein wesentlicher Aspekt dieses Höherbewertens ist, dass ja eine Ausweitung der Bohrtätigkeit vor allem nach dem Überschreiten des Fördermaximums vorgenommen wird – um den Rückgang auszugleichen. So entsteht die kuriose Situation, dass die Förderung eines Ölfeldes zurückgeht, während gleichzeitig die nachgewiesene Reserve steigt. Das größte Ölfeld in Alaska, Prudhoe Bay, bietet hierfür ein Beispiel. Betrug die nachgewiesene Reserve zu Förderbeginn 9,5 Gigabarrel, so stieg sie im Laufe der Zeit (inklusive des bereits geförderten Öls) auf über 14 Gb an; auch heute wird sie fast jedes Jahr leicht nach oben korrigiert. Der Geologe hatte die 2P-Reserve des Fundes vor über 40 Jahren mit 15 Gb angegeben. Die Förderung ist inzwischen von über 1 Mb/Tag 1989 auf unter 0,3 Mb/Tag gesunken. Auch in Großbritannien oder Norwegen werden jedes Jahr die Reserven leicht erhöht (immer einbezüglich der bereits geförderten Ölmengen), aber die Förderrate ist heute nur noch halb so hoch wie im Jahr 2000. Offensichtlich haben diese Reservemengen keinen großen Einfluss auf die künftige Förderung. Daher sind Reservenangaben in Regionen nach dem Fördermaximum von untergeordneter Bedeutung.

Die Angaben in den Firmenberichten werden jährlich aus der nachgewiesenen Reserve des Vorjahres abzüglich der bereits geförderten Ölmenge, aber zuzüglich der neuen Funde und der Höherbewertungen der produzierenden Felder errechnet. Die in Finanzkreisen geschätzte »reserve replacement ratio« beschreibt, welcher Anteil des im Berichtsjahr geförderten Erdöls durch neue Funde und Höherbewertungen ersetzt wurde. Liegt dieser über 100 Prozent, dann gilt die Situation als entspannt, liegt er unter 100 Prozent, als angespannt. Tatsächlich aber machen die neuen Funde heute meist weniger als die Hälfte der ersetzten Reserven aus; ein zunehmender Anteil beruht auf Höherbewertungen. Soweit zu den Reservenangaben von börsennotierten Firmen.

Viele Länder halten sich nicht an diese Vorgaben. Insbesondere die Reserven der OPEC-Staaten wurden Ende der 80er Jahre innerhalb weniger Jahre bis zum Faktor Drei höherbewertet, ohne dass dies durch neue Funde gerechtfertigt gewesen wäre. Heute spricht man hier von politisch motivierten Höherbewertungen, die bei der Verhandlung um OPEC-Förderquoten einen wichtigen Einfluss hatten. Tatsächlich liegen fast zwei

Drittel der weltweiten Ölreserven in den OPEC-Staaten. Fast die Hälfte dieser Reserven ist äußerst zweifelhaft und vermutlich deutlich übertrieben.

So werden für Saudi-Arabien beispielsweise seit 30 Jahren unverändert 260 Gb nachgewiesene Ölreserven berichtet, nachdem diese vor der Höherbewertung unter 100 Gb betragen hatten. Offensichtlich kann man dieser Angabe nicht trauen. Heute gilt es als wahrscheinlich, dass man in Saudi-Arabien eine andere Bewertung der Reserven vornimmt, mit der die ursprünglich im Gestein gefundene Ölmenge bezeichnet wird. Das würde auch erklären, warum die Angabe über die Jahre kaum verändert wird – es gibt kaum neue Funde. Berücksichtigt man davon nur den Teil, der auch gefördert werden kann, und zieht die bereits geförderte Ölmenge ab, so wird es sehr wahrscheinlich, dass Saudi-Arabien bereits mehr Öl gefördert hat als noch in Reserven verfügbar ist. Diese Erklärung passt schlüssig mit weiteren Indizien zusammen, die später noch angesprochen werden, und stützt die These, dass Saudi-Arabien das Fördermaximum bereits 2005 überschritten hat.

Reservenangaben sind also mit Unsicherheit behaftet, und oft werden unterschiedlich zu bewertende Angaben miteinander gleichgesetzt. Darüber hinaus ist Öl nicht gleich Öl. Heute kommen fast 15 Prozent der weltweiten »Öl«-Förderung aus Flüssiggasen (sogenannten Natural Gas Liquids, NGL), das sind Butan, Propan und andere leichtflüchtige Kohlenwasserstoffe. Diese nehmen eine Zwischenstellung zwischen Erdgas und Erdöl ein. Sie werden vor allem in Nordamerika und den OPEC-Staaten dem Öl zugerechnet, wohingegen in Europa zwischen Bruttoförderung – hier wird nur Rohöl und Erdgas gezählt – und Nettoförderung mit Unterscheidung von Rohöl, Erdgas, Kondensat und NGL unterschieden wird. In der späten Phase der Entleerung eines Ölfeldes nimmt der Anteil der Flüssiggase zu.

Darüber hinaus wird Schwerstöl, etwa in kanadischen Teersanden, ebenfalls nicht getrennt bewertet. Erst seit wenigen Jahren werden die – längst bekannten – Mengen in die Reservestatistik übernommen, dadurch stiegen seit 2006 nochmals die Reserven deutlich. Doch weder NGL noch Teersande sind zum Autofahren geeignet. Teersande müssen erst in Raffinerien mit Wasserstoff angereichert und von den Schadstoffen befreit werden. Das ist teuer, umweltschädlich, mit hohem Wasserverbrauch verbunden und kostet sehr viel Energie, die den Nettoenergiegewinn erheblich reduziert.

Reserven werden in Tonnen, Kubikmeter oder Barrel angegeben. Doch der Energieinhalt je Barrel unterscheidet sich zwischen Rohöl und NGL deutlich. Ebenso wird der Energieaufwand zur Förderung der unterschiedlichen Ölarten nicht berücksichtigt.

OPEC

Die Organisation Ölexportierender Länder, kurz OPEC (Organization of Petroleum Exporting Countries) wurde 1960 von Iran, Irak, Kuwait, Saudi-Arabien und Venezuela mit dem ursprünglichen Ziel gegründet, die Interessen der wichtigsten Ölförderregionen zu wahren und einen Preisverfall zu verhindern. Gegenwärtig umfasst die OPEC 13 Mitglieder. Neben den Gründungsmitgliedern gehören dazu: Nigeria, Algerien, Libyen, Angola, Qatar, die Vereinigten Arabischen Emirate, Ecuador und Indonesien.

Außerhalb der OPEC hat die konventionelle Ölförderung bereits den Höhepunkt überschritten und alle Hoffnungen ruhen nun auf einigen Förderländern innerhalb der OPEC, vor allem Saudi-Arabien, die die Förderung von »leicht« gewinnbarem Öl noch ausweiten sollen.

KONVENTIONELLES / UNKONVENTIONELLES ÖL?

Es gibt keine allgemein anerkannte physikalische Unterscheidung zwischen konventionellem und unkonventionellem Öl; es handelt sich eher um eine Übereinkunft unter Fachleuten, und manchmal scheinen fast nur die hohen Kosten der Gewinnung eine Ölquelle »unkonventionell« zu machen. Stichpunkte für konventionelles Öl sind leichte Gewinnbarkeit (zu Beginn der Ausbeutung: hoher Eigendruck der Quellen), geographisch günstige Lage für den Abtransport, geringe Verunreinigungen, etwa durch Schwefel. Auch Öl aus Flachmeeren oder von Kontinentalschelfen kann konventionell sein. Als unkonventionell wird Tiefseeöl mit seinem extremen Erschließungs- und Förderaufwand betrachtet, außerdem Öl aus Teersanden, wie es in Kanada in großem Umfang gewonnen wird, Öl aus Schiefergesteinen, aus Permafrostböden, und aus Kohle synthetitisiertes Öl. Eine ähnliche Unterscheidung wird auch bei Erdgas gemacht.

Neuerschließungen: Wunschdenken oder Realität?

Alle regionalen und globalen Statistiken, die die Explorationserfolge über die Zeit darstellen, bestätigen das Muster, dass in jeder Region die großen Funde sehr früh erfolgten. Heute können mit einiger Verlässlichkeit die noch wahrscheinlichen Funde durch Extrapolation ermittelt werden. Dies veranlasste beispielsweise den Finanzdienstleister Goldman Sachs im August 1999, die damaligen Firmenfusionen wie folgt zu kommentieren: »The great merger mania is nothing more than a scaling down of a dying industry in recognition of the fact that 90 percent of global conventional oil has already been found.«

Über bekannte Regionen besteht eine sehr gute Übersicht. Damit kann die weitere Entwicklung skizziert werden, wie dies etwa in Abbildung 11 dargestellt ist. Die Grafik zeigt das Referenzszenario der Internationalen Energieagentur mit leichten Ergänzungen. Die Förderung aus den bestehenden Ölfeldern geht zurück. Die IEA nimmt einen jährlichen Rückgang von 4 Prozent an. Doch für viele Regionen ist belegt, dass das Jahresminus wesentlich größer ist. In Alaska, Großbritannien, Norwegen oder Mexiko beträgt es beispielsweise 6 bis 10 Prozent; manche der besonders aggressiv erschlossenen Ölfelder wie Cantarell in Mexiko, das 2004 noch zwei Drittel zur mexikanischen Erdölförderung beisteuerte, zeigen einen Rückgang nach dem Maximum von bis zu 16 Prozent jährlich. Um einen globalen Förderrückgang zu vermeiden, müsste die Declinerate bei 4 Prozent pro Jahr liegen und gleichzeitig der in der Grafik dargestellte Bereich neuer Felder erschlossen werden. Dies erfordert neben der zügigen Erschließung schon bekannter Felder das Finden großer neuer Vorkommen. Ein noch stärkerer Förderrückgang erfordert die entsprechend schnellere Erschließung neuer Felder zum Ausgleich.

Gerne wird hier die Tiefsee oder das weitere Vordringen in die Arktis angeführt. Explorationserfolge können hier auch nicht ausgeschlossen werden. Doch ist es äußerst unwahrscheinlich, dass entsprechende Mengen in der notwendigen Zeitspanne gefunden werden. Neue Funde muss man in Relation zum Ölverbrauch und den bereits entdeckten Ölmengen setzen. So wurde beispielsweise im Jahr 2000 der Fund

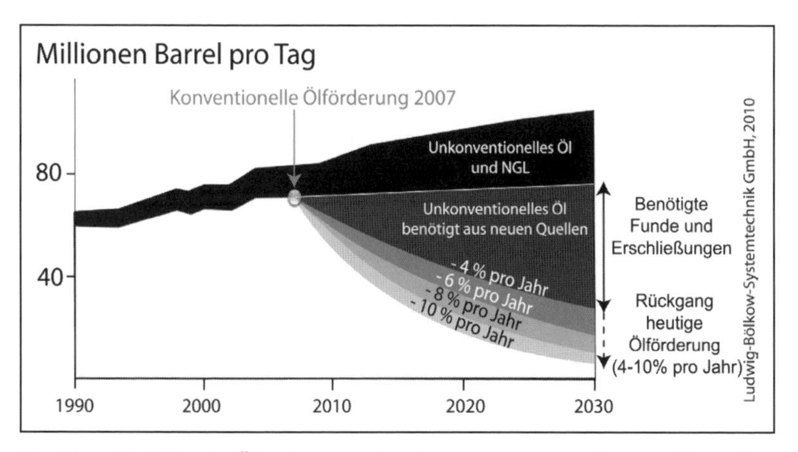

Abbildung 11: Weltweite Ölförderung aus heutigen und neuen Quellen aus Sicht der Internationalen Energieagentur

des Feldes Kashagan im Kaspischen Meer verkündet, das mit 8 bis 10 Gb Inhalt ein Ausnahmefund war. Hier wird frühestens im Jahr 2013 die Förderung aufgenommen werden; sie wird möglicherweise auf 1 bis 2 Megabarrel/Tag ausgeweitet werden, aber sicher nicht vor dem Jahr 2015. Im Jahr 1999 wurde Thunderhorse im Golf von Mexiko entdeckt, im Jahr 2008 kam das erste Öl; das erwartete Fördermaximum von 0,25 Mb/Tag wurde aber nie erreicht, sondern bei 0,17 Mb/Tag begann die Förderung bereits nach einem Jahr wieder zurückzugehen. Der Weltölverbrauch liegt heute jedoch bei 85 Mb/Tag beziehungsweise 30 Gb/Jahr.

Ein weiteres Indiz bildet auch die zunehmend schlechtere Qualität der neu erschlossenen Ölfelder. Es handelt sich teilweise um bereits seit Jahrzehnten bekannte Vorkommen, wie das 1971 gefundene arabische Ölfeld Khurais, sie werden aber mangels besserer Möglichkeiten erst jetzt mit großem zeitlichen und finanziellen Aufwand erschlossen. Auch zwingt der steigende Förderanteil an schwefelhaltigem Schweröl die Ölfirmen, ihre Raffinerien umzurüsten.

Diese Beispiele machen deutlich: Wenige große Funde genügen nicht, das Defizit auszugleichen. Je ungünstiger ein Fund geographisch liegt, desto länger und teurer ist die Erschließungszeit, bis das erste Öl in den Markt kommt. Und neue Funde liegen meist in schwierig zu erschließenden Regionen. Jede Jubelmeldung über neue Funde muss mit entsprechender Vorsicht betrachtet werden. Daher ist bei der Interpretation von Abbildung 11 zu berücksichtigen, dass der Förderrückgang der Produktionsbasis vermutlich eher 8 bis 10 Prozent statt 4 Prozent beträgt und dass andererseits wesentlich weniger neues Öl erschlossen wird als dargestellt. Damit wird ein baldiger Förderrückgang unausweichlich.

Neue Explorationstechnologien bestehen vor allem in einer genaueren seismischen Kartierung des Untergrundes und in verbesserten theoretischen Modellrechnungen. Die dreidimensionale Darstellung des Untergrundes erlaubt es heute, eine Region fast lückenlos darzustellen und somit keinen Fund zu übersehen.

Die Entstehung von Erdöl aus den Ablagerungen organischer Substanzen am Meeresboden, deren Umwandlung zu Erdöl und Erdgas unter geeigneten Bedingungen und letztlich die Migration eines Teils des Erdöls in Antiklinalfalten, wo es bis heute in Lagerstätten konserviert wurde, ist gut verstanden. Beispielsweise wurde unter der Leitung von Colin Campbell eines der größten Ölfelder Norwegens, Heidrun, dadurch entdeckt, dass man das Muttergestein identifizierte, also die Stelle, wo die Algenreste in Erdöl umgewandelt wurden, und Ray Leonard mit Computermodellen den Migrationsweg nachzeichnete. Am erwarteten Ort konnte das Ölfeld identifiziert werden.

Die manchmal geäußerte sogenannte abiotische Theorie der Erdölentstehung kann zwar nicht theoretisch widerlegt werden – im Labor kann man nachvollziehen, dass unter geeigneten Bedingungen Erdöl aus anorganischen Substanzen entstehen kann – allerdings kann bis heute jeder Ölfund mit der organischen Theorie erklärt werden. Die abiotische Theorie konnte noch nie erfolgreich benutzt werden, um ein neues Ölfeld zu finden. Es hat auch noch nie Hinweise darauf gegeben, dass ein ausgebeutetes Ölfeld sozusagen »von unten aufgefüllt« worden wäre. Daher kommt der Theorie, auch wenn man sie nicht völlig ausschließt, empirisch keine Relevanz zu.

Die Welt am Förderlimit

Abbildung 12 zeigt die weltweite Ölförderung, untergliedert in den Beitrag der einzelnen Länder und mit Unterscheidung von konventionellem Rohöl, Flüssiggasen und unkonventionellem Öl aus Teersanden. Als Datenbasis dienen langfristige Zeitreihen von IHS-Energy. Diese wurden von 1980 an durch Zahlen von Energiebehörden (US-EIA, NEB, NPD, DTI) und Staatsfirmen (Brasilien, Mexiko, Saudi-Arabien) ersetzt. Nur für wenige Staaten mit geringer Förderrate mussten die Werte geschätzt werden.

Der Beitrag von Polaröl umfasst Anteile der Förderung in Alaska, Kanada und Russland und liegt bei etwa 1 Mb/Tag oder 1 bis 1,5 Prozent Anteil an der globalen Förderung. Tiefseeöl wird vor allem im Golf von Mexiko, in Brasilien, Angola, Thailand, Vietnam und Teilen von Nigeria, Ägypten und asiatisch/pazifischen Staaten gefördert. In Summe liegt der Beitrag bei 10 Prozent Anteil. Flüssiggase (NGL) stellen mit 10 Prozent den größten Anteil. Schweröl in Kanada und Venezuela inklusive

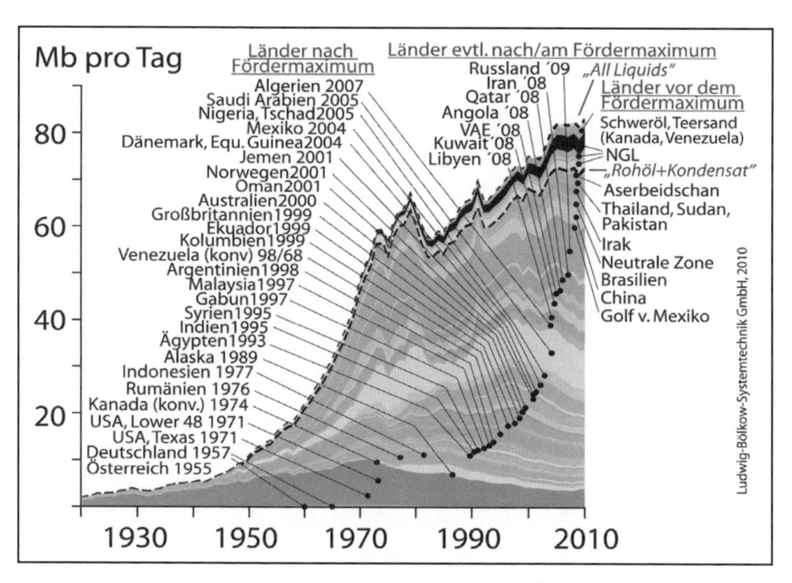

Abbildung 12: Beitrag der einzelnen Länder zur weltweiten Ölförderung

Bitumen und synthetischer Rohölerzeugung hat mit 2,4 Mb/Tag 3 Prozent Anteil. Die Förderstaaten sind in der Reihenfolge des Überschreitens des Fördermaximums aufgetragen. Sie lassen sich in drei Gruppen einteilen: Staaten, die das Maximum bereits hinter sich haben, auch wenn in manchen Jahren nochmals ein leichter Anstieg erfolgt, Staaten, die vermutlich nahe am Fördermaximum stehen, und solche, die ihre Förderung mit großer Wahrscheinlichkeit noch einige Zeit ausweiten können. An dieser Darstellung zeigt sich die eingangs am Beispiel des Ölpreises besprochene Entwicklung mit den wichtigsten Phasen:

1970 erreichte der damals weltgrößte Förderstaat, die USA, das Maximum; kurz darauf führten die beiden Ölpreisschocks 1973 und 1979 zu einem Einbruch der Nachfrage und der Förderung. Dieser Einbruch ging hauptsächlich zu Lasten des Förderanteils der OPEC-Staaten, die Ausweitung erfolgte vor allem in Regionen im Einflussbereich westlicher Ölfirmen in Alaska, Europa und Afrika. Um das Jahr 2000 kam diese Ausweitung an ein Ende. Dies wurde vor allem durch das europäische Fördermaximum ausgelöst. Die durch den starken Preisanstieg verursachte Ausweitung zwischen 2000 und 2005 erfolgte nicht in diesen Staaten, sondern in den Übergangsstaaten und einigen Ländern Afrikas, Asiens und Südamerikas. Ab 2005 konnte selbst die Verdopplung des Ölpreises bis 2008 keine Förderausweitung mehr erwirken. Die Differenz zwischen der Förderkurve der amerikanischen Energiebehörde, die sich auf alle »liquids« bezieht, und den explizit dargestellten Flächen ist auf sogenannte »processing gains« und auf Biokraftstoffe (Ethanol) zurückzuführen. Unter processing gains wird die Aufwertung von Erdöl und Flüssiggasen unter Energieeinsatz in Raffinerien zusammengefasst. Sie werden in diesen Szenarien nicht berücksichtigt, da sie primär nichts mit der natürlichen Verfügbarkeit von Erdöl zu tun haben.

Es ist sehr wahrscheinlich, dass sich in der Grafik das weltweite Fördermaximum abbildet – und dass es also bereits erreicht wurde. Es ist unwahrscheinlich, dass neue Fördertechnologien einen großen Einfluss auf diese Trends haben werden. Hier sind insbesondere das Einpressen von Heißdampf, Gas oder Chemikalien zur Druckerhöhung und Reduktion der Viskosität des Öls zu nennen (sogenannte tertiäre Fördermethoden). Diese werden bereits seit einigen Jahren in dafür geeigneten Feldern angewendet. Ihr Einfluss ist über die empirische Datenreihe implizit berücksichtigt.

Eine weitere unkonventionelle Fördermethode ist das flächendeckende Aufbrechen des Gesteins, um Öl aus den Poren schwer durchlässiger Schichten zu erreichen (sogenanntes Schieferöl). Die Formation »Bakken« in den USA wird hier mit Erfolg seit einigen Jahren »nachbearbeitet«. Aber auch hiervon ist kein langfristiger Einfluss auf die überregionalen Fördermengen zu erwarten. Die meisten dieser Methoden haben einen kurzfristig wirksamen Einfluss. Über einen längeren Zeitraum betrachtet besteht der Effekt nur darin, das förderbare Öl schneller zu entnehmen. Die Folge ist, dass anschließend die Förderung dort wesentlich stärker und schneller zurückgeht, wie zum Beispiel der Förderabfall von mehr als 10 Prozent in Cantarell (Mexiko), Jibal (Oman) oder Thunderhorse (Golf von Mexiko) zeigt.

Im folgenden Abschnitt wird ein weltweites Förderszenario bis 2030 detailliert für die Weltregionen gezeigt und diese Darstellung mit den Erwartungen der Internationalen Energieagentur verglichen. Insbesondere werden die eingangs beschriebenen Veränderungen der IEA-Projektionen aufgezeigt.

Nur noch wenige Länder können die Produktion ausweiten

Heute werden auf der Welt täglich etwa 72 Mb Rohöl inklusive Kondensat gefördert, etwa soviel wie im Jahr 2004. Berücksichtigt man ungeachtet des niedrigeren Energieinhalts und unterschiedlicher Verwendbarkeit auch NGL, Schweröl und Teersande, so steigt der Wert auf 84 Mb/Tag. Nach Jahrzehnten kontinuierlich zunehmender Förder- und Verbrauchsraten und einer Stagnation seit 2005 müssen wir nun davon ausgehen, dass wir am Kulminationspunkt der Verfügbarkeit stehen. Der Rückgang beginnt. Nach Kenntnis der meisten Förderdaten der ersten Jahreshälfte 2010 wird die Förderung leicht unter der des bisherigen Rekordjahres 2008 liegen. Die Erschließung neuer – und meist kleinerer – Felder wird die Verluste bei den großen Lagerstätten nicht ausgleichen können. Dieselbe Beobachtung wie in einer Region kann und muss nun auch im Weltmaßstab im Blick auf ganze Länder gemacht werden.

Die Untersuchungen legen bei den heute schon erschlossenen Ölfeldern einen Produktionsrückgang von zwei bis zehn Prozent pro Jahr nahe. Die IEA geht bei denselben Feldern von einem Förderrückgang von sechs bis zehn Prozent jährlich aus [World Energy Outlook 2008]. In der Nettobilanz wird dieser Wert etwas abgeschwächt, da ja auch in Zukunft noch neue Felder erschlossen werden. Doch bereits bei einem moderaten Rückgang der weltweiten Ölförderung von 2 bis 3 Prozent im Jahr – wie er beispielsweise seit 1970 in den USA außerhalb Alaskas erfolgt – würde sich bis 2030 ein kumuliertes Minus von fast 50 Prozent ergeben. In einigen Regionen werden die Verluste darüber noch hinausgehen.

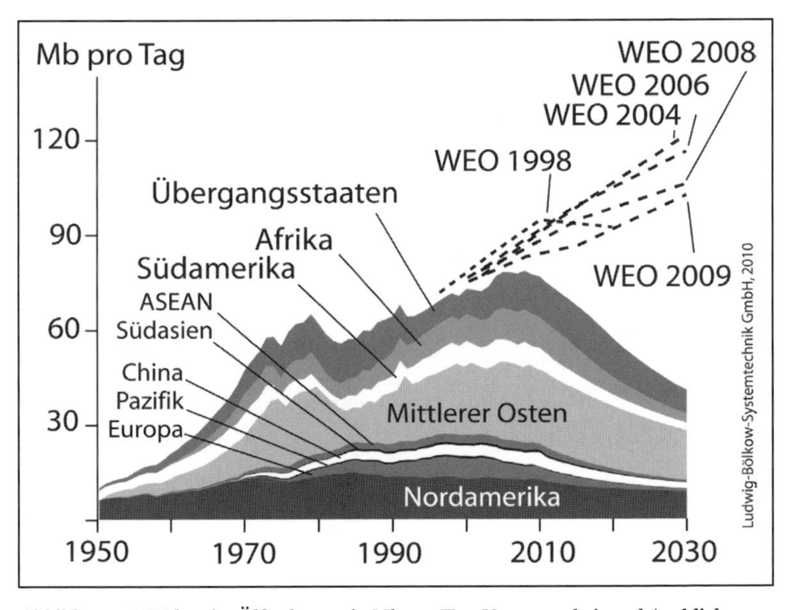

Abbildung 13: Weltweite Ölförderung in Mb pro Tag: Vergangenheit und Ausblick

Abbildung 13 zeigt das Förderprofil zwischen 1950 und 2009 für die zehn Weltregionen sowie eine wahrscheinliche Fortschreibung bis zum Jahr 2030. Die Grafik stellt im Vergleich auch die Annahmen der IEA in ihren World Energy Outlooks von 1996, 2004, 2008 und 2009 dar.

Mittlerer Osten

Die Projektionen der IEA unterstellen hier vor allem eine Ausweitung der Förderung in Saudi-Arabien, wie sie mit einer nachgewiesenen Reserve von 260 Gb kompatibel wäre – sofern die notwendigen Investitionen frühzeitig getätigt würden. Doch wie bereits angesprochen spricht Vieles gegen diese Hoffnung. Einmal ist es der Förderrückgang trotz höherer Ölpreise gegenüber 2005, dann der steigende Anteil an schlechteren Ölqualitäten. So hat sich der Schwefelanteil je Barrel Erdöl, der abgetrennt werden muss, in den letzten zehn Jahren fast verdoppelt. Des weiteren bleibt die Frage offen, warum mit großem Aufwand Offshorefelder (Safanya) und Schwerölfelder (Khurais) erschlossen werden, wenn so große gesicherte Reserven verfügbar sind. Auch die steigenden Explorationsaufwendungen und die Hinwendung zu internationalem Engagement spricht nicht für große eigene Reserven. Letztlich bestätigt die Rhetorik ehemals führender Mitarbeiter der Staatsfirma und des Königs Abdullah das bereits erfolgte Überschreiten des Fördermaximums mehr als dass sie es widerlegen würde.

Sowohl Iran als auch Irak werden oft noch große Ölreserven zugeschrieben, die eine Verdoppelung oder Verdreifachung der Ölförderung plausibel erscheinen lassen. Doch vermutlich sind auch diese Reserven, die ebenfalls über Jahrzehnte konstant blieben und Ende der 1980er Jahre verdoppelt wurden, deutlich überschätzt. So dürfte eine Halbierung bis Drittelung der Ölreserven, die laut BP-Statistik ja 137,6 Gb (Iran) und 115 Gb (Irak) betragen sollen, realistischer sein. Tatsächlich fördert der Iran 2009 mit 4,2 Mb/Tag auf dem Niveau von 2003 und um 30 Prozent niedriger als 1976. Der Irak ist mit 2,5 Mb/Tag wieder auf dem Niveau vor dem Irakkrieg. Eine kleine Ausweitung ist hier vermutlich noch möglich. Doch wird dies große Investitionen erfordern. Eine Ausweitung auf 6, 8 oder auch 12 Mb/Tag,

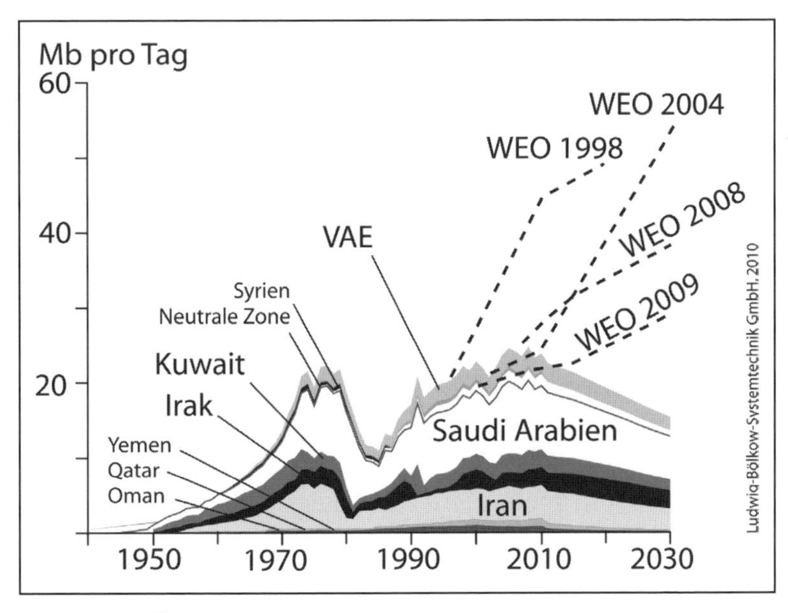

Abbildung 14: Ölförderung im Mittleren Osten

wie sie manchmal angedeutet wird, ist jedoch illusorisch angesichts der Erschöpfung der alten Felder, der langen Vorlaufzeiten neuer Projekte und der ausbleibenden Funde. Die Förderrate von 12 Mb/Tag wurde bis heute noch nicht einmal von Saudi-Arabien erreicht, das mit den größeren Reserven und Ölfeldern wesentlich bessere Voraussetzungen hierfür gehabt hätte.

Nordamerika

Die Ölförderung in Nordamerika (USA, Kanada, Mexiko) erreichte 1984 ihren Höhepunkt – bei einer Förderrate von zirka 15 Megabarrel pro Tag. Die USA hatten ihren »Peak Oil« bereits 1970 erlebt, aber die Förderung in Alaska und Kanada, vor allem aber in Mexiko mit dem Ölfeld Cantarell, stieg damals noch an und konnte den Rückgang für einige Jahre hinauszögern.

Die Extrapolation der Förderkurven ergibt, dass die Förderung konventionellen Öls bis 2030 um 70 bis 80 Prozent abnehmen wird. Wenn der

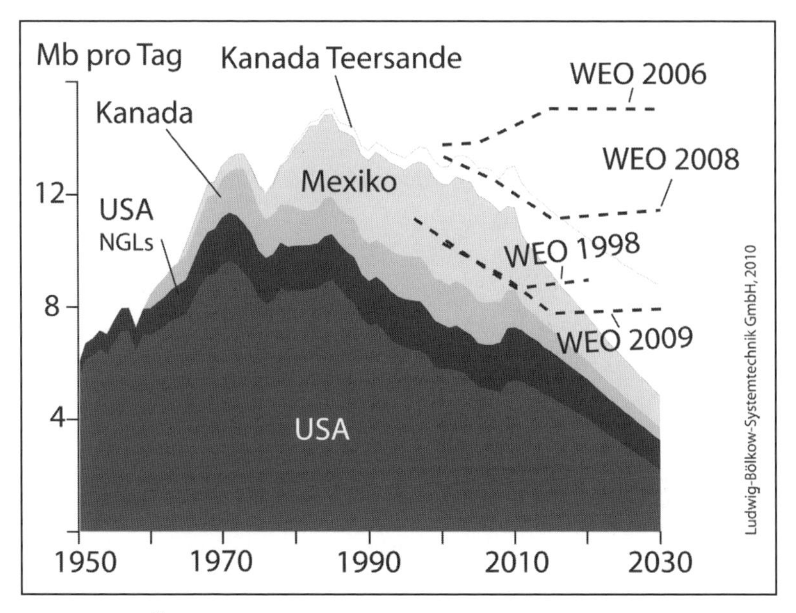

Abbildung 15: Ölförderung in Nordamerika

weiter steigende Beitrag der kanadischen Teersande dazugezählt wird, verringert sich dieser Abfall auf 50 Prozent. Abbildung 15 gibt einen Überblick über den Beitrag, den jede Region für die Gesamtförderung im Nordamerika der OECD liefert. Auch hier sind die Zahlen unterlegt, die die IEA in ihren World Energy Outlooks von 2006, 2008 und 2009 angegeben hat. Der Vergleich der letzten IEA-Berichte zeigt, wie sehr sich die Erwartung reduziert hat – 2009 wurde von der IEA für das Jahr 2030 nur noch ein halb so großer Beitrag prognostiziert wie drei Jahre davor.

Kanada und die USA – ein Blick auf zwei ungleiche Nachbarn

Die USA waren bis 1970, als die Förderung von konventionellem Öl abzusinken begann, der größte Ölproduzent der Welt – fast die Hälfte alles auf der Welt geförderten Öls kam aus diesem Land. Die sehr aufwendige Erschließung des größten Ölfeldes in Alaska, Prudhoe Bay, konnte den Abfall der Förderkurve ein paar Jahre lang aufhalten, bis 1989 auch diese Region den Förderhöhepunkt überschritt. Offshore-Öl vom Kontinentalsockel, also aus nicht sehr großen Meerestiefen, wird seit 1949 erbohrt, erreichte »Peak Oil« aber auch bereits 1995. Seit 1990 richten sich die Anstrengungen deshalb vor allem auf Tiefseebohrungen im Golf von Mexiko und auf die politische Öffnung bisher der Ölsuche verschlossener Regionen, etwa in Schutzgebieten.

Die Exploration im Golf von Mexiko schreitet schnell voran. Vor allem die modernen seismischen Methoden erlauben ein schnelles Erfassen der möglichen Öllagerstätten – diese liegen jedoch zunehmend in tieferem Gewässer, weiter von der Küste entfernt. Dennoch wurde für die Region ein erstes Fördermaximum schon im Jahr 2001 überschritten. Im Jahr 2005 lag die Förderung bereits niedriger als 2001 und höchstens halb so hoch wie noch im Jahre 2002 von Ölfirmen prognostiziert. Die um drei Jahre verspätete Erschließung des Feldes Thunderhorse und seines im Jahr 2000 gefundenen Satelliten (Thunderhorse North) konnten 2009 nochmals die Förderung deutlich ansteigen lassen. Doch deren Maximum wurde bereits wenige Monate später überschritten, so dass auch hier die Gesamtförderung zurückgehen wird, wenn nicht sehr schnell große Felder erschlossen werden, was aufgrund der langen Vorlaufzeiten in den nächsten Jahren unwahrscheinlich ist.

Auch die immer wiederkehrenden Hurrikane im Golf erzwingen Pausen in der Erschließungstätigkeit. Alles in allem ist nicht einmal klar, ob die derzeitige Produktionsrate überhaupt noch ausgeweitet werden kann. Die Untersuchungen deuten auf das Jahr 2010 als wahrscheinlichen Gipfelpunkt der Förderung im Golf von Mexiko hin. Es gibt noch eine »final frontier« im Gebiet der USA, das Arctic National Wildlife Refuge (ANWR) an der Nordküste Alaskas, etwa 300 Kilometer östlich von Prudhoe Bay. Die Kontroverse um eine Erschließung dieses ökologisch extrem empfindlichen Gebietes flammt im US-Senat fast jedes Jahr wieder neu auf. Aber selbst wenn das ANWR in vollem Umfang erbohrt werden sollte, wird es nach Schätzungen des USGS, des United States Geological Survey, den amerikanischen Ölreserven wohl nicht mehr als 5 oder 6 Gigabarrel hinzufügen können. Es wäre zu erwarten, dass die Förderung frühestens fünf Jahre nach Beginn der Arbeiten beginnen könnte und nach

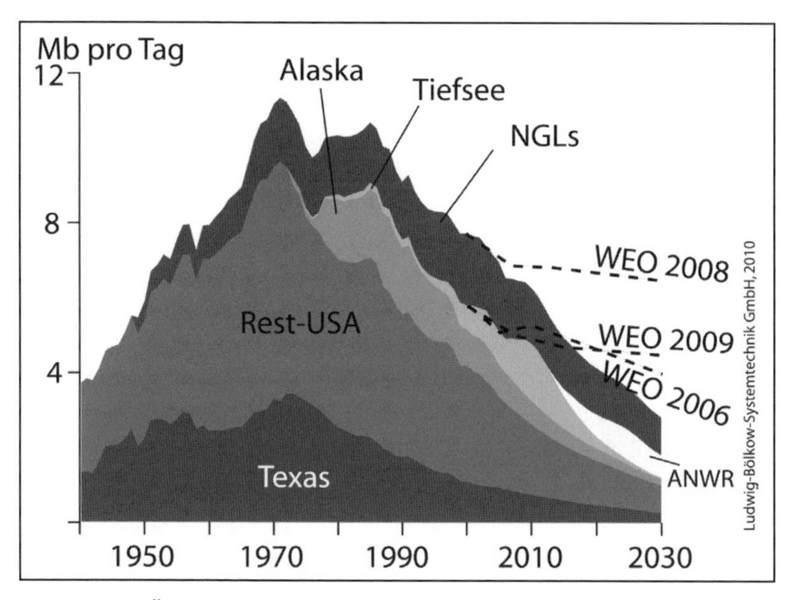

Abbildung 16: Ölförderung in den USA

zehn Jahren ihren Gipfel erreichen würde. Auch wenn die Freigabe heute keineswegs gesichert ist, wurde in Abbildung 16 deren potentieller Beitrag berücksichtigt. Damit könnte eventuell der Förderrückgang der Tiefseequellen im Golf von Mexiko für ein paar Jahre kompensiert werden; um den Förderabfall der großen alten Ölfelder der USA auszugleichen, wäre der Beitrag zu gering.

In Kanada erreichte die Förderung konventionellen Öls (inklusive Schweröl) ihren Höhepunkt 1973. Auch hier begann die Offshore-Förderung Ende der 90er Jahre immer größere Beiträge zur Versorgung zu leisten – ausreichend jedenfalls, um bis 2003 den Rückgang bei den Festlandsquellen auszugleichen. Allerdings scheinen die bis jetzt gemachten Funde zu klein, um diesen Trend fortzuschreiben. Eine deutliche Ausweitung kann nur über die zügige Erschließung der Teersande in Alberta erfolgen. Bis heute bleibt die Teersandförderung jedoch deutlich hinter den vor zehn Jahren veröffentlichten Plänen zurück. Dennoch ist ein Szenario bis 2030 aufgezeichnet, wie es mit der schnellen Umsetzung aller realisierten, in Bau befindlichen, zur Genehmigung eingereichten und angedachten Pro-

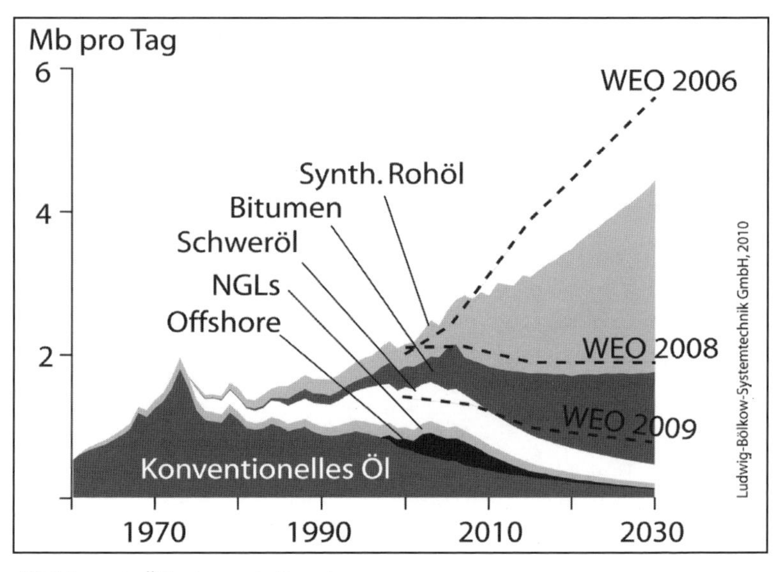

Abbildung 17: Ölförderung in Kanada

jekte vorstellbar ist. Da der Aufbau von sogenannten »upgradern« – das sind Raffinerien zur Abtrennung des Schwefels und zur Hydrierung, um aus dem Schweröl ein in seiner Qualität dem Rohöl vergleichbares Produkt zu erzeugen – nicht mit den Projekten zum Abbau des Rohmaterials – Bitumen – Schritt halten kann, wird ein Teil des Bitumens nur für minderwertige Verwendungen verfügbar werden.

Teersande in Kanada

Der Abbau kanadischer Teersande begann vor über 50 Jahren. Seit 1967 weitet das Konsortium Syncrude, das verschiedene Ölfirmen vertritt, in Alberta seine Fördergebiete langsam aus.

Die Vorlaufzeiten für neue Projekte sind lang, die Inbetriebnahme sehr kapitalintensiv. Darüber hinaus werden pro Barrel synthetisches Rohöl etwa zwei Barrel Wasser benötigt, die stark toxisch belastet werden und schwer zu reinigen sind.

Die meisten Projekte wurden bisher im Tagebau erschlossen. Doch eine künftige Ausweitung setzt den großflächigen Einsatz von »In-situ«-Verfahren voraus: Das Bitumen wird mit Heißdampf erhitzt und verflüssigt. Die Flüssigkeit wird an die Oberfläche gepumpt. Allerdings gibt es noch sehr wenig Erfahrung mit In-Situ-Projekten.

Die Übergangsstaaten

Die Länder aus dieser Gruppe gehören zu den wichtigsten ölproduzierenden und -exportierenden Regionen. Die Region wird von den großen Feldern in Russland, und hier vor allem Sibirien, dominiert. Dort wurde Ende der 80er Jahre das Fördermaximum der großen Felder (zum Beispiel Samotlar) überschritten. Bis Mitte der 1990er Jahre fiel die Förderung um 40 Prozent, da der Förderrückgang nicht durch die Erschließung neuer Felder ausgeglichen wurde. Erst um 1995 hatten sich die neuen Firmen soweit etabliert, dass mit Hilfe von Auslandsinvestitionen viele der bereits bekannten Felder erschlossen wurden. Seit 2007 flacht sich der Förderanstieg ab. Heute hat Russland vermutlich ein zweites, niedrigeres Förderniveau erreicht. Vermutlich wird die Förderung in den kommenden 20 Jahren auf die Hälfte reduziert werden.

Unsicherer ist die Datenlage für die große Ölregion um das Kaspische Meer, besonders die Länder Kasachstan und Aserbeidschan, denen zeitweise ein riesiges Förderpotential zugeschrieben wurde. Tatsächlich nähren einige große Funde zwischen den Jahren 1995 und 2000 die Hoffnung, dass manche Felder (zum Beispiel Tengiz, Kashagan, Kamchagarak, Azeri-Chirag-Gunashli) einen weiteren Anstieg der Förderkurven bis 2015 erlauben werden. Ab diesem Zeitpunkt muss allerdings auch dort mit einem Absinken der Produktion gerechnet werden. Das wichtigste Feld der Region, Kashagan, wurde 2000 im flachen nördlichen Teil des Kaspischen Meeres entdeckt. Bis 2005 sollte es mit mehr als 1 Mb/Tag zur Förderung in Kasachstan beitragen. Dieser Termin wird heute frühestens im Jahr 2013 erwartet. Die Schwierigkeiten der Erschließung liegen in der geographischen Lage des Feldes im flachen, weder mit Schiffen noch mit Landfahrzeugen gut erreichbaren Teil des Kaspischen Meeres. Der Lagerstättendruck ist mit mehr als 500 bar so hoch wie bei keinem Ölfeld zuvor. Der hohe Schwefelwasserstoffanteil des Öls gefährdet die Arbeitskräfte ständig durch einen möglichen Blow-out; es muss immer entsprechende Sicherheitskleidung mit Atemschutz erreichbar sein. Obwohl ExxonMobil den größten Anteil hält, ist bis zur Förderphase die Konsortialführung an den kleinsten Partner, ENI, vergeben. Die kasachische Regierung drängt mit Blick auf die erwarteten Steuereinnahmen auf einen zügigen Förderbeginn, die Firmen vertrösten das Land mit dem Hinweis auf eine größere Förderrate seit mehr als fünf Jahren.

Das andere wichtige Feld ist der bis ins Tiefwasser des Kaspischen Meeres reichende ACG-Komplex vor Baku in Aserbeidschan. Das Feld wird von BP erschlossen. Die Förderung wurde innerhalb weniger Jahre auf die Maximalförderung von 1 Mb/Tag erhöht, bis zum Jahr 2020 wird sie um mehr als die Hälfte zurückgehen. Damit dürfte Aserbeidschan jetzt am Fördermaximum sein, das für Kasachstan um das Jahr 2020 angenommen wurde.

Nachdem der World Energy Outlook von 1998 noch einen kritischen Blick auf die Fördermöglichkeiten der Region warf, wurden diese in späteren Ausgaben mit Verweis auf die großen Funde in Kasachstan und Aserbeidschan deutlich nach oben korrigiert. Der letzte Bericht von 2009 sieht die Möglichkeiten wieder reduzierter.

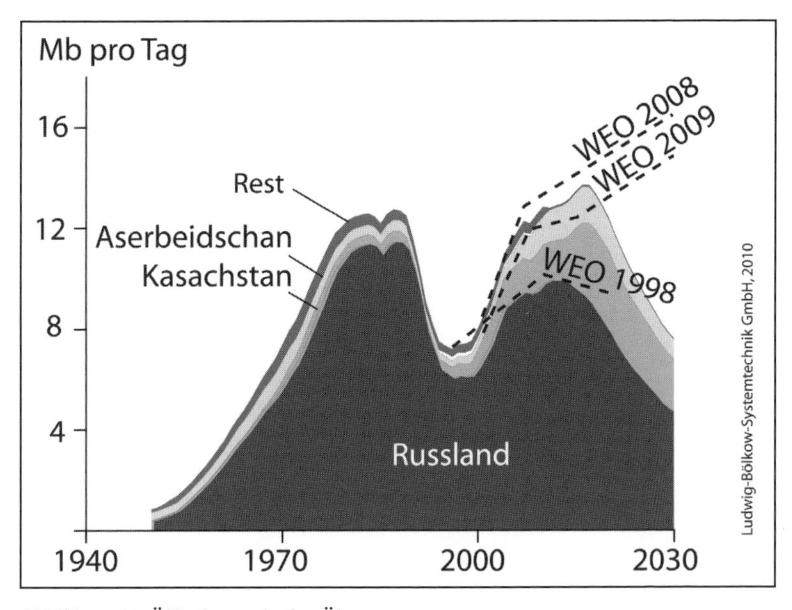

Abbildung 18: Ölförderung in den Übergangsstaaten

Europa

Das Fördermaximum für Öl in Europa wurde um das Jahr 2000 überschritten – bei einem Wert von etwa 6,5 Mb/Tag, wobei Großbritannien 1999 und Norwegen 2001 den Peak erreichte. Beide Staaten zusammen trugen 95 Prozent zur europäischen Ölförderung bei. Die WEOs von 1998, 2006 und 2008 zeigen diese Entwicklung deutlich. Schreibt man die Entwicklung der Förderraten fort – und es gibt momentan keine gute Begründung, das nicht zu tun – ergibt sich, dass die europäische Ölförderung 2015 um die Hälfte unter der von 2005 liegen wird. Hier muss man sich immer wieder klar machen, dass die Nordsee mit etwa 60 Gb die größte in den vergangenen 50 Jahren entdeckte Ölprovinz ist. Es ist schwer vorstellbar, dass man eine vergleichbar große Ölprovinz bisher übersehen hat.

Am Fördermaximum bestritt die Nordsee etwa 40 Prozent der weltweiten Förderung im Offshore-Bereich – der einzigen Produktionsschiene, die

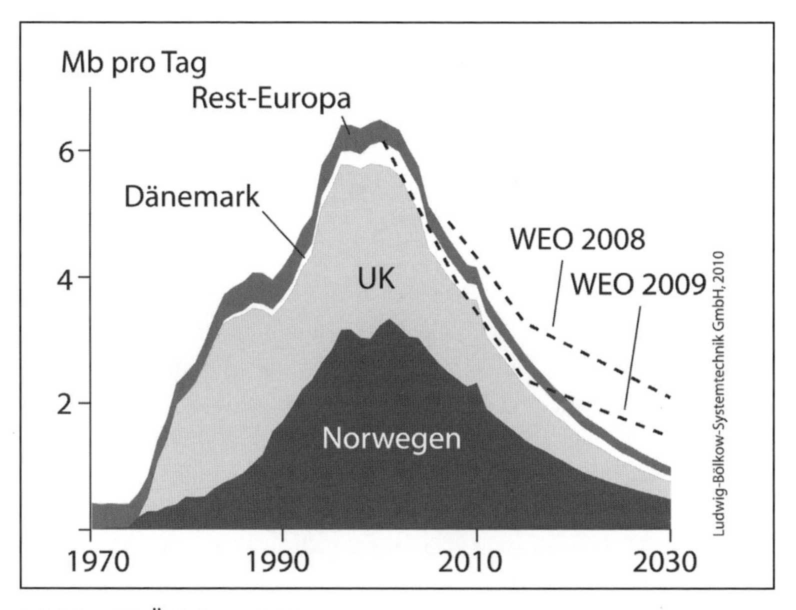

Abbildung 19: Ölförderung in Europa

global überhaupt noch Zuwachsraten zeigt. Alarmierend wirkte damals außerdem der Umstand, dass der Rückgang mit dem in einigen anderen Fördergebieten außerhalb der OPEC und der UdSSR-Nachfolgeländer zusammenfiel. Das Wegbrechen dieser Förderregion war ein Grund für die 2000 beginnende Ölpreisrallye. Für Europa ist die Datenlage so eindeutig, dass auch weitgehender Konsens besteht und die IEA ihre Prognosen in den vergangenen Jahren nur wenig nachbessern musste.

Sonstige Förderregionen

Die bisher nicht einzeln betrachteten Regionen haben in Summe um 2005 das Fördermaximum überschritten.

In **Lateinamerika** wird die Förderung von Venezuela und Brasilien dominiert. **Venezuela**, der größte Produzent, hatte sein Fördermaximum in den 70er Jahren. Als OPEC-Mitglied war es von dem Einbruch des OPEC-Marktanteils in den 1980er Jahren betroffen. 1998 wurde dann ein zweites kleineres Maximum erreicht. Seither geht die Förderung stetig zurück. Die Erschließung der Schwerölvorkommen wird zwar gemeinsam mit kanadischen Firmen versucht, bleibt aber weit hinter den Plänen zurück. Die Lage der Felder im venezolanischen Urwald an den Ufern des Orinoco führt immer wieder zu Konflikten mit der indigenen Bevölkerung im Orinoco-Delta, deren Fischgründe, ihre Nahrungsgrundlage, durch die Aktivitäten verseucht werden.

Petrobras, die Staatsfirma in **Brasilien,** ging mangels anderer Möglichkeiten weltweit als erste Firma in die Tiefseeexploration. Die Technik wurde perfektioniert und die Ölförderung schnell ausgeweitet. Auch heute noch kann die Förderung deutlich ausgeweitet werden. Allerdings sind große Felder wie das 1985 gefundene Marlim seit 2002 im Förderrückgang: Wurden 2002 noch 0,59 Mb/Tag gefördert, so sank die Förderrate 2009 auf 0,31 Mb/Tag, ein Rückgang von 7,5 Prozent pro Jahr. Dies hat den Gesamtförderzuwachs, durch andere Felder verursacht, verlangsamt. Dennoch gibt es mindestens bis 2015 und möglicherweise darüber hinaus ein Potential zur Ausweitung.

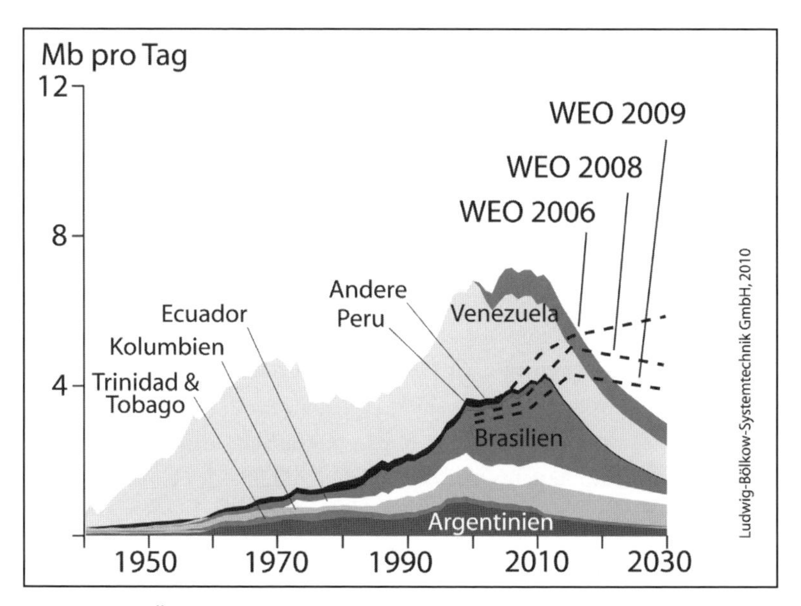

Abbildung 20: Ölförderung in Südamerika

Einen wichtigen Beitrag kann hier auch das 2007 entdeckte, 300 km vor der Küste in fast 2000 m Meerestiefe liegende und mit 5 bis 7 Gb vermutlich bisher größte Ölfeld Brasiliens liefern. Allerdings wird hier die Erschließung zu einer großen Herausforderung. Das Feld liegt mehr als 7000 Meter unter der Meeresoberfläche unter einer etwa 2000 Meter dicken Salzschicht. Dies erschwert die seismische Erkundung und verteuert die Bohrungen. Die Erschließung kostet 100 Millionen US-Dollar pro Fördersonde. Zum Erreichen der vorgesehenen Fördermenge von 0,2 Mb/Tag werden etwa 100 Fördersonden notwendig. Das erste Öl soll Ende 2010 mit einer Förderrate von 0,1 Mb/Tag fließen. Um das Feld zu entwickeln, werden neue Technologien vorangetrieben. Die Gesamtkosten inklusive 6 bis 12 »floating, production, storage and offloading facilities« (FPSO) werden auf 50 bis 100 Milliarden US-Dollar geschätzt.

Das Fördermaximum von Brasilien wird 2015 bei einem Wert von etwa 2,5 Mb/Tag erwartet. Auch hier zeigt sich mit jeder neuen Ausgabe des WEO eine pessimistischere Einschätzung des Förderpotentials. Bei der vorhergehenden Grafik ist zu berücksichtigen, dass die Förderung von Venezuela der OPEC zugerechnet wird und hier nicht einberechnet wird.

Afrika gehört zu den wenigen Regionen, die in den vergangenen zehn Jahren die Ölförderung nochmals deutlich ausgeweitet haben. Insbesondere Nigeria und Angola trugen hierzu bei. Allerdings hat die Förderung in **Nigeria** 2005 das Maximum überschritten. Vermutlich ist dies jedoch mehr auf die politischen Umstände zurückzuführen – im Nigerdelta gibt es Bürgerkriegsmilizen und Anschläge auf Förderanlagen –, die Hälfte der Förderung kommt von Onshore-Anlagen. Auch deshalb fokussierten sich die Firmen – allen voran Shell – vor allem auf die Entwicklung der Tiefseefelder. Diese tragen heute etwa die Hälfte der Förderung. Mit den Problemen in Nigeria wurde **Angola** der Staat, der bis 2009 die Förderung ausweiten konnte. Heute ist dort vermutlich auch das Fördermaximum erreicht.

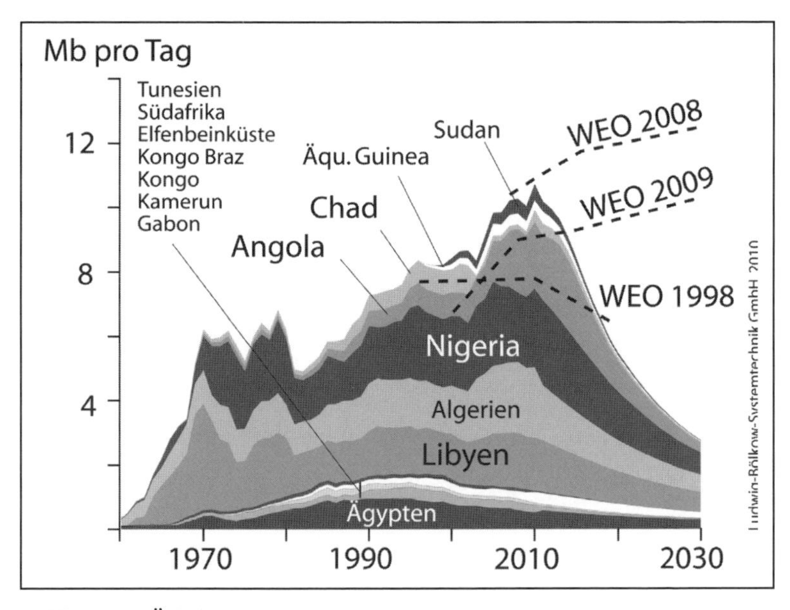

Abbildung 21: Ölförderung in Afrika

Interessanterweise hatte bereits der WEO 1998 – abweichend von seinen Versionen von 2006 und 2008 – ein Szenario ausgemalt, das dem der LBST stark ähnelt.

Die Ölförderung im **pazifischen Raum** wird fast ausschließlich von **Australien** getragen. Auf dem Festland geht sie seit 2000 zurück. Der Anstieg der Offshore-Förderung kann diesen Rückgang teilweise kompensieren.

Auch in **Indien** kann der Förderrückgang auf dem Festland derzeit noch durch die Erschließung von Tiefseefeldern kompensiert werden. Dies wird vermutlich 2010 an sein Ende kommen. Unabhängig davon ist der indische Förderbeitrag – wie übrigens auch der australische – in der Weltbilanz wenig relevant.

Die **chinesische** Ölförderung wird immer noch stetig ausgeweitet. Dies ist vor allem auf die zügige Erschließung von Tiefseevorkommen durch

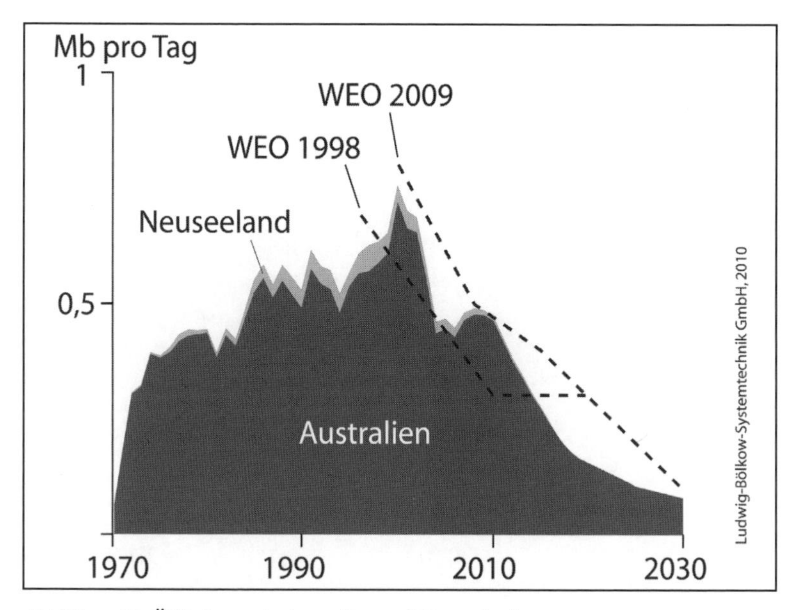

Abbildung 22: Ölförderung in Australien und Neuseeland

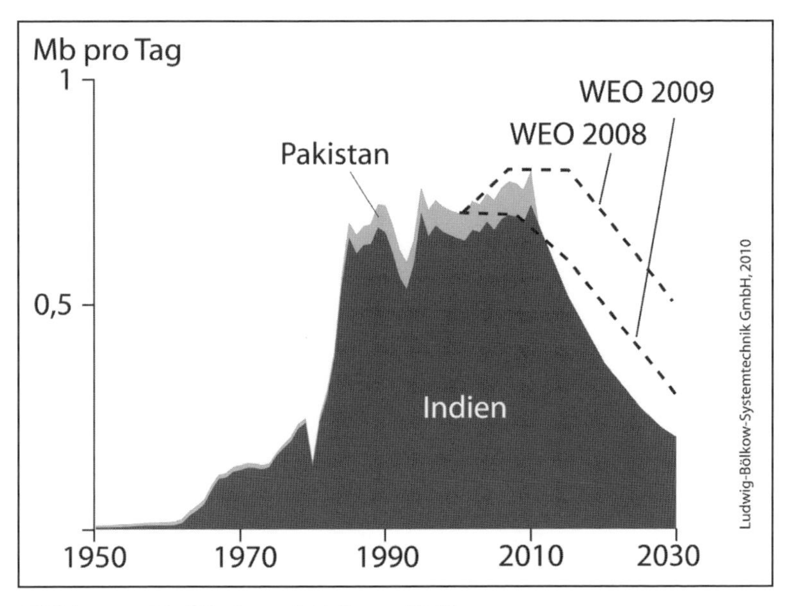

Abbildung 23: Die Ölförderung in Indien und Pakistan

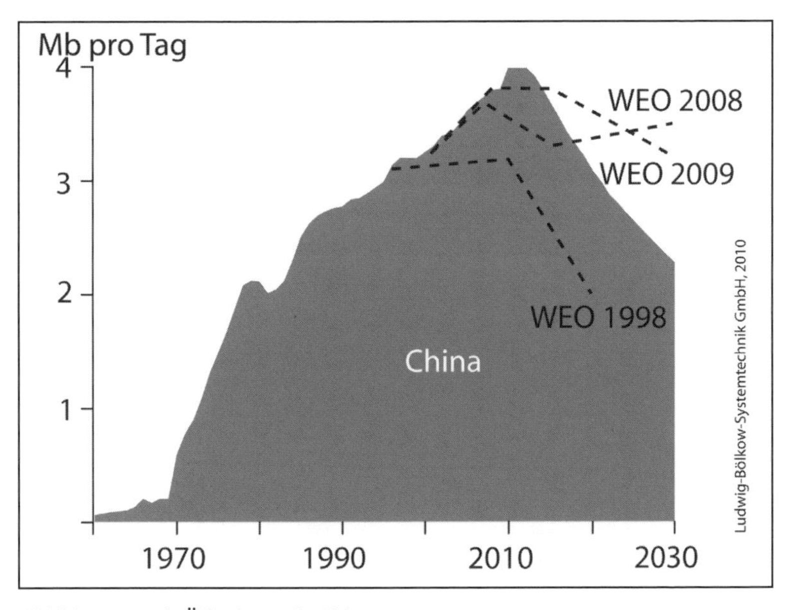

Abbildung 24: Die Ölförderung in China

»Chinese Offshore Operator« (CNOOP) zurückzuführen. Die Ölförderung auf dem Festland beruht vor allem auf den drei größten Feldern Daqing, Shengli und Lahore, die bis vor wenigen Jahren zwei Drittel zur Ölförderung beitrugen. Doch inzwischen haben diese Felder das Fördermaximum überschritten.

Als letzte Region verbleibt Ostasien mit seiner Ölförderung. **Indonesien** hat das Fördermaximum schon lange überschritten muss seit 2004 Öl importieren. Folgerichtig ist es kurz danach aus der OPEC ausgetreten. Auch heute noch subventioniert die Regierung, wie viele andere asiatische Staaten, den Ölverbrauch im eigenen Land. Allerdings belastet dies zunehmend den Staatshaushalt; so stiegen die Ausgaben von 10 Milliarden US-Dollar im Jahr 2007 auf fast 15 Milliarden im Jahr 2008.

Dies führte bereits dazu, dass die Preise deutlich stiegen. In Ostasien ist eine Förderausweitung nur durch verstärkte Offshore-Aktivitäten denkbar. Besonders deutlich wird die Einschätzung der Internationalen

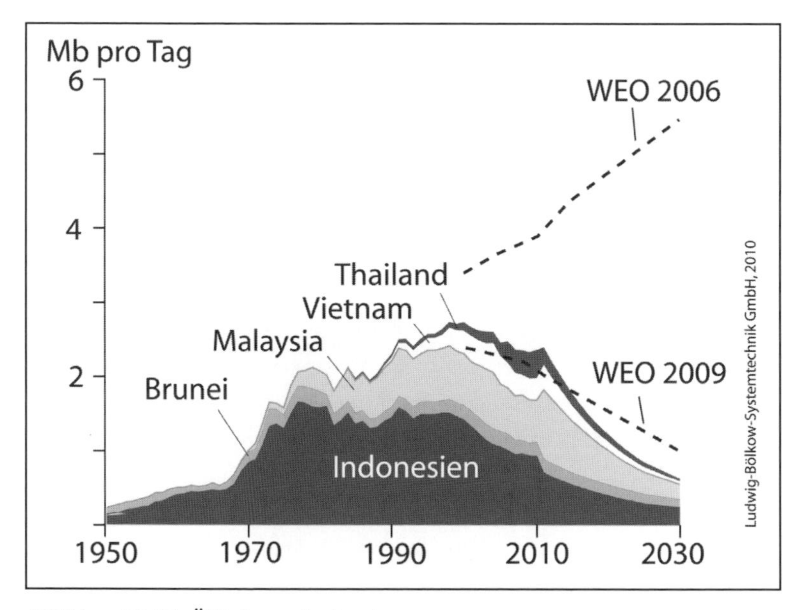

Abbildung 25: Die Ölförderung in Ostasien

Energieagentur: Noch im Jahr 2006 hatte sie der weiteren Tiefseeexploration großes Potential eingeräumt, im Jahr 2009 wurde die Sichtweise vollkommen verändert.

Ölhandel: Wachsen des Eigenbedarfs bei den Förderländern

Eine wesentliche Konsequenz aus der regionalen Analyse ist, dass die auf dem Weltmarkt nachgefragten Ölmengen kurzfristig zunehmen werden, da die Förderung in den heute großen Verbrauchsregionen (Nordamerika, Europa) schnell zurückgehen wird. Ob dem auch eine größere Exportmenge gegenübersteht, muss bezweifelt werden.

Die Konkurrenz um dieses Öl wird deutlich zunehmen. Davon werden die Exportregionen profitieren. Sie werden den eigenen Ölbedarf wesentlich länger befriedigen können als andere Regionen. Dies zeigte sich bereits 2008/9: Obwohl die Rezession den Ölverbrauch in den OECD-Staaten deutlich reduzierte (in den USA um mehr als 10 Prozent), erhöhte Saudi-Arabien seinen Verbrauch auch im Jahr 2009 und vermutlich auch 2010. Dies führt dazu, dass das Exportpotential reduziert wird. Damit werden die auf dem Weltmarkt verfügbaren Ölmengen vermutlich wesentlich schneller zurückgehen als die Ölförderung – eine Konsequenz, die bisher wenig bedacht wurde.

So wird es wahrscheinlich, dass im Jahr 2030, wenn die weltweite Förderung sich halbiert hat, die auf dem Weltmarkt verfügbaren Mengen um 80 oder 90 Prozent zurückgegangen sein werden. Die traditionellen Ölförderstaaten werden vermutlich verstärkt einen »Ressourcennationalismus« entdecken, wie dies sich beispielsweise in Russland bereits andeutete, wie China es in expansiver neokolonialer Weise praktiziert und wie es der König von Saudi-Arabien ahnen lässt, wenn er verkündet, nicht mehr explorieren zu wollen, um das »Öl für die eigenen Kinder aufzuheben«.

Unter diesem Blickwinkel ist die Exportentwicklung der OPEC-Staaten in den letzten Jahrzehnten interessant (Abbildung 26): Bis zum Jahr 2000 erfolgte eine Exportausweitung vor allem durch die Staaten des Mittleren

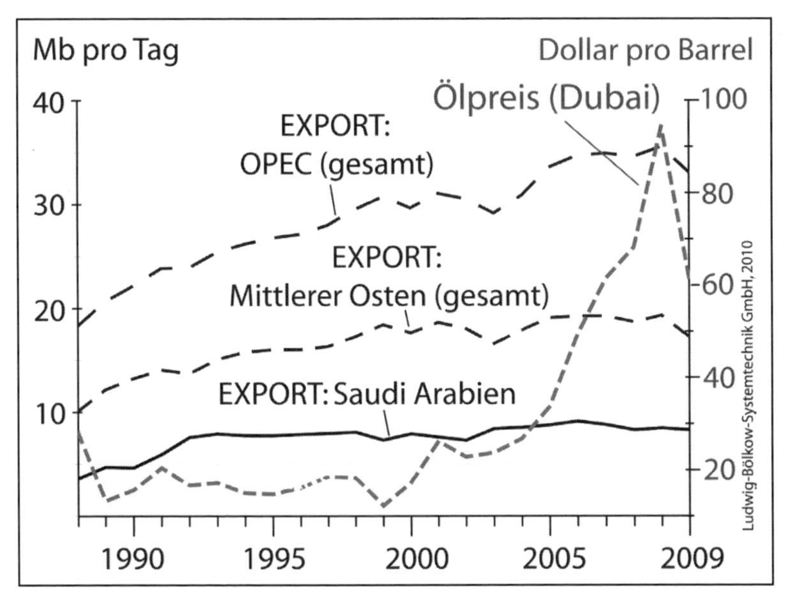

Abbildung 26: Nettoexporte der OPEC, der OPEC-Staaten des Mittleren Ostens und Saudi-Arabiens im Vergleich zur Entwicklung des Ölpreises seit 1987

Ostens. Ausgerechnet als der Ölpreis nach 2000 zu steigen begann, stagnierten die Exporte aus diesen Staaten. Saudi-Arabien reduzierte sie sogar von 2005 ab. Heute muss offen bleiben, ob diese Reduktion auf eine bewusste Drosselung zur Sicherung der eigenen künftigen Ölförderung zurückzuführen ist oder auf ein geologisch bedingtes Versiegen der Förderquellen. Das eine wie das andere lässt eine wesentlich angespanntere Versorgungslage erwarten als offiziell zugegeben wird.

Tabelle 2 zeigt eine Abschätzung, wie sich der Ölhandel in den nächsten zwei Jahrzehnten infolge von Peak Oil verändern könnte. Im Jahr 2002 wurden beispielsweise 32 Millionen Barrel pro Tag an Rohöl »netto« gehandelt, 2010 um die 38 Mb/Tag. Es ist sicher, dass bis zum Ende des nächsten Jahrzehnts nur noch wenige Nationen in der Lage sein werden, Öl zu exportieren. Zum einen liegt dies an der fallenden Ölproduktion aus bestehenden Ölfeldern und zum anderen daran, dass der Eigenbedarf auch in den Staaten mit großen Vorkommen und heute relativ geringem Verbrauch in den nächsten Jahren weiter steigen wird. Als Konsequenz kann der Handel mit Öl schneller zurückgehen als die tatsächliche weltweite Förderung. Obwohl OECD-Regionen mit einem heute sehr hohen Verbrauch und niedriger Eigenförderung in Zukunft noch relativ große Mengen importieren werden, dürfte bei einer Betrachtung der absoluten Mengen ein Rückgang von 50 bis 90 Prozent über die nächsten Jahrzehnte beobachtet werden.

Weltweit wird erwartet, dass der Nettoexport von Öl bis 2030 stark fallen wird. Wie im LBST-Szenario betrachtet, könnte im Vergleichszeitraum der Jahre von 2002 bis 2030 ein durchschnittlicher Rückgang der Exporte um 55 Prozent stattfinden. Auch Regionen wie der Mittlere Osten, Afrika und Russland werden in Zukunft immer weniger Öl exportieren können.

Der Mittlere Osten wird im Jahr 2030 noch dominierender Öllieferant bleiben. Daneben wird Russland ein weiterer wichtiger Ölexporteur sein. Bis 2030 könnte China mehr Öl importieren als das Europa der OECD.

Millionen Barrel Rohöl pro Tag	2000			2009			2030
	Verbrauch	Förderung	Importe	Verbrauch	Förderung	Importe	Importe
OECD-Nordamerika	23,5	13,9	9,6	22,8	13,4	9,4	4,5
OECD-Europa	15,3	6,47	8,9	14,7	4,15	10,5	2
OECD-Pazifik	8,8	0,8	7,9	7,8	0,56	7,3	1
China	4,8	3,3	1,5	8,6	3,8	4,8	3
Ostasien	4,9	3,1	1,8	5,9	2,9	2,9	1,5
Südasien	2,7	0,73	2	3,7	0,75	2,9	1,8
Mittlerer Osten	4,8	23,4	-18,6	7,1	24,4	-17,2	-10,3
Afrika	2,5	7,8	-5,3	3,1	9,7	-6,6	-0,5
Übergangsstaaten	3,5	7,88	-4,4	3,8	13,1	-9,3	-3,5
Lateinamerika	4,8	6,81	-2	5,6	6,76	-1,1	--

Tabelle 2: Vergleich der Öl-Nettoimporte und -exporte 2002 und 2030 (Negatives Vorzeichen bedeutet Exporte)

Erdgasversorgung am Scheideweg

Erdgas ist energetisch ein »Mädchen für alles«. Es ist sauber, es lässt sich über Tausende von Kilometern in Pipelines transportieren, es verbrennt rückstandsfrei, ungiftig und durch den höheren Anteil an Wasserstoff klimaneutraler als Kohle oder Öl, es eignet sich für die Nutzung in kleinsten wie in größten Anlagen, vom Herdflämmchen bis zum Gigawatt-Kraftwerk. Jeder kennt die Erdgaswerbung, die mit ihren Bildern von Kindern und Zottelhunden auf weiten Holzfußböden immer besonders auf einen Aspekt abzielt: Sorglosigkeit.

Die geologischen Voraussetzungen zur Entstehung von Erdgas sind denen beim Öl sehr ähnlich; meistens treten beide gemeinsam auf. Auch die technischen Voraussetzungen zum Finden und Bergen waren weitgehend die gleichen, deswegen liegen auch bei der Entdeckungsgeschichte Öl und Gas nahe beieinander. Viele Unterschiede in den Märkten erklären sich allein aus dem großen technischen Aufwand, den der Transport von Gas über große Strecken erfordert. Heute werden über 90 Prozent des kommerziell erzeugten Erdgases durch Pipelines transportiert; nur 10 Prozent werden verflüssigt und verschifft. Der riesige Aufwand in die Infrastruktur – Hochdruckrohrleitungen, Verdichterstationen, Kühlanlagen, Spezialschiffe – war der Grund, warum sich auf den Gasmärkten – anders als beim Öl – stabilere Produzenten-Konsumenten-Verhältnisse bildeten, Einzelmärkte, regional voneinander getrennt. Deswegen müssen sich auch seriöse Studien auf diese Einzelmärkte beziehen, wenn sie etwas über die zukünftigen Versorgungsmöglichkeiten aussagen wollen. Eine übergreifende Prognose ist sicherlich, dass der interkontinentale Handel mit Flüssiggas zunehmen wird, dass aber der Zuwachs in diesem Bereich noch lange unter technischen Restriktionen stehen wird: Kapitaleinsatz, Transportkapazität der Schiffe, Ladekapazität der Terminals und technischer Aufwand bei der Verflüssigung und beim Wiedervergasen.

Wieviel Erdgas gibt es? Wieviel haben wir schon gefunden?

Die Entdeckungs- und Erschließungsgeschichte des Erdgases weist große Ähnlichkeiten zu den Entwicklungen beim Öl auf. Auch die statistischen

Methoden, die man verwendet, um künftige Funde und Förderkurven zu prognostizieren, sind mehr oder weniger dieselben. Die Datenbasis sind wie beim Öl eine gute Kenntnis der geologischen Voraussetzungen (beim Gas muss wie beim Öl eine »Falle« im Gestein entstanden sein, eine Sperrschicht, die die fossile Lagerstätte von der Erdoberfläche isoliert) und ein genaues Studium der Förderverläufe an den existierenden Bohrlöchern.

Die größten Erdgasfunde wurden zwischen 1960 und 1970 gemacht. Die Analyse der weltweiten Funde lässt darauf schließen, dass 75 bis 85 Prozent der Erdgaslagerstätten der Erde bereits entdeckt sind und somit in Zukunft nur noch Funde in einer Größenordnung von 15 bis 25 Prozent der bisher schon gemachten zu erhoffen sind [IHS Energy 2006]. Damit ist der größere Teil des künftig verfügbaren Gases das bereits entdeckte, aber noch nicht geförderte Gas: die heute bekannten Reserven. Auf diesen Wert müssen sich Planungen für die künftige Energieversorgung vor allem stützen.

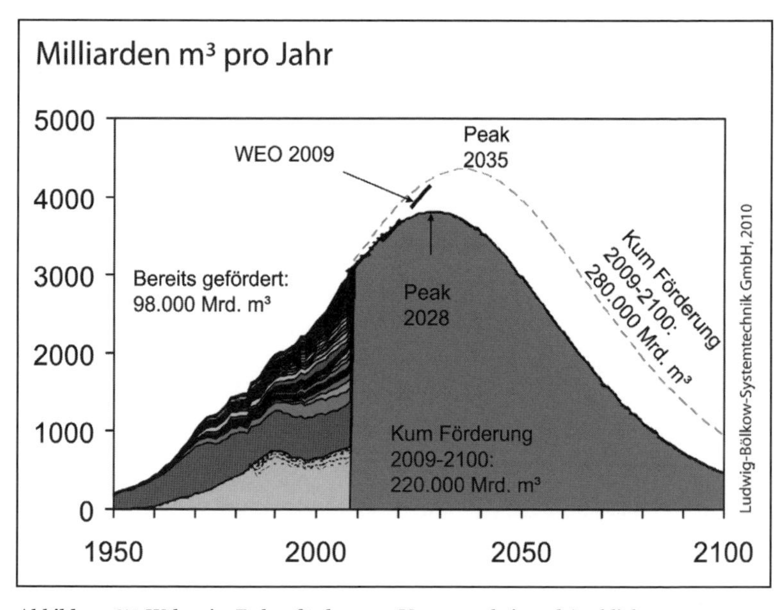

Abbildung 27: Weltweite Erdgasförderung - Vergangenheit und Ausblick

Wie in Abbildung 27 dargestellt, wurden bis heute ungefähr 98 000 Milliarden Kubikmeter Erdgas gefördert und verbraucht. Die heute entdeckten und bekannten weltweiten Gasreserven werden auf 187 000 Milliarden Kubikmeter (187 Billionen m^3) geschätzt [BP 2010]. Selbst bei der Annahme, dass durch weitere Funde die globalen Gasreserven um 20 Prozent auf 220 000 Milliarden m^3 anwachsen, wird das generelle Bild nicht verändert: Das weltweite Fördermaximum, »Peak Gas«, wird zwischen 2020 und 2030 erwartet. Selbst um 50 Prozent größere Reserven würden den Peak nur um 7 Jahre hinausschieben.

Hochdruck in der Tiefe – die weltweite Verteilung der Erdgasreserven

Allein 60 Prozent der gesamten bekannten Gasreserven konzentrieren sich auf drei Staaten: Russland, Iran und Qatar. So wurde das größte überhaupt bekannte Gasfeld »North Field« (Qatar) / »South Pars« (Iran) 1971 im Persischen Golf entdeckt; es reicht in die Staatsgebiete von Iran und Qatar. Sein förderbarer Inhalt wird auf 35 Billionen Kubikmeter geschätzt (zirka 31600 Mtoe). 70 Prozent der gesamten Gasreserven von Qatar und Iran liegen alleine hier, über eine Fläche von 9700 km^2 verteilt.

Als allerdings die Ölgesellschaft ConocoPhillips im Jahr 2005 mitten im Gebiet des für gut erforscht gehaltenen Gasfeldes eine Kontrollbohrung niederbrachte, kamen Zweifel auf, ob nicht vielleicht die Größe des Feldes die ganze Zeit weit überschätzt worden sein könnte. Qatars Ministerium für Energie reagierte auf die unangenehme Überraschung mit einem Moratorium für den Bau neuer Förderanlagen; nur bereits genehmigte Projekte durften weiter verfolgt werden. Man wollte sich erst genauere Kenntnisse über die tatsächlich noch förderbaren Reserven verschaffen. Die Tatsache, dass dieses Moratorium noch heute anhält und dass über die Gründe wenig nach außen dringt, lässt vermuten, dass die Ergebnisse der Nachuntersuchungen noch ernüchternder gewesen sein könnten als die der Probebohrung.

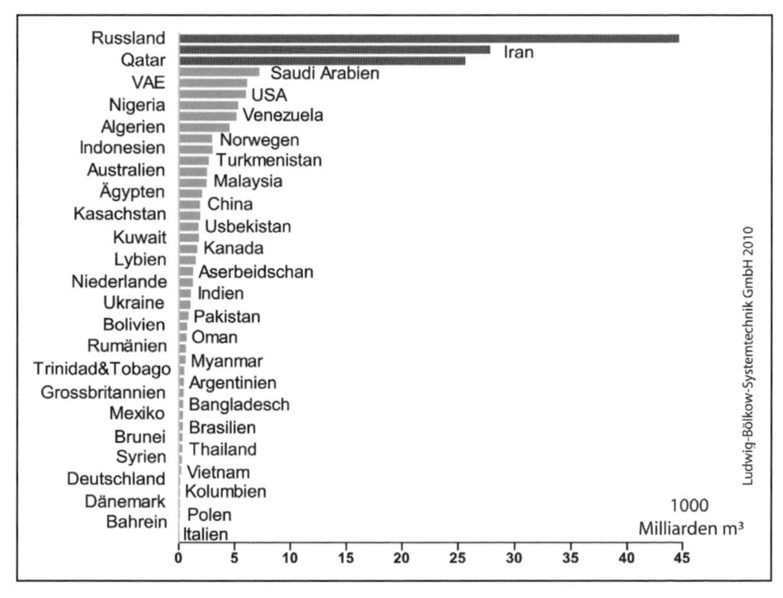

Abbildung 28: Weltweite Erdgasreserven in 1000 Milliarden m^3

Fördergrenzen zeichnen sich ab

Im Jahr 2009 erreichte die weltweite Erdgasförderung einen Wert von fast 3000 Milliarden Kubikmetern [BP 2010]. Eine regionale Analyse lässt erwarten, dass das Fördermaximum für Gas um 2020 bei einer maximalen Förderrate von unter 3500 Milliarden m^3/Jahr erreicht wird. In einigen Gasmärkten könnte das Fördermaximum jedoch auch früher eintreten.

Eine Zusammenschau der weltweiten Förderstatistiken bei Erdgas zeigt, dass Nordamerika bereits nahe dem Fördermaximum ist und Europa es schon 2001 überschritten hat und sich auf dem abfallenden Schenkel der Kurve befindet. Russland erlebte 1990 bis 1995 eine Phase rückläufiger Förderung, bis neue Felder erschlossen werden konnten und die Förderraten vorübergehend wieder anstiegen. Ein zweiter Blick auf die Struktur der russischen Gasfelder und die geographische Verteilung der noch nicht erschlossenen Felder legt hier allerdings die Vermutung nahe, dass die bestehende Förderung sich auch hier schon im Rückgang befindet, nachdem die drei größten Gasfelder Medveshe, Urengoy und Yamburg ihren Förderpeak vor 20 und mehr Jahren erreicht hatten. Die Erschließung der neuen Felder erfordert durch ihre Position weit im Osten und Norden (Barentssee, Jamalhalbinsel, Karasee) riesige Investitionen und lange Vorlaufzeiten. Es ist keineswegs sicher, dass alle bekannten Felder überhaupt in Betrieb genommen werden. Insbesondere ist es unwahrscheinlich, dass sie zeitnah erschlossen werden.

Die Analysen lassen vermuten, dass »Peak Gas« weltweit mit dem Fördermaximum in den Übergangsstaaten zusammenfallen wird. Der Zeitpunkt dafür könnte um 2020 erreicht sein – trotz der Tatsache, dass Qatar auch später noch durchaus imstande sein könnte, seine Erdgasförderung zu erhöhen. Es muss vorsichtigerweise gesagt werden, dass die hier skizzierte Versorgungsprognose noch mit vielen Unsicherheiten behaftet ist. Trotzdem müssen wir damit rechnen, dass dieses Szenario auf der Basis heutigen Wissens wesentlich wahrscheinlicher ist als die Prognosen, die mit wenig begründetem Optimismus noch gar nicht entdeckte Gasfelder

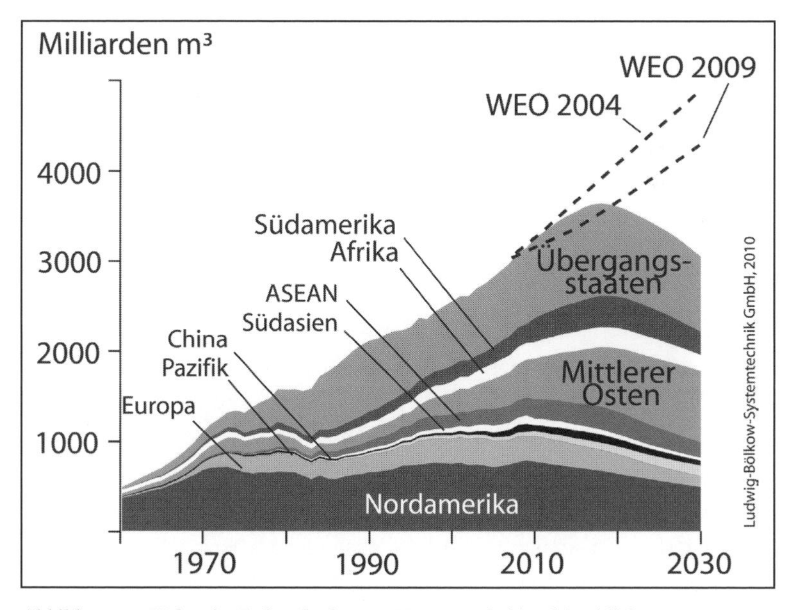

Abbildung 29: Weltweite Erdgasförderung: Vergangenheit und Ausblick

oder sogar völlig neue Provinzen in ihre Diagramme eintragen und so Fakten und Wunschdenken vermischen. Wie beim Erdöl bestimmt die Geschwindigkeit des Förderrückgangs der alten Felder zusammen mit der Erschließungsrate neuer Felder, ob in der Nettobilanz eine Ausweitung noch möglich ist oder der Förderrückgang unvermeidlich wird.

Hoffnungsträger »Unkonventionelles Erdgas«?

Selten waren zur Zukunft der Erdgasnutzung so widersprüchliche Aussagen derselben Institutionen innerhalb weniger Jahre zu hören: Zeigten Ende der 1990er Jahre alle Förderszenarien auf eine deutliche Ausweitung der Gasförderung in den USA, so machte die Gasknappheit im Winter 2000/2001 alle Prognosen hinfällig. Die Förderung der alten Gasfelder ließ schneller nach als erwartet, der Gaspreis verfünffachte sich in kürzester Zeit. Die Gasimporte nach Nordamerika wurden für 2030 auf über 25 Prozent des Verbrauchs geschätzt. Doch seit Winter 2008 gehen die Erwartungen wieder nach oben: Erdgas gebe es im Überfluss. Die USA konnten entgegen dem Trend der Vorjahre die Förderung nochmals deutlich ausweiten, Gasimporte wurden reduziert. Das bereits kontraktierte Flüssiggas des norwegischen Feldes Ormen-Lange wurde umgeleitet und in Europa verkauft. Grund für diese neue Kehrtwende bildete die schnelle Erschließung von sogenanntem unkonventionellem Erdgas in den USA. Diese Hoffnung schwappt auch nach Europa. Doch inwieweit ist diese Euphorie gerechtfertigt? Wird die neue Entwicklung tatsächlich die Endlichkeit von Erdgas nochmals für Jahrzehnte hinausschieben? Dazu zunächst ein kurzer Überblick.

Unkonventionelles Gas fasst solche Vorkommen zusammen, die nicht mit klassischen Verfahren zu erschließen sind. Hierzu gehört Gas in den Poren von Kohleflözen, sogenanntes Grubengas oder »coalbed methane«, Gas in Gesteinsporen undurchlässiger Gesteine, »tight gas«, und Gas in den Hohlräumen und Poren von Schiefergestein, »shale gas«. Außerdem werden dazu die Gasvorräte im Permafrost oder am Meeresboden gezählt, die in sogenannten Gashydraten gefangen sind. Diese Vorkommen werden manchmal auf ein Vielfaches aller konventionellen Gasvorkommen beziffert und scheinen uns aller Versorgungssorgen zu entheben. Doch der Reihe nach:

Die Erschließung von Grubengas kam Anfang der 1990er Jahre in den Fokus, als man bemüht war, die Methanemissionen des Kohlebergbaus zu reduzieren. In größerem Umfang wurden diese Gase tatsächlich bisher nur in den großen Kohlerevieren in den USA genutzt. Doch in vielen Revieren scheint hier der Höhepunkt bereits überschritten, wie zum Beispiel in Summe in Colorado und New Mexico. Damit wird eine Ausweitung in anderen Regionen das Gesamtniveau für einige Jahre halten können – viel mehr wird es nicht sein. Angesichts des Beitrags von knapp 10 Prozent zur Gasförderung in den USA ist das kein allzu großer Einfluss. In Regionen außerhalb der USA ist der Förderanteil deutlich niedriger und meist um oder unter 1 Prozent.

Die Förderung von Schiefergas wird anders gesehen. Seit 2005 hat hier in den USA ein regelrechter Boom eingesetzt. Innerhalb von vier Jahren konnte »shale gas« über 10 Prozent Anteil an der Gasförderung der USA erreichen. Grund hierfür sind die im »Clean Energy Act« von 2005 unter der Bush-Administration aufgelockerten Umweltbeschränkungen. Die Förderung dieses Gases erfordert eine sehr hohe Bohrsondendichte. Im Mittel befinden sich 5 bis 6 Bohrstellen auf jedem Quadratkilometer – über eine Gesamtfläche von 1000 km^2 und mehr. Von diesen Bohrungen wird horizontal in die gasführende Schieferschicht gebohrt. In diese wird mit hohem Druck ein Gemisch aus Wasser, Sand und Chemikalien verpresst, um die Gesteinsstruktur aufzubrechen und in der nachfolgenden Entspannungsphase das Gas aus den Poren zu fördern. Der größte Teil der Flüssigkeit wird zusammen mit toxischen Bohrschlämmen wieder ausgespült und muss in Abwasserteichen entsorgt werden. Doch ein Teil verbleibt im Untergrund. Er kann über natürliche oder durch das »Cracken« erst erzeugte Klüfte in trinkwasserführende Gesteinsschichten gelangen.

Erst die Lockerung der Gesetze führte in den USA, bei hohen Gaspreisen, zu einer rentablen Erschließung dieser Vorkommen. Doch man bezahlt dies mit der potentiellen Gefährdung des Grundwassers. Das mag man nicht weiter relevant finden, aber das größte Gasschieferfeld reicht über mehrere Bundesstaaten bis in die Gebiete um New York. Damit gefährdet seine Erschließung die Trinkwasservorräte der Millionenstadt. Seitdem ist ein Streit um die Gefährdung entbrannt.

Diese Diskussion wird zunehmen, je stärker die Bohrungen in Konflikt mit den Interessen der Anwohner kommen. Vermutlich wird bei weitem nicht alles Schiefergas erschlossen werden. Einen Hinweis auf diese Problematik gibt auch die Übernahme der bisher erfolgreichsten Firma im Shale-Gas-Geschäft, XTO Energy, durch ExxonMobil. Im Jahr 2009 wurde sie für über 30 Milliarden US-Dollar erworben. Später wurde bekannt, dass dieser Vertrag eine Rücktrittsklausel enthält: Falls die amerikanische Umweltgesetzgebung sich derart ändere, dass die betriebswirtschaftlich sinnvolle Erschließung der Shale-Gas-Vorkommen in den USA nicht mehr gegeben ist, kann ExxonMobil den Kauf rückgängig machen. Man weiß dort sehr genau um die Umweltauswirkungen der entsprechenden Technologien, aber auch, dass diese nur mit großem Lobbyaufwand und durch das persönliche Engagement von Dick Cheney, dem damaligen Vizepräsidenten, im Clean Energy Act 2005 kleingeredet wurden, und erkennt sehr wohl, dass sich dies unter einer anderen Regierung sehr schnell wieder ändern könnte.

Darüber hinaus lässt die Ergiebigkeit der Bohrungen sehr schnell nach: Bereits nach einem Jahr ist die Förderrate der meisten Bohrlöcher um 40 bis 60 Prozent abgesunken. Der Wettlauf mit dem Förderrückgang beginnt wesentlich früher als bei konventionellen Gasfeldern. Heute ist der Förderanteil von Schiefergas nur in den USA relevant. Weder in Kanada noch in Europa gibt es außer wenigen Demonstrationsvorhaben kommerzielle Projekte. Vermutlich werden die höheren Sicherheitsauflagen in Europa, zumindest aber in Mitteleuropa die Shale-Gas-Förderung schnell begrenzen.

»Tight gas«, also Gas in den Gesteinsporen dichter Sandsteinformationen, macht heute in den USA bereits einen beachtlichen Förderanteil aus. Man spricht von bis zu 50 Prozent, wobei diese Angabe unsicher ist, da der Übergang zur konventionellen Gasförderung fließend ist und deshalb keine gesonderte Statistik geführt wird. Im Prinzip gleichen die Fördermethoden denen der Schiefergasförderung, wenn auch aufgrund der dichteren Gesteinsstrukturen die Zerklüftung und damit die Möglichkeit der Migration toxischer Flüssigkeiten gegenüber der Shale-Gas-Förderung etwas geringer ist.

Bei weitem das größte Potential liegt jedoch in natürlichen Methanhydraten. Gashydrat entsteht unter hohem Druck und bei niedriger Temperatur aus Wasser und Methan, es »gefriert« zu einer eisähnlichen Substanz. Ein Kristallgerüst aus Wassermolekülen umschließt je ein Methanmolekül und hält es bei entsprechend tiefer Temperatur zusammen. Steigt die Temperatur oder sinkt der Druck, so entweicht das Methanmolekül, die eisähnliche Struktur bricht zusammen, ähnlich dem Schmelzvorgang von Eis.

Die Vorkommen werden auf ein Vielfaches der weltweiten konventionellen Gasressourcen geschätzt und scheinen Versorgungsprobleme um Jahrhunderte hinauszuschieben. Tatsächlich jedoch sind diese Angaben sehr spekulativ. Sie wurden anhand der Druck- und Temperaturbedingungen am Meeresboden und in Permafrostgegenden errechnet. Oft aber stimmen die tatsächlichen Funde nicht mit den theoretisch gefundenen Vorgaben überein. Bis heute hat man nur kleine Mengen an Methanhydrat tatsächlich nachgewiesen. Darüber hinaus sind Förderverfahren noch nicht entwickelt. Diese werden teuer, energieaufwendig und riskant sein. Zur Förderung muss das Hydrat aufgeschmolzen werden, dies kostet Energie und Zeit. Daher werden nur kleine Förderraten realisierbar sein. Außerdem treten Gashydrate im Meeressediment oft kombiniert mit konventionellen Gasfeldern auf, die unter der Hydratschicht eingeschlossen sind. So wird man diese zunächst erschließen. Allerdings birgt hier die Förderung das Risiko eines unkontrollierten »blow-outs«, der die darüber befindlichen Bohrinseln gefährdet, da die »Verdünnung« des Wassers zu deren Untergang führen kann. Heute ist bewiesen, dass es Gashydrate gibt. Allerdings ist es noch völlig unklar, wie groß die Vorkommen sind und ob sie jemals gewinnbringend gefördert werden können.

Letztlich muss man auch hier die – parallel zum Öl entstandene – These des abiotischen Erdgases ansprechen. Der Astrophysiker Thomas Gould entwickelte aufbauend auf der Theorie russischer Chemiker von der abiotischen Ölentstehung in den 1970er Jahren die These, dass Erdgas beständig aus dem Erdinneren ausströme. Daher könne man es mit einem »Schirm« auffangen. Tatsächlich kann man ja in Gesteinsporen oder Aquiferen gelöstes Erdgas nachweisen. Doch größere Akkumulationen, die so »gefördert« werden könnten, konnten bis heute nicht entdeckt werden. Ein Versuch der Gasindustrie in den 1980er Jahren in Schweden wurde erfolglos abgebrochen. Auch hier gilt, dass man die These schwer widerlegen kann, erst recht aber auch noch nicht beweisen konnte. In der Realität hat sie bis heute nicht zu einem einzigen Erdgasfund geführt. Die konventionelle, biologische Theorie der Erdgasentstehung hat bisher viel Bestätigung erfahren, konnte letztlich jeden Fund erklären und wurde oft erfolgreich bei der Suche nach Erdgas angewendet.

Die »Säulen« der Erdgasversorgung

Die drei wichtigsten erdgas*produzierenden* Großregionen waren 2009 – abweichend von der Reservenlage – Nordamerika mit 813 Milliarden m^3 (angeführt von den USA mit 593 Mrd. m^3), die Übergangsstaaten (GUS-Länder) mit 745 Mrd. m^3 jährlicher Förderung (dominiert von Russland, das alleine im Jahr 2009 527 Mrd. m^3 förderte), und Europa mit 228 Mrd. m^3 (wo Norwegen mit 104 Mrd. m^3 den größten Anteil stellt, gefolgt von den Niederlanden mit 63 Mrd. m^3 und Großbritannien mit 60 Mrd. m^3). Diese drei Großregionen decken 60 Prozent des auf der Welt geförderten Erdgases ab. Es gibt hier eine weitgehende Überschneidung mit den drei wichtigsten Verbrauchsregionen: Nordamerika mit 811 Mrd. m^3 (mit den USA, 647 Mrd. m^3, als Hauptkonsument), die Übergansstaaten mit 563 Mrd. m^3 (Russland 390 Mrd. m^3) und das Europa der OECD mit 496 Mrd. m^3 (an erster Stelle Großbritannien mit 87 Mrd. m^3), wobei innerhalb der Regionen zwischen Verbrauchs- und Förderstellen teilweise erhebliche Distanzen liegen [BP 2010].

Die große Pokerrunde – Schlaglichter auf einzelne Erdgasländer

Die Statistiken der vorangehenden Seiten haben gezeigt, dass Reservelage und tatsächliche Förderung beim Erdgas teilweise weit auseinanderklaffen. Im Falle der **Übergangsstaaten**, namentlich **Russlands**, ist allerdings der Besitzer der größten Reserven auch der größte Produzent, auf Augenhöhe lediglich mit den USA. Wie schon erwähnt, sind die einzigen möglichen Kompensationen für die bereits zurückgehenden großen alten Gasfelder in Nordwestsibirien nur sehr schwer und mit großem Zeitaufwand zu erschließen: die Felder in der jährlich zufrierenden Barentssee (Shtokman), auf der Jamalhalbinsel (Bovanenko) oder in der Karasee (Leningrad, Rusanov) vor der Nordküste Russlands. Sollte es gelingen, diese neuen Felder rechtzeitig in Betrieb zu nehmen, könnte der unten aufgezeigte Trend von einem Prozent jährlichem Produktionszuwachs etwa bis zum Jahr 2020 durchgehalten werden. Es gibt allerdings mehr als einen Hinweis darauf, dass der Förderbeginn bei den neuen Feldern deutlich später liegen wird als in den Erschließungsplänen von Gazprom ange-

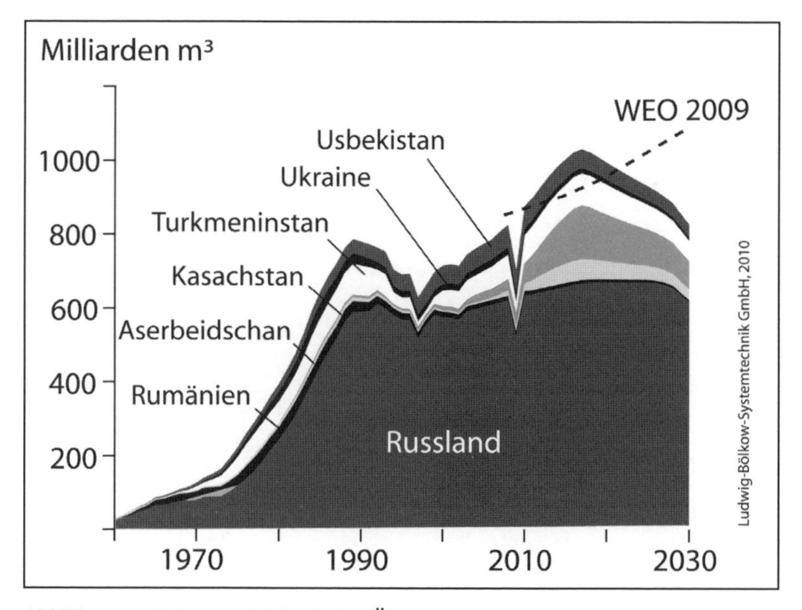

Abbildung 30: Erdgasproduktion in den Übergangsstaaten

nommen. Das würde zu einem Förderrückgang schon in der Dekade 2010 bis 2020 führen. Tatsächlich geht die russische Förderung zurück, wobei unklar ist, ob dies nur auf die Wirtschaftskrise und mangelnde Nachfrage oder auch auf die Erschöpfung großer Felder zurückzuführen ist. Allerdings können vor allem Kasachstan und Turkmenistan ihre Förderung noch schnell ausweiten und werden vermutlich zwischen 2015 und 2020 das Fördermaximum erreichen.

Im Großraum **Nordamerika** deuten die Prognosen darauf hin, dass die Förderung von konventionellem Erdgas nach dem Überschreiten des Fördermaximums um etwa 40 bis 50 Prozent zurückgehen wird. Der Beitrag, den Grubengas hier leisten kann, ist dabei schon berücksichtigt. Dieser Anteil ist auch sehr klein und wird so am Bild der absteigenden Förderkurve kaum etwas ändern. Widersprüchlich ist die Einschätzung der künftigen Förderung von Gas aus Schiefergestein. Im Jahr 2008 sah die Internationale Energieagentur keinen Anstieg der Erdgasförderung in den USA [WEO 2008]. Im Folgejahr wurde das Potential von »shale gas«

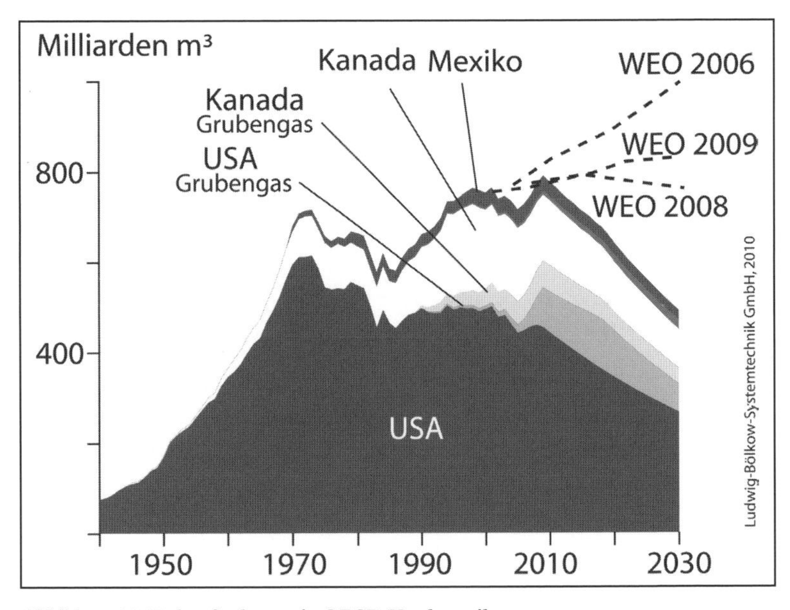

Abbildung 31: Erdgasförderung in OECD-Nordamerika

vollkommen neu bewertet und zur Grundlage einer Förderausweitung auch bis 2030 gemacht [WEO 2009]. Die amerikanische Energiebehörde sieht die Ausweitung der Shale-Gas-Förderung von fast 10 Prozent im Jahr 2009 auf fast 25 Prozent im Jahr 2030 bei etwa 10 Prozent erhöhter Gesamtförderung im Jahr 2030.

Die **USA** haben noch Grubengas für viele Jahre; die Förderung scheint gegenwärtig allerdings auch hier nahe am Maximum zu sein. Die oben abgedruckte Grafik weist CBM für die USA und für Kanada gesondert aus, für andere Regionen allerdings nicht, weil dort der Beitrag vernachlässigbar klein ausfällt.

In **Kanada** ging die Gasförderung trotz Grubengas und Schiefergasvorkommen seit 2001 bereits um 20 Prozent zurück – hier hat die unkonventionelle Gasförderung keine Auswirkungen (die unten gezeigte Abbildung 32 geht noch von 8 Prozent aus). Die Grafik zeigt ebenfalls, wie schnell die Förderrate in alten Feldern abfällt und welcher Aufwand notwendig

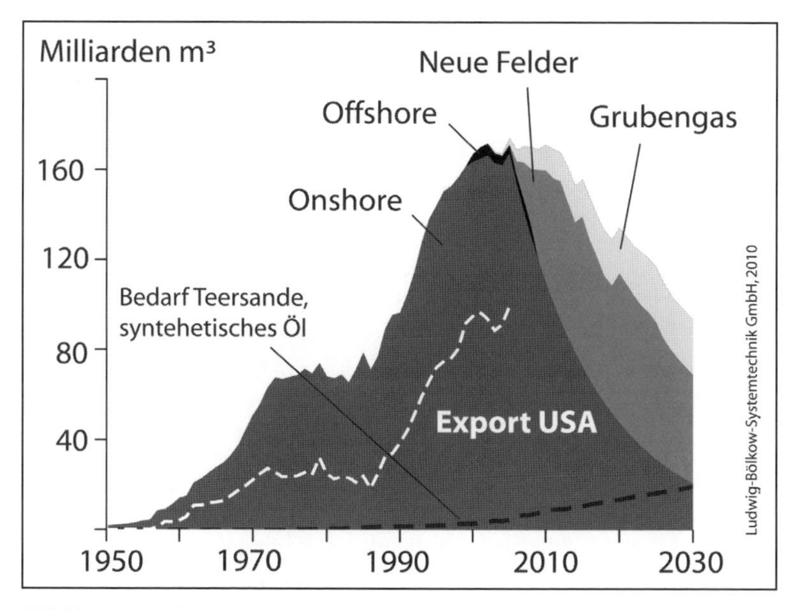

Abbildung 32: Erdgasproduktion in Kanada

ist, dies durch neue Felder zu kompensieren. Auch in Kanada wird seit einigen Jahren Grubengas gefördert. Hier kann nach Angaben vom Canadian Geological Survey die Produktion noch bis zum Jahr 2030 gesteigert werden, allerdings sicherlich nicht in einem Ausmaß, das den Rückgang beim konventionellen Erdgas kompensieren könnte. Insgesamt muss davon ausgegangen werden, dass die kanadische Erdgasförderung im Jahr 2030 nur noch die Hälfte, bezogen auf das Fördermaximum, betragen wird.

Das Diagramm stellt auch die aktuellen kanadischen Erdgasexporte in die USA dar. Da Erdgas unersetzlich bei der Synthese von Rohöl aus den Teersanden in Alberta ist, werden auch die hier benötigten Mengen angezeigt. Hier müssen sich sowohl die Produzenten als auch der kanadische Staat bald entscheiden, welcher Anteil des verfügbaren Erdgases in den Export gehen und welcher für die Veredlung der Teersande verwendet werden soll.

Von der gesamten Erdgasförderung im Nordamerika der OECD bestreiten die USA alleine fast 85 Prozent. Auch hier wurde ein erstes Maximum bereits 1970 – zeitgleich mit dem Ölfördermaximum – überschritten. Der Anstieg von 1985 bis 2001 ist unter anderem auf die intensive Nacherschließung alter Gasfelder mit den oben bereits beschriebenen Methoden, um das im dichten Sandgestein gebundene Gas zu erreichen, zurückzuführen. Wie bereits angesprochen, kann hier nicht genau zwischen konventioneller und unkonventioneller Förderung unterschieden werden, da ein fließender Übergang besteht. Erst seit 2005 jedoch nimmt die Shale-Gas-Erschließung mit all ihren Nebenwirkungen einen größeren Anteil ein. Der Beitrag bis 2030, wie ihn die amerikanische Energiebehörde bewertet, ist in der Grafik eingetragen. Es darf jedoch bezweifelt werden, dass diese Einschätzung der Realität entspricht. Aufgrund der kurzlebigen Förderprofile der einzelnen Sonden steigt der Aufwand überproportional schnell an. So wurde beispielsweise im »Antrim Shale« in Michigan bereits 1998 das Fördermaximum erreicht. Seitdem hat sich die Förderung dort bereits mehr als halbiert. Aktuell wichtigste Gebiete sind die Barnett-Formation in Texas, Fayetteville in New Mexico und das »Marcellus Shale«, das über drei Bundesstaaten von Pennsylvania bis in die Nä-

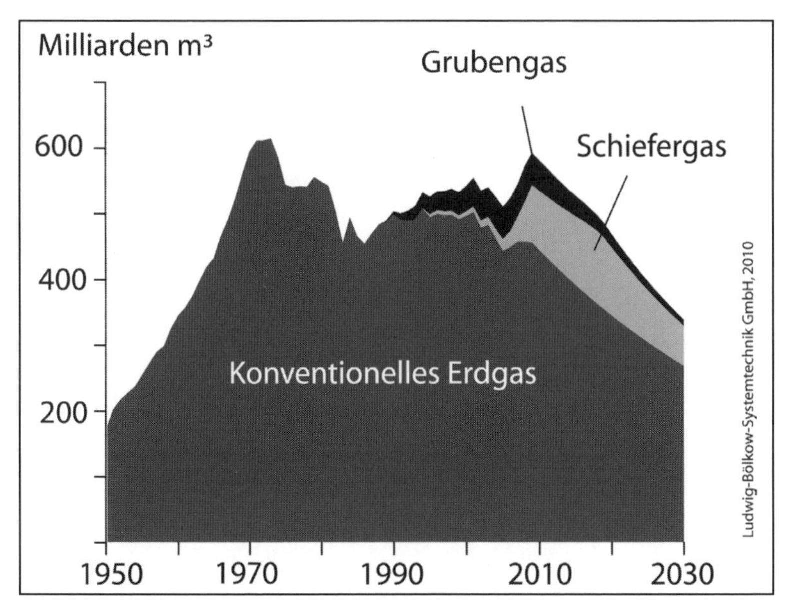

Abbildung 33: Erdgasförderung in den USA

he von New York reicht. Die Detailanalyse der Förderraten aller einzelnen Sonden (mehr als 40 000) zeigt, dass Fayetteville sehr nahe am Fördermaximum ist. Auch in Texas (Bakken) lässt die Zuwachsrate bereits deutlich nach. Dies lässt an der von der Energiebehörde angenommenen Förderausweitung bis 2030 deutlich zweifeln. Dennoch sorgte diese Gasschwemme der letzten beiden Jahre zusammen mit einem Verbrauchsrückgang von über 10 Prozent dafür, dass weniger Erdgas importiert werden musste, fast alle LNG-Importe in anderen Regionen verfügbar wurden und damit eine Rückkkopplung erzeugten.

Der **Mittlere Osten** verfügt über die größten Erdgasreserven. Hier besteht durchaus die Möglichkeit, die Förderung von heute etwa 350 Mrd. m³ auf fast 800 Mrd. m³ im Jahr 2030 zu steigern, falls die Reservenangaben stimmen. Etwa um diese Zeit wird allerdings auch dort das Fördermaximum erwartet. Wie in Abbildung 34 gezeigt, wird der Iran »Peak Gas« wohl schon früher, um 2020, erreichen. Qatar wird möglicherweise seine Gasförderung von 90 Mrd. m³ im Jahr 2009 auf 260 Mrd. m³ im

Jahr 2030 erhöhen können. Allerdings muss dies in Hinblick auf die auf Seite 81 beschriebenen Einschränkungen sehr vorsichtig bewertet werden: Tatsächlich beruht die Reserveangabe des 1971 gefundenen Gasfeldes auf den Ergebnissen von nur drei Bohrungen. Diese Unsicherheit veranlasste den Energieminister von Qatar, neue Erschließungsprojekte vorerst nicht mehr zuzulassen, sondern zunächst die Reserven genauer zu erfassen. Qatar gilt als wichtigste Region für künftige LNG-Projekte fast aller Industriestaaten.

Die Internationale Energieagentur geht in ihrer Prognose für den Mittleren Osten insgesamt von einem Produktionsanstieg auf eine Billion, also 1000 Mrd. m^3 Erdgas bis zum Jahr 2030 aus [WEO 2008].

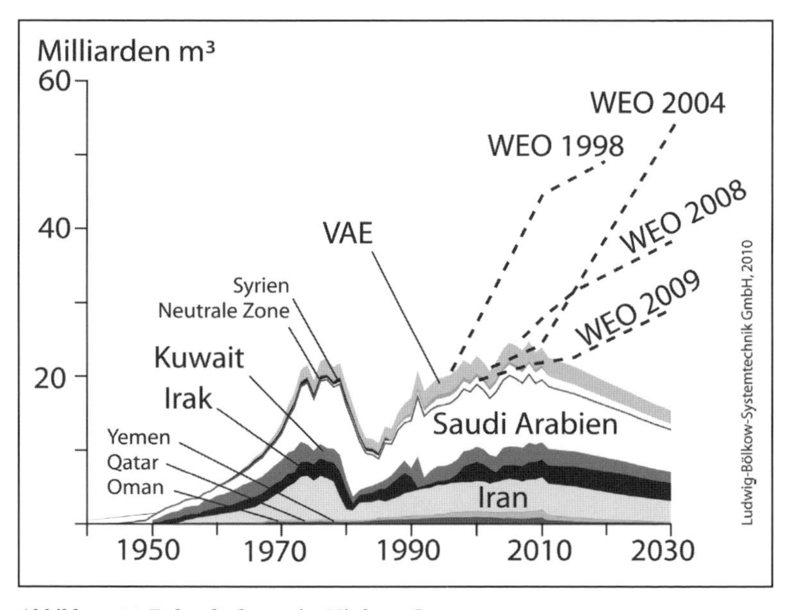

Abbildung 34: Erdgasförderung im Mittleren Osten

Weitere Regionen

In **Indonesien** und ganz **Südostasien** werden vor allem im tiefen Offshore-Bereich noch einige Gasfelder entdeckt. Derzeit das größte Projekt liegt nördlich von **Australien**. Seine Entwicklung soll zum größten LNG-Projekt Australiens führen. Aber auch ohne dieses Projekt hat Australien seine eigenen Gasfelder – im Unterschied zu Erdöl – noch nicht entwickelt. Dies liegt an der Abgeschiedenheit von großen Verbrauchsmärkten. Daher kommt dem LNG-Projekt eine besondere Bedeutung zu; es kann den Einstieg in den Export australischer Gasvorräte bedeuten.

Die europäische Perspektive

Die europäische Erdgasförderung hat ihr Fördermaximum bereits vor einigen Jahren überschritten. Obwohl **Norwegen** seine Fördermengen in den letzten Jahren noch einmal deutlich anheben konnte, reichte das nicht aus, um die sinkenden Raten in den **Niederlanden** und vor allem in **Großbritannien** zu kompensieren. Der Beitrag **anderer Länder** fällt gegen die drei genannten sowieso stark zurück.

Etwa um 2015 wird auch die norwegische Erdgasproduktion den Peak erreichen und ab dann zum Gesamtbild abnehmender Förderraten in Europa beitragen. Für den Kontinent bedeutet das, dass um das Jahr 2020 – ein einziges Jahrzehnt entfernt – die Förderung um etwa 100 Mrd. m^3 niedriger sein wird. Dies muss durch zusätzliche Importe ausgefüllt werden, um einen konstant bleibenden Bedarf zu decken. Wenn die Nachfrage nach Erdgas in diesem Zeitraum noch weiter steigt, worauf einiges hindeutet, wird diese Importabhängigkeit noch deutlicher wachsen. Vor allem zwei Gedanken lassen Zweifel daran aufkommen, ob es gelingen wird, die benötigten Gasmengen rechtzeitig nach Europa zu lenken: die sehr lange Vorlaufzeit beim Bau neuer Pipelines von 10 bis 15 und mehr Jahren und die generelle Unsicherheit, ob Russland überhaupt imstande ist, seine Exporte nach Europa noch zu erhöhen. Möglicherweise wird Europa sehr schnell lernen müssen, außer mit weniger Öl auch mit weniger Gas auszukommen.

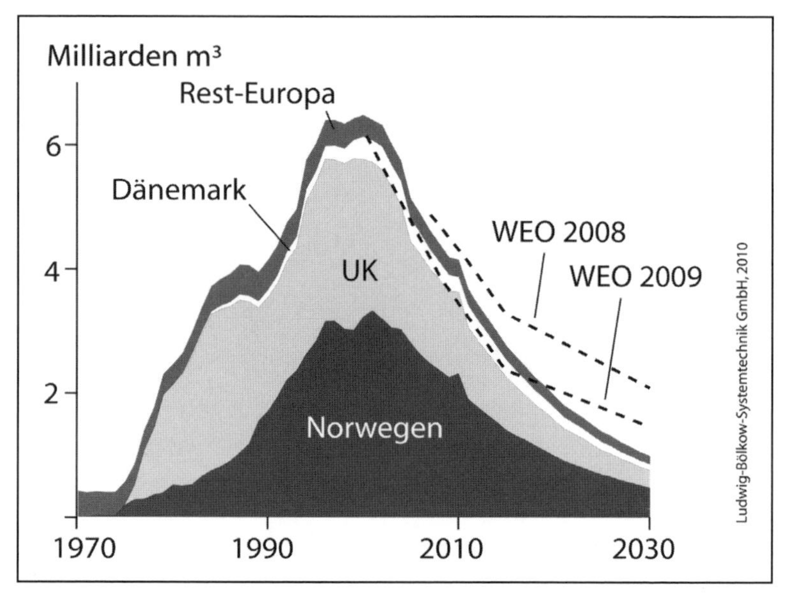

Abbildung 35: Erdgasförderung in OECD-Europa

Der WEO von 2008 bestätigt zwar den Abwärtstrend bei der Erdgaserzeugung, die IEA ist aber insgesamt optimistischer als die LBST, was das Tempo des Förderrückgangs angeht [WEO 2008].

Welthandel mit Erdgas

Im Jahr 2009 wurden 8 Prozent der weltweit geförderten Gasmenge verflüssigt und per Schiff exportiert. Weitaus der größte Teil wurde im jeweils eigenen Land verbraucht (71 Prozent) oder in Druckgasleitungen international zu den Verbrauchsregionen geleitet (21 Prozent). Sowohl der Aufbau internationaler Pipelineverbindungen als auch die Einrichtung der Verflüssigungsinfrastruktur (Verdichtung, Verladehafen, LNG-Schiff, Anlandehafen, Regasifizierungseinrichtungen) benötigen hohe Investitionen und lange Vorlaufzeiten. Diese liegen in der Regel bei 10 bis 15 Jahren vom Bekanntwerden erster Pläne bis zur ersten Gaslieferung.

Diese Hemmnisse sind bei den Handelsströmen nicht explizit berücksichtigt. Die Veränderung der notwendigen Handelsströme, um den Importbedarf der Regionen abzudecken, kann umgekehrt als Indikator gewertet werden, wie groß die Vorlaufzeiten gewählt werden müssen, um entsprechende Veränderungen bis 2030 zu erreichen.

In den nächsten Jahren wird weltweit die Summe der Erdgasimporte zunehmen, wie sich dies bereits im Vergleich zwischen 2000 und 2009 andeutet. Um 2020 wird sich dieser Trend durch das Erreichen des weltweiten Fördermaximums umkehren, allerdings wird die Abhängigkeit der Importstaaten erhöht. Die Szenariorechnungen deuten darauf hin, dass China und Nordamerika ihre Nettoimporte zwischen 2009 und 2030 erhöhen können. Das wird für viele andere Regionen neben der Verknappung an Erdöl auch den Verzicht auf Erdgas bedeuten. Konnte Europa beispielsweise seine Importe zwischen 2000 und 2009 noch deutlich erhöhen, so führt bei rückläufiger heimischer Förderung seine steigende Importabhängigkeit angesichts reduzierter Exportfähigkeit auf dem Weltmarkt zu deutlicher Verbrauchsreduktion bis 2030. Auch Nordamerika

Mrd. m^3/Jahr	2000			2009			2030
	Verbrauch	Förderung	Importe	Verbrauch	Förderung	Importe	Importe
OECD-Nordamerika	794	763	31	811	813	-2	70
OECD-Europa	435	260	175	477	258	219	170
OECD-Pazifik	117	37	80	151	46	105	60
China	24	27	-3	89	85	4	55
Ostasien	93	150	-57	147	210	-63	--
Südasien	58	58	--	110	97	13	--
Mittlerer Osten	187	208	-21	346	407	-62	-270
Afrika	57	130	-73	94	204	-110	-85
Übergangsstaaten	516	654	-138	551	695	-134	-40
Lateinamerika	96	100	-4	135	152	-17	--

Tabelle 3: Erdgasförderung, -verbrauch und -importe (Negatives Vorzeichen bedeutet Exporte) [BP 2010]

wird eine steigende Importabhängigkeit haben, die jedoch auf niedrigerem absoluten Niveau liegt. Ostasien, heute ein wichtiger Exporteur von Flüssiggas für den japanischen und koreanischen Markt, wird um 2030 vermutlich kein Gas mehr für den Export zur Verfügung stellen. Der Mittlere Osten kann die Förderung und damit trotz steigendem eigenen Verbrauch den Export noch deutlich ausweiten. Auch Afrika wird die zweitgrößte Exportregion bleiben – allerdings werden bis 2030 die verfügbaren Mengen deutlich gegenüber 2009 reduziert sein. In den Übergangsstaaten wird das Exportpotential bis 2030 deutlich zurückgehen. Das liegt einerseits an der vor 2030 rückläufigen Gasförderung in Russland, aber auch am steigenden Eigenbedarf.

Kohleenergie die Lösung?

Einleitung

Kohle wird allgemein als reichlich verfügbar angesehen; man traut ihr die Rolle zu, die Energieversorgung der nächsten Jahrzehnte oder gar des ganzen Jahrhunderts zu dominieren. Weltweit geführte Kohlestatistiken weisen beim Verhältnis zwischen nachgewiesenen Reserven und der Jahresförderung von 2007 als Referenz eine statische Reichweite von 130 Jahren aus, mehr als doppelt so lange wie bei Erdöl [WEC 2009].

Eine genauere Analyse nährt allerdings deutliche Zweifel an dieser Betrachtung. Insbesondere die Trends der vergangenen Jahre weisen darauf hin, dass auf dem Weltmarkt »Peak Coal« fast zeitgleich mit »Peak Oil« eintreten könnte.

Diese Erkenntnisse kann man in einigen Hauptpunkten zusammenfassen:

- Während die Ressourcenangaben in den vergangenen fünf Jahren mehr als verdoppelt wurden, wurden die nachgewiesenen Reserven in den vergangenen 20 Jahren halbiert. Die statische Reichweite hat sich in diesem Zeitraum von über 400 Jahren auf etwas mehr als 100 Jahre reduziert.
- Viele Reservenangaben sind in ihrem Gehalt undeutlich und bauen auf unzuverlässigen Angaben auf. Insbesondere hat der Begriff »nachgewiesen« bei Kohlereserven eine andere Qualität als bei Ölreserven.
- Die größten Kohlevorkommen konzentrieren sich auf wenige Länder.
- Die meisten dieser Länder importieren trotz ihren eigenen Vorkommen Kohle.
- Nur 15 Prozent der jährlich geförderten Kohle werden exportiert. Das für Kraftwerkskohle wichtigste Exportland Indonesien wird die Exporte bald stagnieren lassen und kurz darauf reduzieren. Daher ist die Verfügbarkeit von Kohle auf dem Weltmarkt wesentlich wichtiger zur Prognose einer Verknappungskrise als das Fördermaximum der Kohle nahelegt.
- Die Reservenangaben gehen nur ungenügend auf die verschiedenen Qualitäten von Kohle ein.
- Große Reserven bedeuten nicht automatisch die Möglichkeit, auch die Fördermengen erhöhen zu können. Diese Unterscheidung wird bei den reinen Reservenberechnungen nicht gemacht.
- Die Herstellung von synthetischem Öl aus Kohle (»Kohleverflüssigung«, CtL, Coal-to-Liquid) verbraucht mindestens 55 Prozent des Energiegehalts der Kohle – die Kohleverflüssigungsanlagen etwa in Südafrika haben einen Wirkungsgrad von 30 bis 40 Prozent. Zusätzlich sind die Kosten und die technischen Herausforderungen der Kohleverflüssigung auch heute noch sehr hoch. Daher wird Erdöl nicht in den Mengen, in denen es nach Peak Oil fehlen wird, durch synthetisches Erdöl aus der Kohleverflüssigung ersetzt werden können.

Die Qualität von Kohle

Je nach Kohlenstoffgehalt und »Inkokungs«grad variiert der Energieinhalt (Heizwert) von Kohle sehr stark. Den höchsten Heizwert haben Anthrazit und Steinkohle mit bis zu 30 MJ/kg; das sind etwa drei Viertel des Energieinhalts von Rohöl. Hartbraunkohle variiert von fast 8,3 MJ/kg bis zirka 29,3 MJ/kg. Weichbraunkohle hat den größten Wasseranteil und den geringsten Heizwert mit 5,5 bis 14,3 MJ/kg. Dazwischen gibt es gleitende Übergänge und differenzierte Abstufungen, die nach physikalischen Eigenschaften über die sogenannte Vitrinit-Reflexion ermittelt werden.

Wegen des geringen Energiegehalts wird Weichbraunkohle nicht transportiert. Auf dem Weltmarkt werden fast ausschließlich Steinkohle und Anthrazit mit hohem Energieinhalt gehandelt. Diese werden dem Verwendungszweck und der Konsistenz entsprechend in Kokskohle und Kraftwerkskohle oder Kesselkohle für die Stromerzeugung unterschieden.

Zusätzliche wichtige Kriterien sind der Schadstoffgehalt (zum Beispiel Schwefel), der Anteil flüchtiger Bestandteile, die Korngröße, der Feuchte- und der Aschegehalt. Große Mengen von Steinkohle in den USA werden beispielsweise wegen des hohen Schwefelanteils nicht mehr gefördert. In Indien sorgt der hohe Ascheanteil von bis zu 70 Prozent für schlechte Verwertungseigenschaften.

Je höher der Feuchte- oder Aschegehalt, desto geringer ist der Heizwert. Kraftwerke benötigen Kohle von annähernd konstanter Qualität, andernfalls reduzieren sich Wirkungsgrad und Leistung der Stromerzeugung.

Das Überschreiten des Fördermaximums beim Erdöl wird vermutlich einen Nachfragedruck nach Erdgas und Kohle auslösen. Deren Zuwachsraten in den letzten Jahren, zu Zeiten hoher Ölpreise und stagnierenden Angebots, bestätigen dies bisher. Daher kann erwartet werden, dass der Kohlebedarf – ungeachtet der Klimarisiken und Treibhausgasemissionen – in den kommenden Jahren höher ausfallen wird als in den Szenarien der Internationalen Energieagentur. Im Jahr 2030 werden vermutlich nur noch vier Regionen als Nettoexporteure von Kohle auftreten. Die Übergangsstaaten (vor allem Russland) werden gleichzeitig mit ihren rückläufigen Förderraten von Öl und Erdgas zu bedeutenden Kohleexporteuren werden. Daneben werden vermutlich nur noch Australien, Afrika (Südafrika) und Lateinamerika (Brasilien und eventuell Kolumbien) größere Mengen Kohle exportieren. China, Nordamerika und Indonesien werden dann vermutlich selbst vom Kohleexporteur zum Kohleimporteur mutiert sein, sofern der Bedarf an Kohle über die kommenden 20 Jahre nicht substantiell zurückgeht.

Projektionen der künftigen Exporte können nur dann realisiert werden, wenn der Ausbau der Infrastruktur für Förderung und Transport mit den Planungen schritthält. Bei den genannten Ländern würden die derzeitigen Einschränkungen, zum Beispiel bei Eisenbahnen, Häfen oder Frachtschiffen, große Investitionen mit langer Vorlaufzeit erfordern. Momentan sind entsprechende Investitionen nur in geringem Maße zu sehen. Auch lässt die zum Teil jetzt schon nachlassende Qualität der gelieferten Kohle für viele Regionen Zweifel daran aufkommen, ob die berichteten Reserven sich in einen entsprechenden Produktionszuwachs übersetzen lassen. Diese Einschränkungen finden in den folgenden Szenarien keine explizite Berücksichtigung. Sie werden aber zusätzliche Beschränkungen bilden.

Überbewertete Kohlestatistiken

Die weltweiten Reserven an Kohle sind in der Vergangenheit deutlich überschätzt worden. Abbildung 36 zeigt die Veränderung der nachgewiesenen Kohlereserven von 1987 bis 2007 gemäß den Statistiken des Weltenergierates.

Die Menge der weltweiten Kohlereserven wurde in diesem Zeitraum um ungefähr 50 Prozent nach unten korrigiert, wobei Steinkohle mit 60 Prozent sogar stärker abgewertet wurde. Ein Teil der Abwertungen erfolgte durch Herabstufung der Reserven auf eine minderwertige Kohlequalität. Dies erklärt den temporären Anstieg von Hartbraunkohle bei gleichzeitiger Abwertung der Steinkohle.

Diese Zahlen können nur so interpretiert werden, dass die Kohlereserven im Jahr 1987 weit überschätzt wurden. Da diese Abstufungen in mehreren Stufen erfolgten, kann man auch heute nicht davon ausgehen, dass aktuelle Angaben zuverlässig sind. Die geographische Verteilung der Kohlereserven zeigt, dass etwa 90 Prozent aller Kohlereserven in nur sechs Ländern konzentriert liegen: den USA, Russland, Indien, China, Australien und Südafrika. Die USA alleine verfügen über 30 Prozent der Reserven. Die Förderung lag 2009 mit 970 Millionen Tonnen bei 14 Prozent des Weltaufkommens. Deutlich größer war die Förderung mit 3 Milliarden

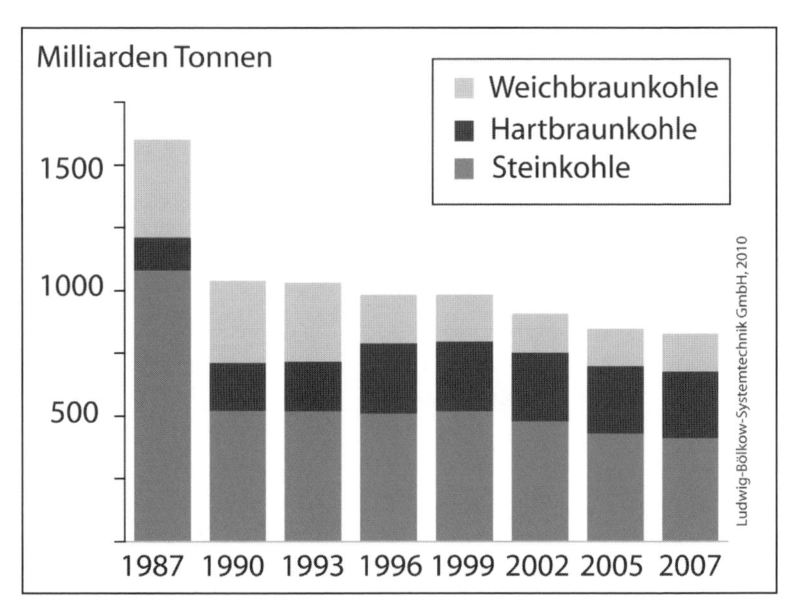

Abbildung 36: Weltreserven an Kohle

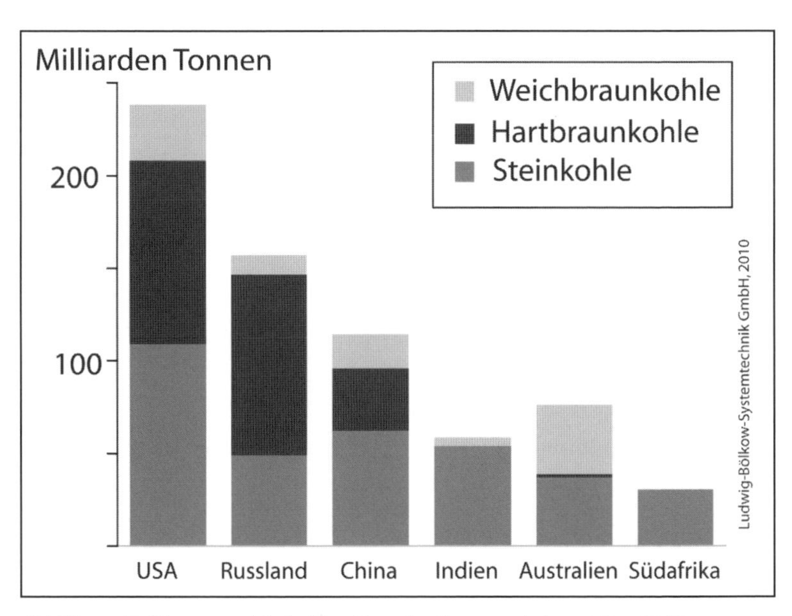

Abbildung 37: Die geographische Verteilung der Staaten mit den größten Kohlereserven [WEC 2009]

Tonnen nur noch in China, das nur halb so große nachgewiesene Reserven hat wie die USA. Dieser Umstand macht die Entwicklung der Kohleförderung in diesen beiden Ländern zu einer Leitlinie für die künftige weltweite Förderung.

Die Abbildung verdeutlicht auch, dass einige Reservenangaben seit zehn und mehr Jahren nicht mehr verändert wurden, obwohl mehrere Prozent davon jährlich gefördert werden. Sie zeigt auch das Verhältnis der Reserven zur Förderrate des jeweiligen Landes (um den Faktor 100 überhöht). Entspricht die Förderrate im Bild der Höhe des Balkens, so beträgt die statische Reichweite 100 Jahre, liegt sie darunter, so beträgt die Reichweite mehr als 100 Jahre, und umgekehrt. Die Länder China, Deutschland, Indonesien, Polen und Türkei verbrauchen jedes Jahr ein bis zwei Prozent ihrer Reserven, Indonesien sogar fünf Prozent. Das bedeutet, dass die Vorräte bei konstantem Verbrauch in 50 bis 100 Jahren, in Indonesien bereits in etwa 20 Jahren aufgebraucht sein werden. Während die Darstellung der Reserven in der Abbildung die unterschiedlichen Kohlequalitäten berücksichtigt, ist dies bei der Förderung nicht der Fall. Dieser zusätzliche Aspekt muss bei der Interpretation der Förderdaten zusätzlich in Rechnung gestellt werden.

Die gängige Meinung ist, dass bei steigenden Preisen Kohleressourcen in Kohlereserven überführt werden und damit diese Reserven im Lauf der Zeit wachsen, dass jedoch sicherlich die heutigen Reservenangaben weit unter den tatsächlichen Fördermöglichkeiten liegen. Die empirischen Befunde der vergangenen 20 Jahren unterstützen diese Theorie nicht, im Gegenteil: Die Reserven schwinden schneller als es durch die in der Zwischenzeit erfolgte Förderung erklärbar wäre.

Ausblick Kohlenutzung

Eine Betrachtung der künftigen Fördermöglichkeiten ist vermutlich eher zu optimistisch, wenn sie die heute »nachgewiesenen Reserven« als Grundlage für eine Extrapolation der Förderprofile nutzt. Natürlich ist dies kein Beweis für diese Begrenzung. Diese Annahme ist jedoch wesentlich besser durch empirische Befunde abgesichert, als zu unterstellen, dass die Kohlereserven in Zukunft deutlich wachsen werden. Dennoch wird dieser Unterschied gerne ignoriert, wenn man behauptet, Kohle sei ja noch für Jahrhunderte verfügbar.

Im Folgenden werden regionale Förderprofile für die einzelnen Weltregionen erstellt, die nahelegen, dass bis 2100 die bekannten Reserven fast vollständig aufgebraucht sein werden. Natürlich sind unterschiedliche Förderprofile vorstellbar, jedoch die Gesamtfläche über die Zeit muss bei konstanter Reserve konstant bleiben. Das bedeutet, dass jeder schnellere und größere Anstieg der Förderrate zu einem früheren Fördermaximum mit nachfolgend stärkerem Förderrückgang führen wird. Tatsächlich zeigen Indonesien und China einen derart rasanten Anstieg der Kohleförderung innerhalb der vergangenen fünf bis zehn Jahre, dass damit der nahe und starke Förderrückgang mit jedem Jahr wahrscheinlicher wird. Die Fehlinterpretation solcher Szenarien liegt oft darin, dass eine gegenüber der Szenariorechnung nochmalige und stärkere Erhöhung der Förderung als Widerlegung der Szenarioannahmen interpretiert wird. Tatsächlich muss sie als nochmalige Erhöhung der Abhängigkeit bei gleichzeitig höherer Wahrscheinlichkeit eines nahenden Förderrückgangs gewertet werden. Anstatt die Abhängigkeit also beizeiten und stetig zu reduzieren, verschärft dies die mittelfristige Versorgungssituation. Dieser Umstand, der für die Nutzung aller endlichen Energieträger in ähnlicher Weise gilt, kann nicht oft genug hervorgehoben werden.

Im Jahr 2000 lag die Weltkohleförderung bei 4,6 Milliarden Tonnen. Sie erhöhte sich bis 2009 um 50 Prozent auf 6,9 Gigatonnen. Das entspricht einem mittleren jährlichen Wachstum von 4,6 Prozent. In den folgenden Szenarien wird nicht dargestellt, ob die Ausweitung der Kohlenutzung wünschenswert ist oder aus klimapolitischen Bedenken besser unterbleiben sollte. Vielmehr stellen sie den Versuch dar, aufzuzeigen, was möglich ist, falls alle politischen oder freiwilligen Nutzungsbeschränkungen über diejenigen hinaus, die sich durch vergangene Fördertrends implizit bereits zeigen, ausbleiben. In diesem Sinne mag man diese Förderkurven als »worst case«-Szenario betrachten, das hoffentlich aus freiwilliger, klimapolitisch motivierter Rücksichtnahme nicht zum Tragen kommt.

»Peak Coal« schon in zehn Jahren?

Abbildung 38 zeigt eine wahrscheinliche Entwicklung der Kohleförderung. Diese wird in den folgenden Abschnitten noch regional besprochen. Demnach wird das Fördermaximum vor allem durch China dominiert. Es wird vermutlich um das Jahr 2020 oder kurz danach erreicht werden. Es zeigt sich auch, dass der Beitrag der Übergangsstaaten sich nicht auf das Fördermaximum auswirken wird – dazu sind die Vorlaufzeiten zur Ausweitung der Förderung viel zu groß, insbesondere da diese Vorräte weit von den Weltmärkten entfernt liegen und ihre Erschließung und Anbindung an Transportmöglichkeiten lange Vorlaufzeiten benötigen würde.

Gerade aus dem Grund, dass die auf dem Weltmarkt gehandelte Kohle nur etwa 15 Prozent der weltweit geförderten und benötigten Kohle ausmacht, zeigen sich Versorgungsengpässe vermutlich unabhängig vom

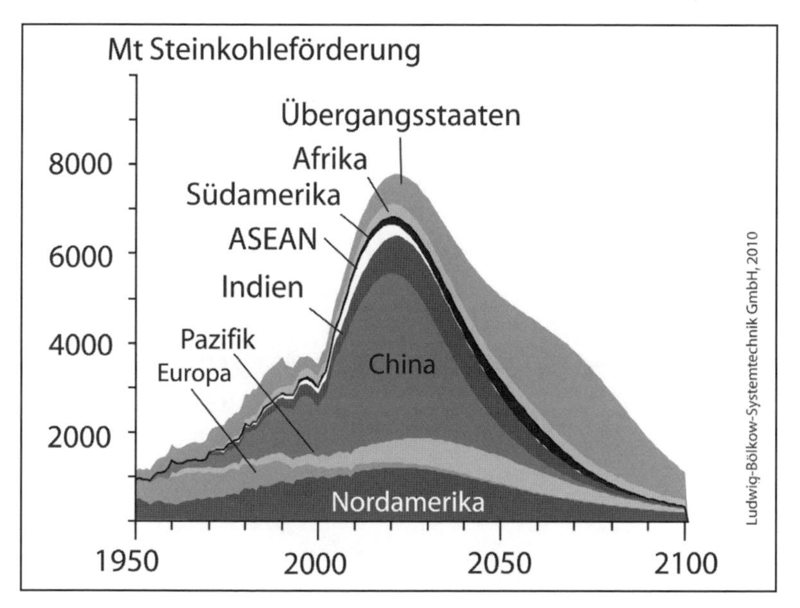

Abbildung 38: Globale Kohleförderung, wie sie mit den Reservenangaben kompatibel ist

weltweiten Fördermaximum. Tatsächlich gehören die größten Förder- und Verbrauchsstaaten nicht zu den großen Kohleexportnationen.

Wichtigste Kohleförderregionen im Überblick

China

China hat mit Abstand die höchsten Kohleförderraten weltweit – fast drei mal so hohe wie die USA, der zweitgrößte Produzent. Das spiegelt keineswegs die Lage bei den Reserven wieder: China meldet in Summe aller Kohlequalitäten eine Gesamtreserve von 114 Milliarden Tonnen, weniger als die Hälfte der USA. Diese Daten sind allerdings seit 1992 nicht mehr öffentlich aktualisiert worden. Damals waren die Reserven herabgestuft worden. Wenn die letzte Schätzung korrekt ist, würden die chinesischen Kohlereserven in weniger als 50 Jahren zu Ende gehen. Tatsächlich führen chinesische Statistiken größere nachgewiesene Reserven von 180 Gigatonnen an. Allerdings würde selbst diese Erhöhung um 50 Prozent fast keinen Einfluss auf die grundsätzlichen Schlussfolgerungen haben.

Wesentlich ist das Grundmuster der Erschließung endlicher Reserven, das ähnlich wie bei Erdöl oder Erdgas lautet: »Das ökonomisch Leichteste und Sinnvollste zuerst.« Meist ist dies identisch mit der Erschließung der großen, leicht zugänglichen Kohlelagerstätten, also nahe den Märkten, oberflächennah und von hoher Qualität. Dieses Muster wird bei Kohle mit ihren relativ hohen Transportkosten besonders verfolgt. Bezogen auf China bedeutet es, dass die oberflächennahen Vorräte, die auch nahe den Verbrauchszentren liegen, zuerst erschlossen wurden und werden. Der folgende Abbau tieferliegender Kohle erfordert andere Methoden mit wesentlich geringerer Produktivität. Dies geht automatisch mit einer Verlangsamung der Abbaurate einher.

Abbildung 39 zeigt die historische Kohleförderung in China mit einer Fortschreibung unter mehreren Annahmen: zwei Förderszenarien, die von 114 Milliarden Tonnen Reserven ausgehen, aber das schnelle Förderwachstum der vergangenen fünf Jahre im einen Fall noch einige Jahre fortschreiben, im anderen Fall ab 2011 reduzieren, sowie einem Szenario, das von 180 Gigatonnen, also um 50 Prozent größeren Reserven, ausgeht.

Auf der Grundlage dieser Szenarien wird offensichtlich, dass die aktuellen Förderraten nicht für lange Zeit aufrechterhalten werden können. Das Fördermaximum wird vermutlich vor 2020 erfolgen, wobei 50 Prozent größere Reserven diesen Zeitpunkt nur um 6 bis 7 Jahre hinausschieben würden. Das schnelle Förderwachstum der vergangenen Jahre wird fast zwangsläufig zu einem ebenso raschen Rückgang der Förderung nach dem Maximum sorgen. Auf dieses Förderprofil ist heute fast niemand vorbereitet. Das Erreichen des Fördermaximums wird vermutlich für große Überraschung, aber auch eilige und vermutlich unüberlegte Handlungen sorgen. Dieser Förderrückgang wird durch keine entsprechende Importmöglichkeit ausgeglichen werden können – nochmals, China war mit 3 Milliarden Tonnen im Jahr 2009 mit großem Abstand das wichtigste Kohleförder- und -verbrauchsland.

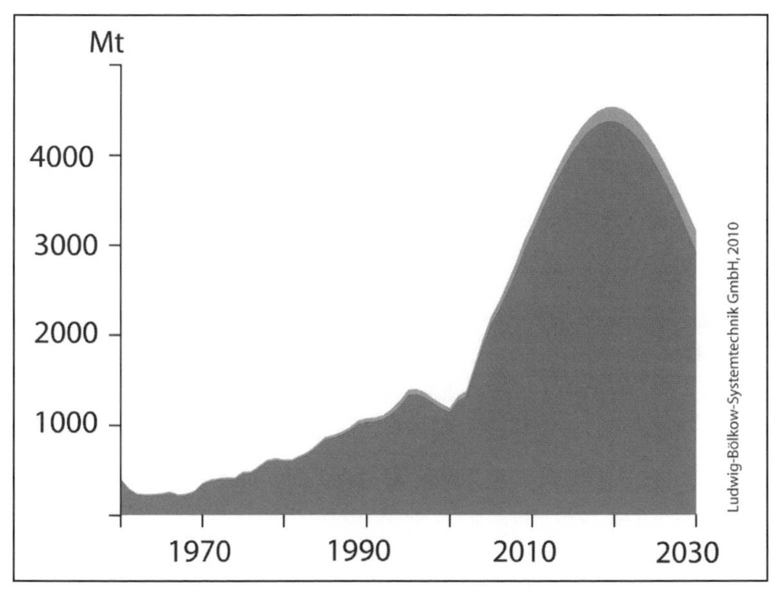

Abbildung 39: Kohleförderung in China

Noch vor wenigen Jahren gehörte China zu den wichtigsten Kohleexportstaaten; dies hat sich bereits grundlegend geändert. Die teilweise Freigabe der Kohlepreise wie auch der Import von hochwertiger Kohle aus Nordkorea und langfristige Lieferverträge mit Australien können als Indizien für den beginnenden Umschwung gesehen werden. Wenn die Analyse korrekt ist, dann werden die chinesischen Pläne, einige Kohleverflüssigungs-(Coal-to-Liquid-)Anlagen zu bauen, bald zu Versorgungsengpässen führen. Vermutlich wird China es sich nicht leisten können und wollen, auf die Hälfte und mehr des Energieinhaltes der Kohle zu verzichten, nur um diese als Kraftstoff verfügbar zu machen. Der Ausbau der Stromversorgung wird vermutlich Vorrang erhalten.

Scheinbar paradoxerweise gehört China, wie viele andere Staaten auch, gleichzeitig zu den Exporteuren wie den Importeuren. Vor allem die Nähe der Märkte bestimmt dieses Verhältnis. So wird im Westen Chinas Kohle exportiert – hier liegen die großen Fördergebiete, aber auch nahe Nachbarn – während an der Ostküste Kohle vor allem über den Seeweg importiert wird.

OECD-Nordamerika

Innerhalb Nordamerikas dominiert die Kohleförderung der USA zu mehr als 90 Prozent. Auf dem Papier besitzen die USA mit mehr als 230 Gigatonnen die weltgrößten Kohlereserven. Dennoch ist es sehr unwahrscheinlich, dass diese jemals vollständig gefördert werden. So wird die Reservemenge von der amerikanischen Energiebehörde als »estimated recoverable reserve« bezeichnet, also als Schätzung für die abbaufähigen Kohlevorräte. Nur etwa 10 Prozent dieser Menge werden als »recoverable reserves at producing mines« bezeichnet, also als abbaubare Kohlereserven bei bereits erschlossenen Minen. Genau diese Menge würde aber in der Terminologie der Öl- und Gasbranche als nachgewiesene Reserve bezeichnet werden. Tatsächlich kann nur auf solche Reserven relativ schnell und zu relativ gesicherten Bedingungen zugegriffen werden. Die Förderausweitung darüber hinaus erfordert lange Erschließungszeiten mit dem

Aufbau von Infrastrukturen und dem Einholen entsprechender Lizenzen, auch unter Abwägung anderweitiger Interessen.

Daher kann sogar vermutet werden, dass die USA nahe dem Fördermaximum sind. Innerhalb der USA zeigt die »Feinstruktur« der Kohleförderung der einzelnen Bundesstaaten ein sehr differenziertes, diese These unterstützendes Bild. Abbildung 40 zeigt die Kohleförderung der USA, differenziert nach unterschiedlichen Kohlequalitäten und Kohlefördergregionen. Der Abbau von hochwertiger Steinkohle hat bereits vor mehr als 20 Jahren den Höhepunkt überschritten. Die meisten Förderregionen zeigen hier eine rückläufige Förderung. Die wenigen Regionen mit einer noch möglichen Förderausweitung werden von Colorado dominiert – sie können aber den Rückgang nicht kompensieren.

Die Gesamtförderung wird nur noch durch die Ausweitung beim Abbau minderwertiger Hartbraunkohle, vor allem in Wyoming, sicherge-

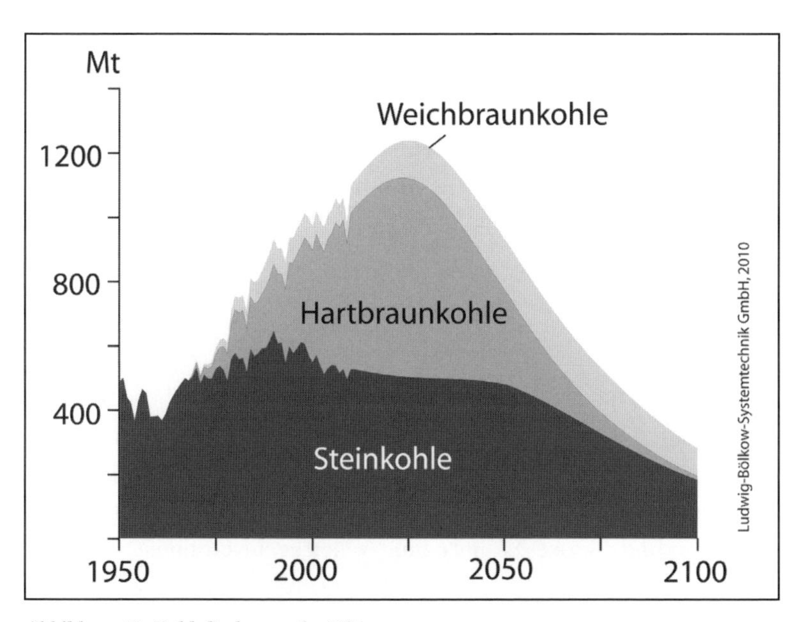

Abbildung 40: Kohleförderung der USA

stellt. Montana ist die zweite wichtige Förderregion für Hartbraunkohle. Der Staat hat mit Abstand die größten Kohlereserven innerhalb der USA. Dennoch trägt er seit 20 Jahren fast unverändert mit nur wenigen Prozent zur Förderung bei. Der Grund liegt darin, dass die Wirtschaft in Montana auf Fleischproduktion und damit auf der Rinderzucht basiert. Diese steht mit ihrem Bedarf an Weideflächen und Trinkwasser in direkter Konkurrenz zum flächenintensiven Kohletagebau, der zudem über seine Abwässer das Trinkwasser verschmutzt. Ein weiterer Grund ist der fehlende Absatzmarkt für diese Kohle: Große Verbraucher liegen über 1000 km weit entfernt; die vorhandene Infrastruktur ist nicht ausreichend, Kohle oder Strom dorthin zu transportieren.

Darüber hinaus zeigten Analysen der amerikanischen Geologiebehörde USGS, dass die Reservenangaben mögliche Einschränkungen nicht realistisch berücksichtigen; vermutlich sind sie deutlich zu hoch. Für manche Gegenden wie Illinois mit ebenfalls sehr großen ausgewiesenen Reserven ist der Schwefelanteil extrem hoch, so dass die dort vorhandene Kohle nicht marktfähig ist.

Ein weiteres Indiz eines nahen Fördermaximums zeigt sich auch in der Veränderung der Produktivität. Bis zum Jahr 2001 nahm diese stetig zu, doch 2008 lag sie fast 10 Prozent niedriger als 2001. Dieser Trend zeigt sich in mehr oder minder starker Ausprägung fast in allen Regionen der USA.

Indien (Südasien)

In Südasien verfügt nur Indien über nennenswerte Reserven an Steinkohle; diese sind mit zirka 100 Milliarden Tonnen jedoch groß. So verwundert es auf den ersten Blick, dass indische Firmen Kohle importieren. In den letzten Jahren gibt es sogar Versuche, sich in Madagaskar, Südafrika, Australien und Indonesien über Joint Ventures, Investitionen oder Verträge einen direkten Zugang zu den dortigen Kohleminen zu verschaffen. Der Grund wird jedoch schnell deutlich: Indische Steinkohle ist überwiegend von schlechter Qualität. Sie hat einen extrem hohen Ascheanteil bis zu 70 Prozent, der einmal für einen sehr niedrigen Heizwert sorgt, zum anderen aber auch für hohe Emissionen, teils als Flugasche, teils als zu deponierende Asche. Heute müssen vermutlich jedes Jahr 200 Millionen Tonnen Asche abgetrennt und entsorgt werden. Dies führt drittens auch zu einem logistischen Problem, da der geplante Kohlemassenstrom am Kraftwerk eng an der Leistung, dem Wirkungsgrad und der Kohlequalität ausgerichtet wird. Ein geringer Heizwert erfordert einen hohen Massenstrom, der wiederum einen großen Durchsatz mit allen Konsequenzen nach sich zieht.

Dies führte in den vergangenen Jahren dazu, dass Indien trotz einer Ausweitung der eigenen Förderkapazität zunehmend Kohle importiert – im Jahr 2009 waren es bereits über 50 Millionen Tonnen, Tendenz steigend. Fast die Hälfte dieser Importe wurde zur Stahlerzeugung in Form von höherwertiger Kokskohle benötigt. Die Förderung von Kokskohle konnte in Indien seit mehr als 20 Jahren nicht mehr erhöht werden. Im Sommer 2010 schlossen indische Firmen erstmals Kohlebezugsverträge mit Ko-

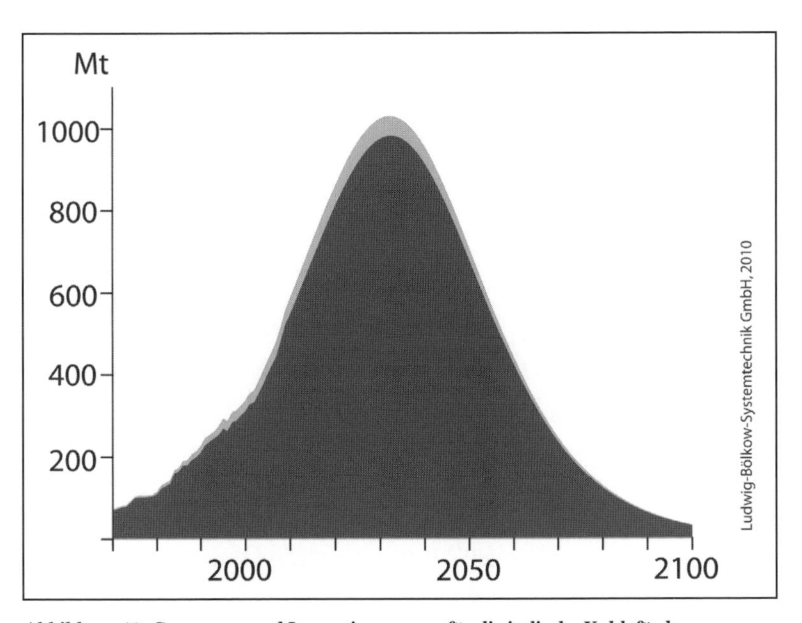

Abbildung 41: Gegenwart und Langzeitprognose für die indische Kohleförderung

lumbien ab – die anderen, näher liegenden Kohleexportregionen waren bereits ausgelastet: Der asiatische Markt saugt derzeit alles an Kohle auf, was er bekommt.

Darüber hinaus sind von den 100 Gigatonnen Kohlereserven Indiens nur etwa 54 als abbauwürdig klassifiziert. Baut man auf diesen Angaben ein Förderszenario auf, so wird vermutlich um 2035 das Fördermaximum erreicht – bei einem Fördervolumen von 1 Milliarde Tonnen, also fast einer Verdoppelung gegenüber 2009.

Australien und Indonesien – die wichtigsten Kohleexportstaaten

Australien steht fast alleine für die ganzen Kohleressourcen im Pazifikraum der OECD-Definition; es ist zur Zeit mit einer Ausfuhrmenge von 270 Millionen Tonnen jährlich der größte Kohleexporteur der Welt. Insbesondere ist es mit mehr als 60 Millionen Tonnen der wichtigste Exporteur von Kokskohle für die Stahlerzeugung. Abnehmer sind hier neben Indien die Stahlerzeuger in China, Korea und Japan. Aber auch bis Europa wird diese hochwertige Kohle geliefert.

Zu berücksichtigen ist, dass die Hälfte der australischen Reserven aus niedriggradiger Braunkohle mit geringem Heizwert besteht. Diese Qualitäten werden vermutlich nie in den Export gehen. Sie könnten in Anlagen zur Wasserstofferzeugung durch Kohlevergasung oder in der Kohleverflüssigung (Treibstoff aus Fischer-Tropsch-Synthese) als billiger Rohstoff dienen.

Indonesien war mit 230 Millionen Tonnen im Jahr 2009 bei weitem der bedeutendste Exporteur für Kraftwerkskohle auf dem Weltmarkt. Innerhalb der vergangenen 10 Jahre wurde die Kohleförderung von 70 auf fast 300 Millionen Tonnen vervierfacht. Kein anderes Land – nicht einmal China – forcierte ein so schnelles Förderwachstum von 15 Prozent im Jahr. Damit wurden die günstigen Tagebaue jedoch weitgehend ausgeschöpft. In den letzten Jahren gab es zunehmend Unterbrechungen bei der Förderung, da der Monsunregen die tiefer werdenden Abbaugebiete unter Wasser setz-

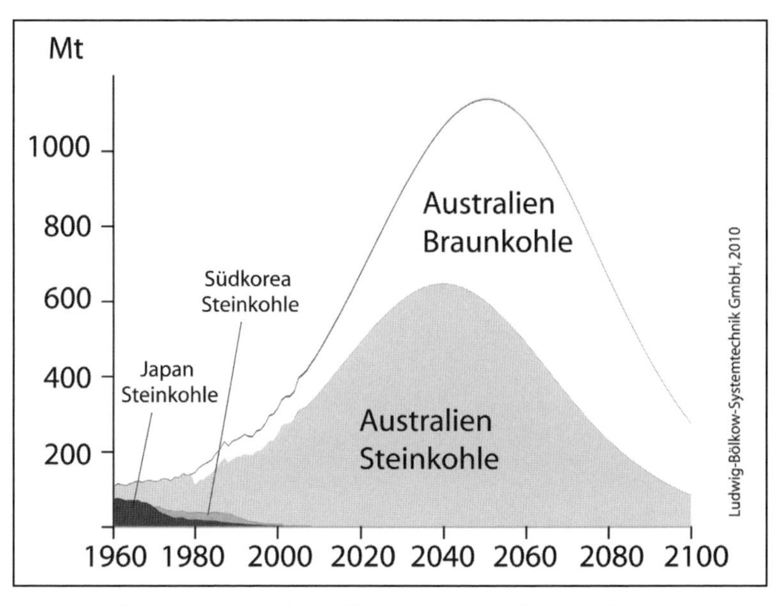

Abbildung 42: Kohleförderung im Pazifischen Raum nach OECD-Definition

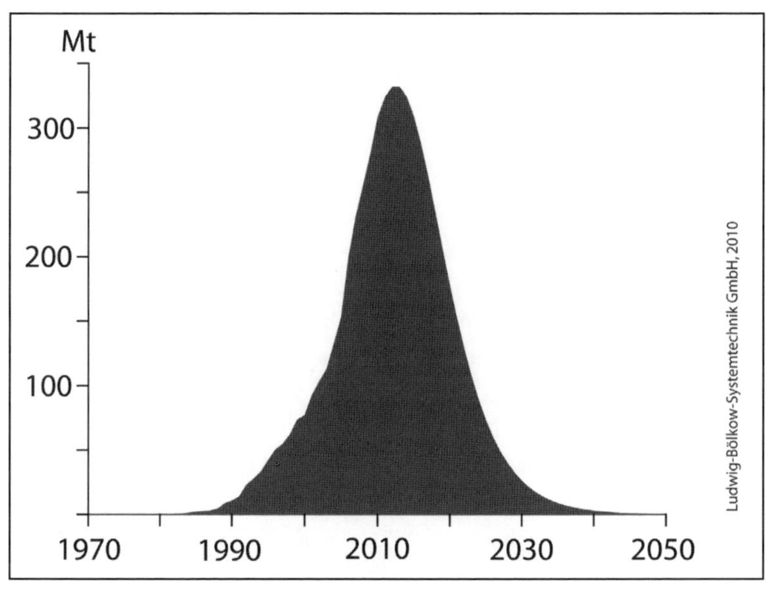

Abbildung 43: Die Kohleförderung in Indonesien

te. Dies führte neben Betriebsausfällen auch zu Schadstofffreisetzungen in die Umgebung. Da ein großer Teil der noch vorhandenen Reserven einerseits im noch wenig erschlossenen Sumatra, andererseits in tiefer gelegenen Minen liegt, wird die Abbaugeschwindigkeit schnell abnehmen. Einerseits muss in Sumatra erst die Infrastruktur aufgebaut werden – dies kommt zunehmend in Konflikt mit Umweltbelangen – andererseits ist die Produktivität des Tiefenbergbaus wesentlich geringer als die im Tagebau. Das Fördermaximum steht unmittelbar bevor. Ihm wird ein rascher Förderrückgang folgen.

Andere kohleproduzierende Länder im pazifischen und asiatischen Raum sind marginal und auch schon seit Jahrzehnten im Förderrückgang.

Andere Staaten

Südafrika bildet noch ein wichtiges Förderland. Doch auch hier wurden die Reserven in den vergangenen fünf Jahren von fast 50 auf 33 Milliarden Tonnen herabgestuft. Begründet wurde dies vor allem mit der Abbauwürdigkeit der Reserven – hier werden heute wesentlich schärfere Kriterien als noch vor wenigen Jahren angelegt. So reduzierte sich seit 1980 die statische Reichweite von über 800 Jahren auf 120 Jahre Ende 2009. Die Förderung wurde kaum noch erhöht, die Exporte gingen sogar zurück und waren 2009 auf dem Niveau des Jahres 2002.

Südafrika hat seine hochwertigen Kohlevorräte selektiv ausgebeutet und minderwertige Stollen oder Mengen nicht beachtet. Dies führte zu einer ebenso schnellen Erschöpfung der besten Gelegenheiten – mit der Konsequenz einer bevorstehenden Verlangsamung. Jetzt wird es schwierig sein, das Förderniveau zu halten, auch wenn die Mengenangabe der Reserven noch ein Wachstum für einige Jahre erlauben würde. Ähnlich wie in den USA nahm die Produktivität in Südafrika bis 2002 stetig zu, um dann ebenso rasch wieder zurückzugehen. Im Jahr 2007 lag sie bereits 20 Prozent unter dem Maximalwert von 2002. Dennoch ist in Abbildung 38 angenommen, dass die Förderung in Afrika – das zu über 95 Prozent von

Südafrika dominiert wird – noch bis 2040 ansteigen kann, bevor das Maximum bei jährlich 350 Millionen Tonnen überschritten wird.

Import – Export

Der globale Handel mit Kohle wird in den nächsten Jahren und auch Jahrzehnten dort noch zunehmen, wo eine zurückgehende Verfügbarkeit von Öl und Erdgas kompensiert werden muss. Insbesondere Indonesien und China werden hier eine Schlüsselrolle spielen.

Bereits im Jahr 2011 oder 2012 wird China vermutlich zum weltweit größten Kohleimportland aufsteigen. Doch auch Indien und andere asiatische Staaten zeigen einen steigenden Importbedarf. Zudem konzentrieren sich die Exportmöglichkeiten, einmal durch die Stagnation der südafrikanischen Exporte, zum zweiten durch das baldige Fördermaximum in Indonesien, zunehmend auf die wenigen Staaten Australien, Übergangsstaaten und Kolumbien. Die USA und Kanada werden bald in der Nettobilanz zur Importstaaten mutieren, wiewohl die USA heute schon beides sind: Im Osten verkaufen sie Kohle nach Europa, im Westen importieren sie Kohle aus Kolumbien.

Abbildung 44 zeigt die Entwicklung der Nettokohleexporte und -importe seit 2001. Innerhalb von neun Jahren nahmen diese um 50 Prozent zu. Deutlich wird auch die Verschiebung: Der Anstieg der Importe wurde vor allem von China, Indien und den EU-Staaten vorangetrieben. China musste während dieses Zeitraums als Exporteur ersetzt werden. Dies erfolgte vor allem durch die schnelle Ausweitung der indonesischen Kohleförderung und Exportkapazität.

Diese Entwicklung kommt an ein Ende. Gerade Indonesien, das in den letzten Jahren die wesentlichen Marktanteile gewann, wird zunächst den Export stagnieren lassen und dann reduzieren. Es wird keine einfache Aufgabe werden, dies durch andere Exportstaaten auszugleichen.

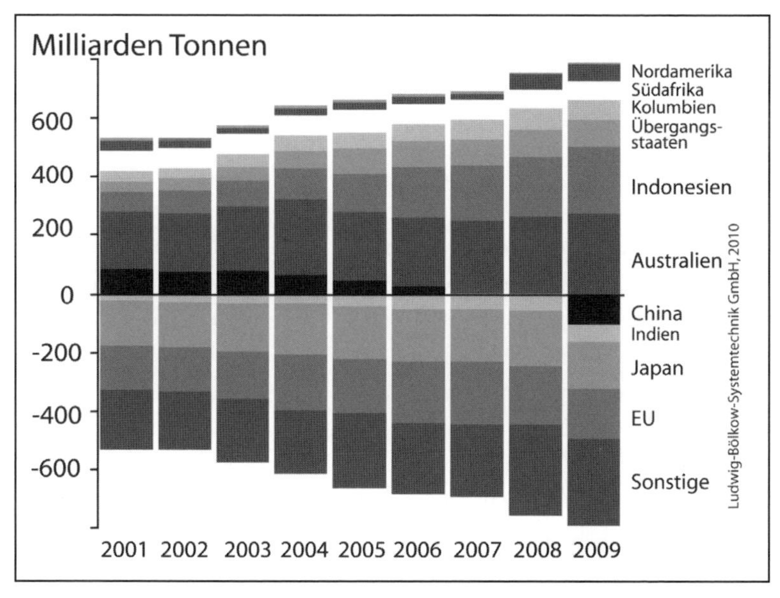

Abbildung 44: Entwicklung der Nettoexporte und -importe von Kohle seit 2001

Perspektiven der Kohlenutzung in Europa

Die europäischen Länder meldeten in Summe noch vor wenigen Jahrzehnten beträchtliche Kohlereserven. Inzwischen haben aber fast alle wichtigen Förderländer ihre Reserven zum Teil dramatisch heruntergestuft. Deutschland reduzierte seine »nachgewiesenen Steinkohlereserven« von 23 Milliarden (2002) auf 166 Millionen Tonnen (2007) – das entspricht einer Abwertung um 99 Prozent. Die Braunkohlereserven wurden von 43 auf 6,6 Milliarden Tonnen reduziert.

Die polnischen Reserven wurden von 28 Milliarden (1997) auf 14 Milliarden Tonnen (2004) neubewertet, auch die Kohlevorräte in Großbritannien wurden in den letzten Jahren beträchtlich heruntergestuft. Die Förderraten sind in fast allen europäischen Kohleregionen schon seit den 1960er Jahren rückläufig. Insbesondere Großbritannien, das die Industrialisierung über seine Kohleförderung vorantrieb, erreichte bereits 1913 mit 290 Millionen Tonnen das Fördermaximum – heute ist die Förderung um den Faktor zehn geringer.

Der Niedergang des europäischen Kohlebergbaus war von einer massiven Freisetzung von Arbeitskräften begleitet. Dies wiederum führte zu großen politischen Unterstützungsmaßnahmen, die Milliardenbeträge erforderten. Insbesondere wurden diese Maßnahmen 1952 in der Europäischen Gemeinschaft für Kohle und Stahl (EGKS) gebündelt. Diese wurde stetig erweitert. Der damals abgeschlossene Vertrag zur Stützung der Kohle- und Stahlindustrie lief erst im Jahr 2002 aus. Die EGKS wurde zur Keimzelle der heutigen Europäischen Union.

Der deutsche Braunkohletagebau wurde noch bis 1990 ausgeweitet und hielt die europäische Gesamtfördermenge noch bis 1985 auf einem relativ hohen, fast konstanten Niveau. Nach der Wiedervereinigung wurden viele Tagebaue in der ehemaligen DDR wegen ihrer ineffizienten und naturzerstörerischen Arbeitsweise eingestellt.

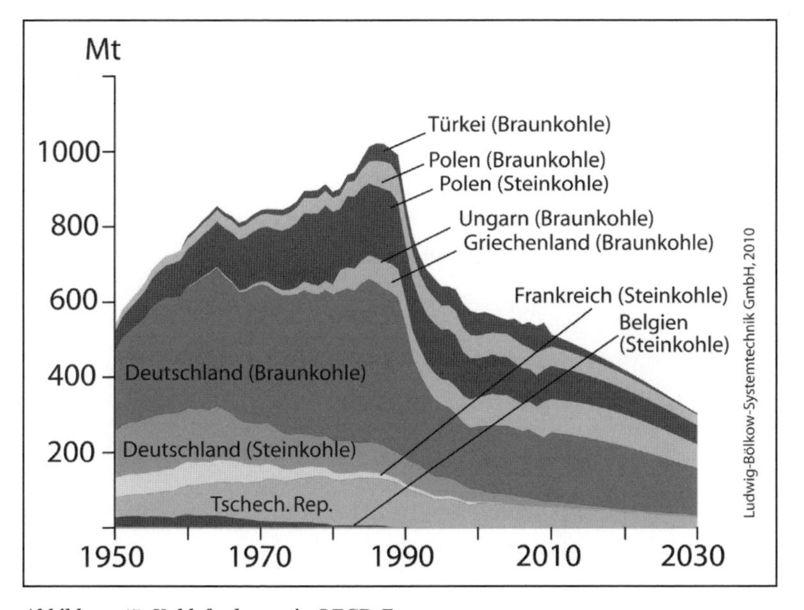

Abbildung 45: Kohleförderung in OECD-Europa

Förderprognosen für europäische Kohle werden dadurch erschwert, dass es bei der Braunkohle wahrscheinlich noch viele Ressourcen gibt, die später in den Status »bestätigter Reserven« erhoben werden könnten – aber auch dadurch, dass die Braunkohleverbrennung in Kraftwerken zur Stromerzeugung – die häufigste Nutzungsart – allen Klimaschutzzielen massiv zuwiderläuft und schon bald politisch nicht mehr gewollt sein könnte. Das oben gezeigte Förderprofil ist in seiner Vorhersage für die Jahre nach 2010 in Übereinstimmung mit den derzeit gemeldeten bestätigten Reserven.

Kohlekraftwerke in Europa: Heute und Pläne

Der deutsche und europäische Kraftwerkspark ist heute veraltet; in den kommenden 15 Jahren müssen viele Kraftwerke ersetzt werden. In der Öffentlichkeit wird damit geworben, dass diese Kraftwerke notwendig seien, um die Stromversorgung in Deutschland zu garantieren. Andererseits widerspricht dies den Bekenntnissen zum Klimaschutz. Diesem Dilemma versucht man dadurch zu begegnen, dass die neuen Kohlekraftwerke »sauber« sein sollen: Das bei der Verbrennung entstehende CO_2 soll abgetrennt und in leeren Gasfeldern oder in Aquiferen eingelagert werden.

Doch die Technologie des Abtrennens und Einlagerns (»coal capture and sequestration« oder kurz CCS) funktioniert bisher nicht. Frühestens 2025 sei sie marktreif, heißt es. Doch selbst wenn dies stimmen sollte, dann wird sie Kohlestrom wesentlich verteuern, vermutlich um 20 bis 30 Prozent.

Angesichts zurückliegender Erfahrungen darf man durchaus annehmen, dass die Kohlekraftwerke heute gebaut werden sollen – aber vermutlich nie mit CCS-Technologien nachgerüstet werden.

Das ist aus der Perspektive der Reservesituation auch nachvollziehbar. Nach 2020 wird Kohle auf dem Weltmarkt vermutlich so knapp und teuer sein, dass Kraftwerksneubauten nicht mehr interessant sind. Tatsächlich zeigt sich ja heute bereits, dass viele der geplanten Kohlekraftwerksprojekte nicht mehr verwirklicht werden. Die gestiegenen Stahlpreise zusammen mit den ebenfalls gestiegenen und vor allem unberechenbar gewordenen Kohlepreisen stellen schon heute die Wirtschaftlichkeit dieser Projekte in Frage.

Strahlender Retter? Ausblick auf die nukleare Energieversorgung

Wenn es um die großen Linien der Energieversorgung in den kommenden Jahrzehnten geht, dann wirkt ein eigenes Kapitel zur Kernenergienutzung im Verhältnis fast schon zu bedeutsam – ein langfristig relevanter Beitrag ist hier kaum zu erwarten. Dennoch muss man sich damit auseinandersetzen. Zu tief sitzt der Glaube, dass von dieser Technik ein bedeutender Beitrag kommen könne, zu wichtig klingen die Bekenntnisse der Politiker, dass Kernenergie unverzichtbar im Klimaschutz sei. Ihr Beitrag sei notwendig, um die Stromkosten zu stabilisieren und konkurrenzfähig zu halten. Kernenergie gilt als krisensicher und als heimische Energiequelle zur Erhöhung der Versorgungssicherheit, da die Brennstoffkosten relativ gering sind und der Brennstoff für mindestens ein Jahr am Kraftwerk bevorratet werden kann. Tatsächlich kann kein Industriestaat außer Kanada seine Reaktoren mit eigenem Uran versorgen – Australien könnte es, doch es hat sich gegen die Nutzung der Kernenergie entschieden.

Das war vor 30 Jahren durchaus anders. Die USA, Frankreich oder Russland konnten zumindest einen großen Teil des benötigten Urans selbst bereitstellen. Heute wird es vor allem aus Kasachstan, Australien, Kanada, aber auch Namibia und Niger importiert.

Seit einigen Jahren wird von einer Renaissance der Kernenergienutzung gesprochen. Dabei wird übersehen, dass die Rahmenbedingungen für diese Energieform vor Jahrzehnten wesentlich günstiger als heute waren:

- Die politische und finanzielle Unterstützung war groß. Allein in Europa wurden bis heute etwa 50 Milliarden Euro an staatlichen Geldern in die Technologie gesteckt.

- Die energiewirtschaftlichen Rahmenbedingungen waren durch die Versorgungsmonopole der staatlichen Energieversorger und deren zentralistische Struktur wesentlich günstiger.
- Da regenerative Energien noch kaum entwickelt waren, gab es scheinbar keine Alternative zur Kernenergienutzung als nicht-fossiler Energie.
- Die Staaten und Firmen waren während der wirtschaftlichen Aufbauphase in guter finanzieller Verfassung.

Und doch hat die Kernenergienutzung nach 50 Jahren »Einführungszeit« nur 2 Prozent Anteil an der Endenergieversorgung erreicht. Der Anteil an der Stromversorgung liegt heute niedriger als vor 10 Jahren.

Was also berechtigt zu diesem Glauben an eine Renaissance? Nicht viel – eigentlich hat die Bauaktivität nur in Korea und China zugenommen. Alle anderen Staaten haben in den vergangenen Jahren nicht mehr Bauaktivität gezeigt als im Mittel der vergangenen 15 Jahre. Fast in allen Staaten ging der Anteil an der Stromversorgung zurück. Dennoch muss man die Aktivitäten ernst nehmen, da mit ihnen sehr hohe Investitionen verbunden sind, die an anderen Stellen dringend gebraucht werden und dort fehlen. Der Versuch, die Kernenergienutzung nochmals zu beleben, entspricht gängigem Verhalten in einer Umbruchsphase: Die davon profitierenden Kreise versuchen nochmals mit aller Macht, den Status Quo zu wahren. Doch je stärker der ohnehin unvermeidbare Umbau verzögert wird, desto schwieriger wird er dann zu vollziehen sein, wenn wertvolle Zeit verstrichen ist. Gerade das langfristig geplante Ausphasen mit verlässlichem Zeitplan, der zur rechten Zeit die Investitionen in neue, angepasste Maßnahmen lenkt, böte eine stabile Basis für einen gleitenden Übergang. Bereits der Wandel der Wortwahl von der »Kernenergie als Lösung des Energieproblems« hin zur Nutzung als »Brückentechnologie« spiegelt diesen Wandel.

Facetten der Kernenergienutzung

Zunächst ist die Kernenergienutzung mit einem hohen Risikopotential verbunden, da gewaltige Mengen in Form von Radioaktivität freigesetzt werden können. Auch wenn dieses Risiko oft kleingeredet wird, so ist es real, und kein Mensch auf der Welt kann die Verantwortung hierfür übernehmen. Folgerichtig sind diese Risiken auch nicht auf dem freien Markt versicherbar; der Versicherungsschutz wird per Gesetz auf wenige Millionen Euro begrenzt. Damit ist die Kernenergie die einzige Energietechnologie, die die Folgen ihres Tuns nicht verantworten muss. Dies gibt ihr einen finanziellen Vorteil gegenüber allen Konkurrenztechnologien.

Ähnlich verhält sich die Diskussion um die Endlagerung. Wie die Beispiele in Asse und Gorleben in Deutschland zeigen, ist sich niemand der damit verbundenen Verantwortung bewusst. Wie wird man reagieren, wenn man nach Jahrzehnten feststellt, dass der radioaktive Abfall im Endlager doch einen Weg in die Umgebung gefunden hat, dass geologische Strukturen – die sich über Jahrtausende fast immer verändern – doch durchlässig wurden? Auch hier geht es nur um den scheinbaren kurzfristigen Vorteil und nicht darum, die Belange künftiger Generationen ernst zu nehmen.

Die technologisch komplexen Strukturen der Nuklearenergienutzung sind sehr störanfällig. Die gesamte Prozesskette vom Uranabbau über die Konzentration, Aufbereitung und den Transport des Brennstoffes bis hin zum Betrieb, der Entsorgung und Lagerung des Brennstoffpotentials ist hochsensibel für sicherheitstechnische, aber auch für menschliche Risiken und muss ständig überwacht und gesichert werden. Dies erfordert hochspezialisierte technische und ordnungsrechtliche Strukturen. Daher ist die Technologie sicher nicht für politisch instabile Entwicklungsländer geeignet – gerade dort aber wird der Strombedarf noch deutlich ansteigen. Die Überwachung erfordert zentrale Strukturen. Die gesamte Versorgungskette benötigt hohe Investitionen. Letztlich bleibt immer ein Restrisiko des technischen Versagens, aber auch durch die Nähe zur militärischen Nutzung (Proliferationsproblem) und zum gezielten Missbrauch durch Terroranschläge und Erpressung. Das gesundheitliche Gefährdungspotential wird in der Regel nur aus Anwohnersicht in der Umgebung der Kraftwerke gesehen, es ist jedoch permanent vorhanden. Tatsächlich liegt im sogenannten Normalbetrieb das größte Gefährdungspotential: durch direkte gesundheitliche Gefährdung der Minenarbeiter und durch langfristige Folgeschäden durch die Abwässer des Bergbaus und der Förderschlämme (»Tailings«, das sind radioaktive Rückstände des Abbaus), welche Grundwasser und Umgebung kontaminieren. Bis heute gibt es kaum eine noch arbeitende oder bereits stillgelegte Mine, die nicht in irgendeiner Weise ihre Umgebung und das Grundwasser beeinträchtigen würde. Dies wiegt um so schwerer, als neue Minen auch mitten in Nationalparks eröffnet werden (zum Beispiel Trekoppje in der Wüste Namib).

Der Mythos der billigen Nuklearstromerzeugung basiert darauf, dass einerseits viele der Risiken nicht in vollem Umfang übernommen werden müssen, zum anderen aber auch darauf, dass durch die Nähe zu militärischen Anwendungen (so in USA und Frankreich) oft eine Verflechtung beider mit intransparenter Kostenaufteilung erfolgt. Darüber hinaus stiegen die Investitionskosten für den Bau neuer Kraftwerke stetig an. Heute kann kein Mensch exakte Kosten für den Neubau eines Reaktors in Europa benennen. Die beiden einzigen in Bau befindlichen Reaktoren haben die Kostenziele bisher deutlich überschritten und sind mehrere Jahre in Verzug. Ihre Investitionskosten können erst nach Beendigung der Bauarbeiten angegeben werden. Heute werden die Kosten für den EPR-Reaktor der Firma AREVA, der in Finnland seit 2005 gebaut wird, auf mindestens 5 Milliarden Euro geschätzt, dies entspricht mindestens 3 Millionen Euro pro Megawatt Leistung. Zusätzlich meldete der künftige Betreiber einen Schaden in Milliardenhöhe, da er aufgrund der Bauverzögerungen den eingeplanten Strom für diesen Zeitraum von anderen Anbietern beziehen muss.

Weltweit bestehen lange Wartezeiten von mindestens fünf Jahren für kritische Reaktorkomponenten. Es fehlen Fertigungskapazitäten, Nachwuchs und erfahrene Fachkräfte – der sogenannte technologische »Fadenriss« ist in Europa und Nordamerika längst Realität. Heute ist es sogar so, dass in Südkorea fast täglich in den Medien junge Studenten angeworben werden mit dem Versprechen, das Studium der Reaktortechnik würde ihnen später einen hochbezahlten Arbeitsplatz im begehrten europäischen oder nordamerikanischen Ausland sichern.

Zumindest in den klassischen Industriestaaten in Europa, Nordamerika und Japan ist auch die Gesellschaft bezüglich der Akzeptanz gespalten. Der Widerstand gegen die Technologie ist groß; je erfolgreicher die Alternativen werden, desto schwieriger wird es, das Festhalten an der Kerntechnologie zu erklären. Gerade das begründet die Offensive der »Renaissance der Kernenergie« – es ist die letzte Chance, nochmals Boden zu gewinnen.

Tatsächlich hat die Kerntechnik nie so funktioniert, wie es für eine wichtige Energietechnologie notwendig wäre und wie es die »Väter der Entwicklung« in der Einführungsphase als Voraussetzung für ihre breite Akzeptanz empfunden hatten. Technische Störanfälligkeit, hohe Entwicklungskosten und Scheitern der langfristig wichtigen Technologien (zum Beispiel der des Schnellen Brüters) sind die wesentlichen Ursachen dafür, dass ihr auch nur der geringe Anteil von 2 Prozent an der Endenergieversorgung zukommt.

Bildet jedes dieser Probleme für sich bereits eine große Hemmschwelle für die Nutzung der Kernenergietechnik, so verbietet ihre Summe die großtechnische langfristige Nutzung aus Nachhaltigkeitsgründen. Kerntechnik ist das Musterbeispiel für eine hochkomplexe, nicht an die zu lösenden Probleme angepasste Technologie.

Renaissance der Kernkraft?

Was bedeutet die Renaissance der Kernkraft? Dass die Kernkraft in den nächsten Jahren ihren Anteil an der Stromversorgung erhöhen wird? Das ist nicht möglich; die langen Vorlaufzeiten machen ein weiteres Absinken wahrscheinlicher. Dass die alternden Kraftwerke ersetzt werden, um die Stromerzeugungsrate wenigstens konstant zu halten? Dazu müssten jährlich 20 bis 30 neue Kernreaktoren zu bauen begonnen werden. Tatsächlich waren es im Mittel der vergangenen 20 Jahre weltweit 4 bis 5 Kraftwerksneubauten. Das hat sich auch 2009 und 2010, abgesehen von Korea und China, nicht geändert. Mindestens drei Faktoren stehen einer tatsächlichen Renaissance entgegen:

Der bestehende Kraftwerkspark ist überaltert. Nur um diese Alterung auszugleichen, müssten in den kommenden Jahren die Anstrengungen fünfbis zehnmal größer werden als im Mittel der vergangenen Jahre.

Die Abschätzungen der Uranreserven sind stark reduziert worden. Eine langfristige Versorgung ist nicht möglich. Sie wäre es nur, wenn neue Konzepte (Schneller Brüter, Thoriumreaktoren) oder neue Quellen (Uran aus Meerwasser, Uran aus Phosphaten) zeitgerecht umgesetzt würden – das ist nicht in Sicht. Im Gegenteil: Die Endlichkeit der Uranvorräte war den Vätern der Kerntechnologie durchaus bewusst. Gerade deshalb wurden vor 40 Jahren die neuen Konzepte entwickelt – doch nichts davon wurde Realität. Der schnelle Brüter funktioniert nirgends im industriellen Maßstab, Thoriumreaktoren, die anstelle des Urans Thorium als Brennstoff nutzen könnten, sind immer noch Zukunftsmusik. Die Urangewinnung aus Meerwasser existiert seit 30 Jahren als Patent, bis heute gibt es allerdings erst ein mehrjähriges Großexperiment mit einem Kilogramm Urangewinnung innerhalb eines Jahres bei einem Materialaufwand von mehreren Tonnen Stahl, vielen Chemikalien und 350 kg Kunststofffolien.

Die finanzielle Situation für den Bau von Reaktoren ist wesentlich schwieriger als vor einigen Jahrzehnten. Heute sind fast alle großen Energieversorger in börsennotierten Aktiengesellschaften organisiert. Die Eigentümer zeigen hohe Gewinnerwartung und geringe Risikobereitschaft. Welcher Aktionär wird der Investition in den Bau eines Kernreaktors zustimmen, der zunächst mehrere Milliarden Euro verschlingt, nach langen Genehmigungsprozeduren und 5 bis 10 Jahren Bauzeit vielleicht ans Netz geht und Gewinne einfährt – mit dem Risiko, bei einem schweren Unfall irgendwo auf der Welt sofort wieder stillgelegt zu werden? Der möglicherweise das Uran für die geplanten 40 Jahre Laufzeit nicht erhalten wird, da es auf dem Weltmarkt knapp wird? Aktionäre kennen bessere Möglichkeiten, um Kapital zu vermehren. Dies geht nur in wenigen Staaten mit zentralistischen Strukturen und unter günstigen politischen Vorgaben.

Status der Kernenergienutzung

Anfang September 2010 wurden weltweit 441 aktive Kernreaktoren mit einer Gesamtleistung von 375 GW in der Statistik der internationalen Atomenergiebehörde geführt [PRIS 2010]. Der Beitrag zur Stromerzeugung lag 2009 mit 2698 TWh nicht höher als im Jahr 2002 [BP 2010].

Abbildung 46 zeigt die Zeitreihe des Baubeginns neuer Reaktoren. Die meisten Reaktoren wurden zwischen 1970 und 1980 zu bauen begonnen. Von den insgesamt 566 Kernreaktoren wurden 125 bereits abgeschaltet. Fast keiner dieser Reaktoren erreichte eine Laufzeit von 40 Jahren – im Mittel wurden die Reaktoren nach 22 Jahren vom Netz genommen. Allein in Großbritannien und in den USA wurden bisher mehr als 50 Reaktoren stillgelegt. Daher ist es eine optimistische Annahme, dass die bestehenden Reaktoren im Mittel 40 Jahre Laufzeit haben werden. Wenn man dies einmal unterstellt, dann würden im Jahr 2030 nur noch 81 GW Reaktorleistung installiert sein. Die Kapazität würde also um fast 80 Prozent zurückgehen. Nur um sie zu ersetzen, müssten bis 2030 etwa 280 neue Kernreaktoren mit einer Leistung von 1 GW ans Netz gehen – jedes Jahr also 14 neue Reaktorblöcke. Tatsächlich werden in den kommenden fünf Jahren bestenfalls 60 Reaktorblöcke ans Netz gehen – mehr sind heute nicht in Bau. Von diesen sind zehn seit mehr als 20 Jahren in Bau, zwei sind Forschungsreaktoren mit einer Gesamtleistung von je 35 MW.

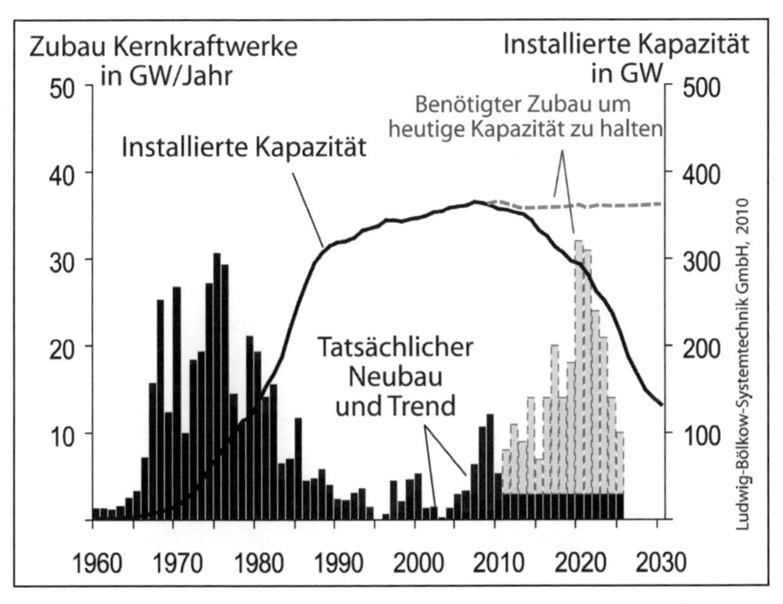

Abbildung 46: Historie und Trend bei der Entwicklung der weltweiten Nuklearenergiekapazität

Offensichtlich werden alte Projekte nicht aus der Statistik entfernt, wie zum Beispiel der Reaktor Watts Bar in den USA, dessen Baubeginn 1972 war. Vermutlich werden bis Ende 2015 weniger als 50 neue Reaktoren fertiggestellt sein, andererseits aber 80 Reaktoren mit über 50 GW Gesamtleistung die Laufzeit von 40 Jahren überschritten haben.

Falls die Investitionen in neue Kernreaktoren in den kommenden Jahren nicht deutlich ansteigen, dann werden im Jahr 2030 wesentlich weniger Reaktoren am Netz sein als 2010.

In Europa sind derzeit zwei neue Reaktoren der sogenannten Dritten Generation in Bau: in Finnland und Frankreich. Es sollen Vorzeigeprojekte der Leistungsfähigkeit der europäischen Kerntechnik sein. Tatsächlich sind beide Projekte in Zeitverzug: Der Reaktor in Finnland mit Baubeginn 2005 sollte bereits seit 2009 Strom liefern. Nach jetzigem Stand wird er frühestens 2011 angeschlossen. Doch auch das muss in Frage gestellt werden angesichts der Tatsache, dass bereits während der Bauphase viele Risse im Fundament und in den Schweißnähten von der Aufsichtsbehörde angemahnt wurden. Nach vielen Diskussionen hat die finnische Atomaufsicht gemeinsam mit der englischen und französischen Behörde die grundsätzliche Nachbesserung des Sicherheitskonzeptes gefordert, da es in der aktuellen Version nicht genehmigungsfähig sei. Man darf davon ausgehen, dass, wenn dies so einfach wäre, der Betreiber es bereits durchgeführt hätte. Die Sicherheitsdiskussion wird mindestens zu weiteren Verzögerungen führen, wobei noch unklar ist, bis zu welchem Zeitpunkt ein genehmigungsfähiges Sicherheitskonzept vorliegt. Der anfangs vereinbarte Festpreis von 3 Mrd. Euro wurde bisher um etwa 2 Mrd. Euro überschritten.

Das ist die Realität der Renaissance der Nuklearenergie in Europa. Man kümmert sich um die Probleme von morgen, wobei die Probleme von heute noch einer Lösung bedürfen. Angesichts dessen wirkt die Diskussion um den »inhärent sicheren Reaktor der Generation IV« seltsam. Bis heute hat man sich noch nicht für ein Konzept entschieden – sechs unterschiedliche Ansätze werden diskutiert. Die Entwicklungskosten werden auf mindestens 6 Mrd. Euro geschätzt.

Uranversorgung – Ressourcen und Reserven

Uranreserven werden von der Nuklearenergieagentur der OECD (Nuclear Energy Agency, NEA) und der Internationalen Atomenergieagentur (International Atomic Energy Agency, IAEA) zusammengestellt und publiziert.

Im Jahr 2008 wurden 43 880 Tonnen Natururan gefördert und 59 000 Tonnen von den Reaktoren benötigt [NEA 2010]. Die Differenz wurde durch Lagerbestände, Konversion von Atomwaffen und zu geringem Anteil aus der Wiederaufarbeitung von Brennstäben bereitgestellt. Insbesondere die Rüstungskonversion über ein russisch-amerikanisches Abkommen aus dem Jahr 1992 bildet den Grundstock für jährlich etwa 10 000 Tonnen Natururan-Äquivalent. Dieses Abkommen wird 2012 beendet und vermutlich von russischer Seite nicht verlängert werden. Zunehmend werden diese vor Jahrzehnten aufgebauten Vorräte erschöpft und die Primärproduktion aus Minen muss den Bedarf weitgehend decken, sollen keine Engpässe entstehen. Daher konzentriert sich die Versorgungssicherheit auf die Uranlagerstätten.

Die im folgenden Abschnitt eingeführten Begriffe für die Reservenberechnungen sind schwer durchschaubar. Die NEA bedient sich dieser Terminologie, deshalb soll sie hier übernommen werden, obwohl keineswegs nur Laien Schwierigkeiten haben, diese Einstufungen nachzuvollziehen. Die Nuclear Energy Association weist keine Reserven aus, sondern »bekannte Ressourcen«. Diese werden in »hinreichend bekannte Ressourcen« (reasonably assured resources) und »abgeleitete Ressourcen« (inferred resources) unterschieden. Sie werden jeweils in Kostenklassen unterteilt, zu denen sie vermutlich erschlossen werden können. Die Kostenkategorien mit Erschließungskosten <80$/kg Uran entsprechen »nachgewiesenen Reserven«. Diese betragen weltweit 2,5 Millionen Tonnen. Damit könnten heutige Kraftwerke mit ihrem Bedarf von 60 000 Tonnen pro Jahr für 40 Jahre betrieben werden. Lässt man höhere Erschließungskosten zu – die NEA unterteilt in <40$/kg, <80$/kg, <130$/kg und <260$/kg – so werden auch größere Ressourcen erschließbar. Allerdings nimmt die Belastbarkeit der Daten ab. Daher ist die Angabe der »hinreichend gesicherten

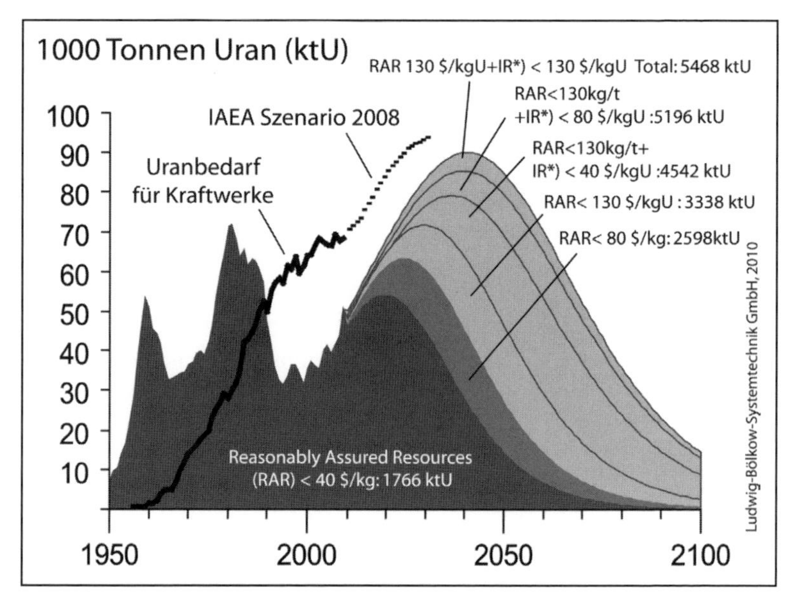

Abbildung 47: Mögliche Förderszenarien von Uran (mit Berücksichtigung der Ressourcenklassifizierung der NEA) und der Uranbedarf für Reaktoren

Vorräte« von 4 Mio. Tonnen Uran mit Erschließungskosten <260 $/kg wesentlich weniger gesichert als die der Reserven. Noch weniger belastbar sind die Angaben über die »inferred resources«, also die »abgeleiteten Ressourcen«. Diese werden mit 2,3 Mio. Tonnen Uran angegeben.

Damit beträgt die Reichweite der nachgewiesenen Uranreserven mit Erschließungskosten, die unter 80$/kg liegen, etwa 40 Jahre. Diese kann sich auf 65 Jahre erhöhen, wenn man Kosten unter 260$/kg berücksichtigt. Letztlich könnten alle bekannten Vorräte eine Uranversorgung der bestehenden Kraftwerke für fast 100 Jahre sicherstellen.

Dies setzt voraus, dass auch alle diese Vorräte gefördert werden, dass der Bedarf eingefroren wird und dass die Förderrate konstant bleibt. In der Realität ist es so, dass sich ein dynamisches Förderprofil ergibt. Dem einsichtigen Prinzip »Das Beste zuerst« folgend wurden in der Frühphase die hochkonzentrierten Uranvorkommen in oder nahe den Verbraucherstaaten ausgebeutet. Diese sind heute weitgehend erschöpft. So wurde die Förderung in Frankreich und Deutschland vollkommen eingestellt, in den USA und in Südafrika liegt sie weit unter dem Beitrag vor 20 Jahren. In Summe über alle Staaten mitteln sich Details aus und man erhält ein etwas geglättetes Förderprofil, das sich gut einer Glockenkurve annähern lässt. Demnach reichen die Reserven mit Erschließungskosten kleiner als 40$/kg nicht aus, um das bestehende Förderniveau zu halten. Erst mit den teurer erschließbaren Uranvorräten bis 80$/kg kann die Förderung noch für 10 bis 15 Jahre auf insgesamt 65 000 Tonnen pro Jahr ausgeweitet werden, bevor sie zurückgeht. Dieses Maximum wird weiter verschoben, bis letztlich alle »hinreichend bekannten Ressourcen« erschlossen sind. Damit könnte die Förderung kurzzeitig auf 90 000 t/Jahr ausgeweitet werden, um dann innerhalb weniger Jahrzehnte deutlich zurückzugehen.

Diese Zahlenspiele müssen eher qualitativ gesehen werden: Die »hinreichend bekannten« Vorräte mit den geringsten Kosten können sehr sicher auch gefördert werden. Die Vorräte in jeder nachfolgenden Kategorie sind unsicherer und möglicherweise gar nicht erschließbar. Es gibt genügend Beispiele in Südafrika, USA oder Frankreich, dass selbst die »hinreichend bekannten« Vorräte in Folgeberichten um mehr als 50 Prozent abgewertet wurden, als die Förderung dort das Maximum überschritt und zurückging.

In den Ländern Deutschland, Tschechien, Frankreich, in der Demokratischen Republik Kongo, in Gabun, Bulgarien, Tadschikistan, Ungarn, Rumänien, Spanien, Portugal und Argentinien sind die Uranreserven bereits erschöpft. 2,4 Millionen Tonnen Uran wurden weltweit bisher gefördert. Heute besitzt nur noch ein Land, Kanada, Uranlagerstätten mit einem Uranoxidgehalt von über einem Prozent. Die meisten Reserven in anderen Ländern liegen unter 0,1 Prozent und zwei Drittel aller Vorkommen sogar unter 0,06 Prozent.

Die regionale Aufteilung der Vorräte ist sehr ungleich. Australien, Kanada und Kasachstan besitzen zusammen 50 Prozent der »hinreichend bekannten« Vorräte (RAR); an den bis 80$/kg erschließbaren Vorräten haben sie sogar 70 Prozent Anteil.

Noch unterhalb dieser Klassifizierung der bekannten Vorräte gibt es die Kategorie der sogenannten »undiscovered resources«, also unentdeckter, aber nach geologischer Expertise denkbarer Vorkommen. Diese werden weiter in »prognostizierte unentdeckte« und »spekulative unentdeckte« Vorkommen untergliedert. Dem nicht genug, erfolgt die feinere Unterteilung in vier Kostenklassen. So kann man aus diesen Zahlen beispielsweise lernen, dass die USA mit 1,273 Mio. Tonnen fast 50 Prozent der »prognostizierten unentdeckten« Uranvorkommen mit Erschließungskosten <130 $/kg besitzen. Dieser Zahl kommt keinerlei Relevanz zu, wenn man bedenkt, dass die USA heute bereits mangels geeigneter Reserven nur noch 10 Prozent dessen fördern, was 1980 möglich war.

Die Mengenangaben der »unentdeckten Ressourcen« sind so spekulativ, dass sie in Berechnungen zu einer künftigen Versorgungslage nicht einfließen dürfen. Auch die »inferred resources« können nicht ohne weiteres zu den Reserven bereits existierender Uranminen hinzuaddiert werden, da zumindest Teile von ihnen nur vermutet werden [NEA/IAEA 2005].

Die große Bedeutung des kanadischen Urans mit Erzvorkommen von über einem Prozent Gehalt muss hier noch einmal hervorgehoben werden. Australien hat zwar mit Abstand die größten Ressourcen, aber 90 Prozent haben einen Erzgehalt von weniger als 0,06 Prozent. Diese werden nur gefördert, weil mit über 2 Prozent Anteil Kupfer enthalten ist. Auch in Kasachstan enthalten die meisten Lagerstätten unter 0,1 Prozent Uranerz.

Die Betreiber der Uranminen sehen sich mehr und mehr gezwungen, Vorkommen mit niedriger Konzentration kostenintensiv abzubauen. Nur die Entdeckung und schnelle Erschließung neuer, höherkonzentrierter Lagerstätten könnte an diesem Trend etwas ändern. Uranbergwerke brauchen allerdings meistens eine lange Vorlaufzeit bis zur Inbetriebnahme. So ist zum Beispiel die kanadische Lagerstätte »Cigar Lake«, die 2013 nach vielen Verzögerungen vielleicht die Arbeit aufnimmt, schon vor 30 Jahren entdeckt worden. Ursprünglich sollte sie bereits vor der Jahrtausendwende Uran fördern.

Wichtigste Förderregionen

OECD-Pazifik

Der **australische** Kontinent, der zur OECD-Region Pazifik gezählt wird, gehört mit 25 Prozent Marktanteil zu den weltweit größten Uranproduzenten – nur Kanada und Kasachstan fördern mehr. Die hochkonzentrierten Mengen mit einem Erzgehalt von über einem Prozent sind allerdings schon erschöpft. Das meiste australische Uran wird aus Minen mit nur 0,05 oder 0,06 Prozent Uranoxidgehalt gewonnen – meistens gemeinsam mit Kupfererz. Abbildung 48 zeigt die möglichen Förderprofile für australisches Uran, wie sie mit den Ressourcenangaben der NEA kompatibel sind. Hierbei sind keine politischen oder anderweitigen Restriktionen berücksichtigt.

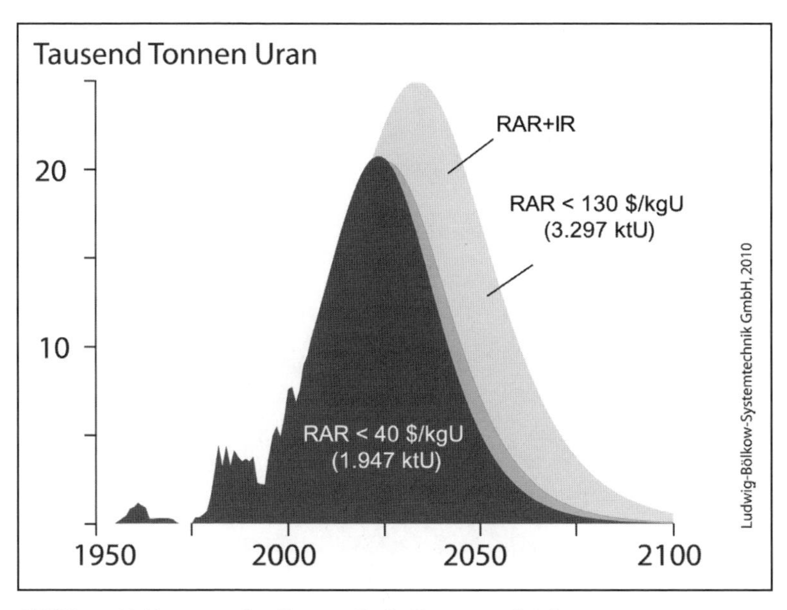

Abbildung 48: Prognosen für die australische Uranerzproduktion

Übergangsstaaten

Kasachstan, Russland, die Ukraine und Usbekistan sind wichtige Uranförderländer. Mit Abstand den größten Förderbeitrag leistet Kasachstan, das auch die größten Reserven besitzt. Seit einigen Jahren werden neue Projekte erschlossen. In den letzten Jahren war Kasachstan das einzige Land, das seine Förderung nennenswert erhöhte. Heute ist es mit 14 000 t/Jahr weltweit der wichtigste Förderstaat.

Das in Abbildung 49 wiedergegebene historische und prognostizierte Förderprofil der Übergangsstaaten ist kompatibel mit den Ressourcenangaben der NEA. Unterschieden werden in der Prognose die Kategorien verschiedener Förderkosten. Der dunkle Bereich entspricht den Ressourcen, die mit weniger als 40 $/kg ausgebeutet werden können, der mittlere Bereich zeigt das mit 130 $/kg förderbare Uran, und der helle Bereich gilt dann, wenn auch die »möglichen Ressourcen« (inferred resources) zugänglich werden.

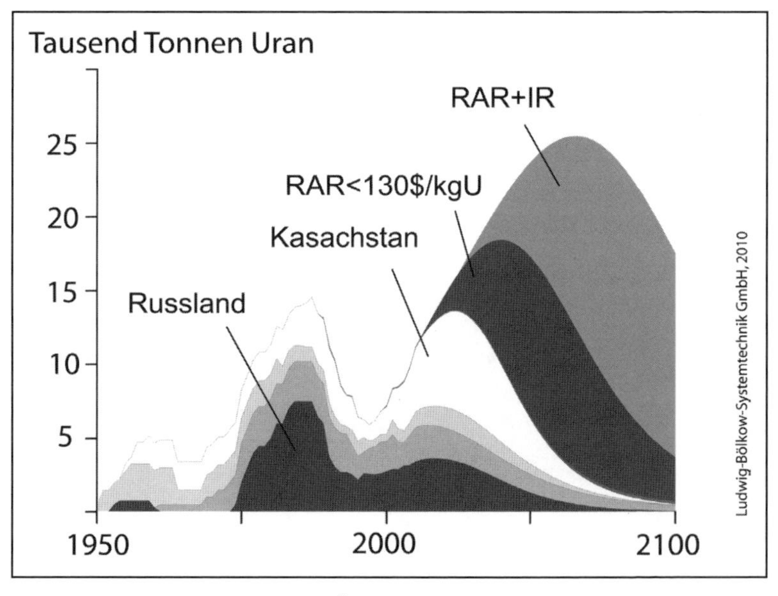

Abbildung 49: Uranförderung in den Übergangsstaaten: Historie und Prognose

OECD-Nordamerika

Die Uranförderung im Nordamerika der OECD hat ihren »Peak« wahrscheinlich schon vor dem Jahr 1985 überschritten, als die USA 20 000 Tonnen pro Jahr produzierten. Abbildung 50 zeigt die gemeinsame Förderung von Kanada und den USA. Kanada ist der zweitgrößte Uranproduzent und -exporteur der Welt; das Land steht für ungefähr 17 Prozent der Weltförderung. Kein anderes Land sonst hat noch Uranlagerstätten mit einem Uranoxidgehalt von über einem Prozent. Aber sogar hier lässt sich eine Limitierung der »reasonably assured«-Ressourcen absehen, und auch ein Ausweichen auf die »möglichen« Ressourcen würde den Förderpeak um nicht mehr als ein paar Jahre hinauszögern.

Die aktuellen Pläne für eine Kapazitätserweiterung stützen sich vor allem auf ein einziges Projekt, die zweitgrößte Uranmine der Welt, »Cigar Lake«, die um 2000 nach fast zwanzig Jahren Vorbereitungszeit die Produktion aufnehmen sollte. Allerdings haben Wassereinbrüche im unterirdischen

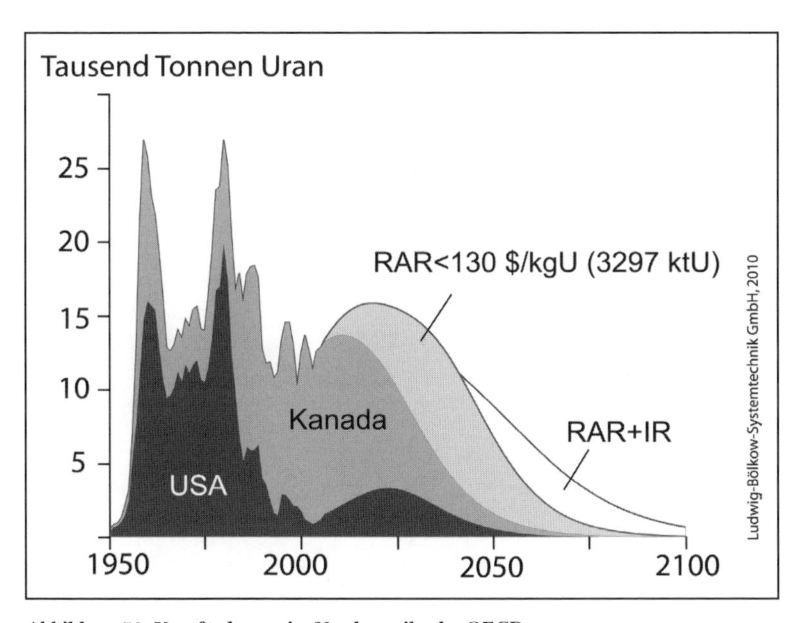

Abbildung 50: Uranförderung im Nordamerika der OECD

Teil der Mine den Förderbeginn wieder verzögert. Heute wird frühestens mit 2013 als Förderbeginn gerechnet.

Das erste Land, das überhaupt Uran suchte und förderte, waren die USA; sie benötigten im letzten Kriegsjahr 1945 radioaktives Material für ihre ersten Kernwaffen. Der militärische Bedarf führte zu einem ersten Förderpeak um das Jahr 1952. In der zweiten Welle ging es schon um Uran für die zivile Kernkraftnutzung; hier kam es zu einem zweiten Fördermaximum etwa 1980. Die ambitiösen Pläne für Kraftwerksneubauten wurden nur teilweise realisiert, und so kam es zu einer Überschussproduktion von Uran. Als zusätzlich auch noch hochangereichertes Uran aus der bilateralen Abrüstung frei wurde, brach der Markt zusammen und viele Minen in den USA mussten aus wirtschaftlichen Gründen schließen.

Aber auch die »reasonably assured resources« (RAR) wurden in den frühen 80er Jahren um volle 90 Prozent heruntergestuft. Zu dieser Zeit waren die profitabelsten Minen mit einem Uranoxidgehalt von mehr als einem Prozent bereits ausgebeutet.

Weitere Regionen

Europa

Noch vor vierzig Jahren war Europa nach den USA die zweitgrößte uranproduzierende Region, vor allem wegen der ostdeutschen Minen (die ausschließlich für die Sowjetunion arbeiteten und unter so großer Geheimhaltung, dass ihre Arbeiter zu großen Teilen überhaupt nicht wussten, was für einen Stoff sie zu Tage förderten: der größte Minenkomplex hieß »Wismut Aue«). **Frankreich** und die **Tschechoslowakei** waren die anderen wichtigen Produzenten. Die französischen Reserven sind mittlerweile erschöpft; die deutsche Uranproduktion wurde mit dem Wendejahr 1990 eingestellt, vor allem aus Naturschutz- und Arbeitsschutzgründen. In Europa ist heute nirgends mehr eine Wiederaufnahme der Uranförderung in großem Stil vorstellbar. Es gab zwar in den letzten Jahren den

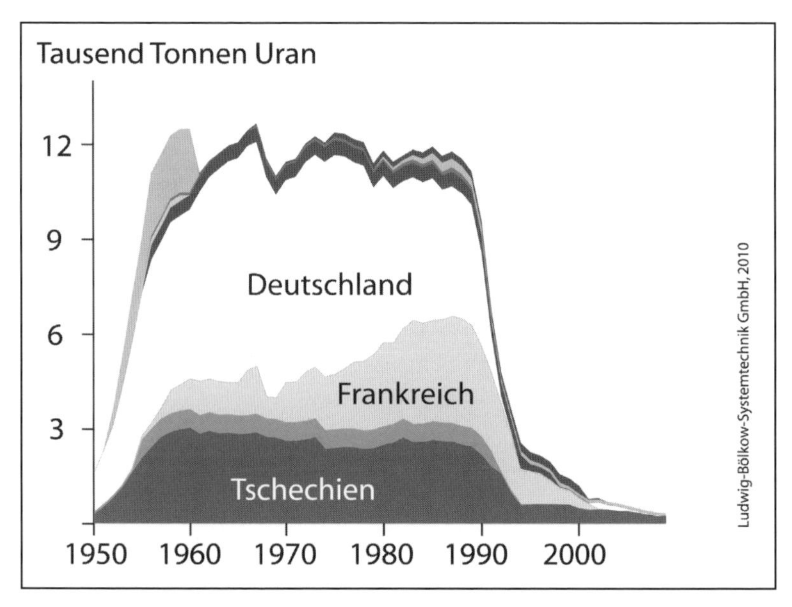

Abbildung 51: Uranproduktion im Europa der OECD

Versuch der französischen AREVA, des weltgrößten Atomtechnologiekonzerns, in **Finnland** nach Uranvorkommen zu suchen und niedriggradiges Uranerz zu schürfen. Doch ein größerer Förderbeitrag ist hier nicht zu erwarten. Es geht mehr darum, sich als kernenergiefreundlicher Staat auch mit der Fördertechnologie zu befassen.

Kernfusion

Lange galt die Kernspaltung als Einstieg in die eigentliche Kernenergienutzung mittels Fusionsreaktoren. Während bei schweren Elementen Energie durch deren Spaltung freigesetzt wird, ist es bei leichten Elementen wie Wasserstoff oder Helium genau umgekehrt: mit der Fusion der Atomkerne wird Energie gewonnen. Dieser Energiegewinn ist sogar deutlich höher als bei der Spaltung schwerer Kerne. Die Zerstörungskraft von Wasserstoffbomben im Vergleich zu Spaltungsbomben hat dies demonstriert.

Die Kunst besteht darin, den in der Sonne natürlich ablaufenden Fusionsprozess im technischen und später industriellen Maßstab zu kopieren. Hierzu muss die Abstoßungskraft der Atomkerne überwunden werden, bevor die Anziehungskraft der Kernkräfte in kürzestem Abstand wieder überwiegt. Um dieses Ziel zu erreichen, werden die Atomkerne so stark erhitzt, dass die Temperaturbewegung sie einander genügend nahe bringt. Mit einem starken Magnetfeld verhindert man, dass das heiße Plasma der Atomkerne auseinanderfällt. Findet die Fusion statt, so werden Neutronen freigesetzt, die ungehindert das Magnetfeld durchdringen und an der sogenannten »ersten Wand« in einem mit Lithium beschichteten Stahlmantel aufgefangen werden sollen.

Ungefähr seit 50 Jahren wird an einem Fusionsreaktor geforscht. Dabei ist man dem Ziel zwar wesentlich näher gekommen, aber wie vor 50 Jahren heißt es: Frühestens in 40 bis 50 Jahren wird es kommerzielle Reaktoren geben. Mit diesem Durchbruch war eigentlich für das Jahr 2000 gerechnet worden.

Tatsächlich bestehen noch sehr viele ungelöste Fragen: von Materialproblemen der »ersten Wand« – diese muss wegen der Neutronenstrahlung alle ein bis zwei Jahre ausgetauscht und als niedrigaktiver Sondermüll entsorgt werden – über die Stabilität des Plasmaeinschlusses (der Anfall der Fusionsprodukte »verschmutzt« das Plasma und sorgt für Instabilitäten) bis zur alles entscheidenden Frage, ob der Lithiummantel bei Bestrahlung mit den Fusionsneutronen genügend neues Tritium als Brennstoff generiert. Diese letzte Frage ist bis heute ungeklärt: Theoretische Berechnungen weisen je nach Annahme und Parameterwahl auf eine positive Brutrate – es werden mehr Tritiumatome erzeugt als im Fusionsprozess benötigt werden – oder auch auf eine negative Brutrate hin. Ohne dieses positive Ergebnis wird der ganze Aufwand um die Fusion hinfällig, da Tritium mit einer Halbwertszeit von 10 Jahren nicht stabil ist und nur mit hohem Energieaufwand erzeugt werden kann.

Ganz unabhängig von diesen technischen Aspekten sind sich alle Fachleute einig, dass Fusionsreaktoren nicht vor 2050 in industriellem Maßstab realisierbar sein werden. Bis dahin aber müssen die wesentlichen

Energieprobleme gelöst sein. Die Umstrukturierung einer für regenerative Energienutzung idealen dezentralen Energiewirtschaft wird weitgehend vollzogen sein – für große Kernfusionsreaktoren mit 4 bis 20 GW elektrischer Leistung wird kein Bedarf sein. Ökonomische Aspekte sind hierbei noch gar nicht berücksichtigt. Bei all dem Aufwand (turnusmäßiger Wechsel der ersten Wand) kann heute über die damit erzielbaren Stromgestehungskosten nur spekuliert werden.

3. Neue Energie: Investieren in die Zukunft

»We can't drill our way out of the problem. That's why I've focused on putting resources into solar, wind, biodiesel, geothermal.«

Barack Obama, 2008

Erneuerbare Energien im Aufwind

Wir wollen hier die Energieformen vorstellen, die das Potential haben, an die Stelle von Öl, Gas und Kohle zu treten, und die Größenordnungen aufzeigen, in denen unser Engagement für diese Energien liegen muss. Am Anfang allerdings soll eine Klärung der verwendeten Begriffe liegen.

Erneuerbare Energien, »renewables«, alternative oder nachhaltige Energien, regenerative Energien – Begriffe mit großer Überdeckung, oft sogar synonym verwendet. Auch in diesem Buch werden diese Wörter in den meisten Fällen dasselbe bezeichnen. In anderen Fällen werden wir die Unterscheidung deutlich machen. Bei Sonnen- beziehungsweise Solarenergie wird immer wieder zu unterscheiden sein zwischen der Ausnutzung der Sonnen*wärme* (direkt in Solar*kollektoren*, indirekt, zur Stromerzeugung über Dampfturbinen, in solarthermischen *Kraftwerken* – SOT) und der unmittelbaren Verwandlung der Sonnenstrahlung in *elektrischen Strom* in Solarzellen, unter dem Überbegriff der *Fotovoltaik* (PV). Bei Wasserkraftanlagen und Windkraftwerken werden keine begrifflichen Schwierigkeiten auftauchen (*offshore* bezeichnet meist Anlagen in küstennahen Flachmeeren), *Erdwärme* verwenden wir synonym mit *Geothermie*. Hier unterscheidet man zwischen der oberflächennahen Nutzung zur

Wärmeerzeugung mittels Wärmepumpen und der Tiefengeothermie zur Nutzung der Wärme und zur Stromerzeugung. Bei *Biomasse,* der erneuerbaren Energie mit den meisten Facetten, wird die Begriffsklärung erst im jeweiligen Abschnitt stattfinden. Das Wort *Batterie* wird, wie im englischen Sprachraum üblich synonym mit *Akku* verwendet.

Der Begriff Energie*verbrauch*, der in diesem Buch wiederholt verwendet wird, ist natürlich im Alltagssinne und nicht physikalisch zu verstehen. Energie ist strenggenommen unzerstörbar, aber mit abnehmender Konzentration, in zunehmender Entropie, die ihr »Verbrauch« mit sich bringt, wird sie für die Menschen immer weniger nutzbar.

Ein »stummer Begleiter« der regenerativen Energien ist in vielen Diskussionen zu Recht die gar *nicht nachgefragte* Energie, die, die wir durch *Einsparmaßnahmen* gar nicht benötigen – und die, die wir durch *Optimierung* von Anlagen und Transportwegen gewinnen können. Dass dieses Thema im vorliegenden Buch keine herausragende Rolle spielt, hat zwei Gründe. Erstens wird es bereits sehr breit diskutiert. Zweitens sind wir der Meinung, dass die Frage der Einsparmöglichkeiten deutlicher als die anderen Themen dieses Buches dazu tendiert, sich selber zu lösen: über den Druck, den die Preisentwicklung bei allen Energieformen ausübt und noch stärker ausüben wird.

Was können die Erneuerbaren zur Energieversorgung der Zukunft beitragen?

Die Welt kann bis zum Ende des Jahrhunderts die gesamte Energie, die sie dann brauchen wird, aus erneuerbaren Quellen gewinnen. Dass Menschen, Gruppen von Menschen, ganze Länder imstande sein können, mit vereinter Kraft etwas Neues aufzubauen, das hat die Geschichte bewiesen: nach Kriegen, Naturkatastrophen, wirtschaftlichen Zusammenbrüchen. Es wird viel Entschlusskraft erfordern, aus der Bequemlichkeit der fossilen Energien heraus, bevor man ihrer noch ganz beraubt ist, einen neuen Weg zu suchen, aber die Anfänge sind sichtbar. Oft sind es junge

Menschen, mit einem offenen und illusionslosen Denken, die für diese Anfänge stehen – in allen Ländern.

In den letzten 200 Jahren haben wir uns von dem enormen Antrieb, den die Entwicklung der fossilen Energien für unser Alltagsleben, unser Wirtschaftssystem und unsere Gesellschaft bedeutet hat, mitreißen lassen. Wir müssen jetzt den Weg zu regenerativen Energiequellen und zu Versorgungsstrukturen finden, die stärker als bisher vernetzt und regionalisiert sind und uns von langen Transportwegen unabhängiger machen. Wir steigen in die Zeit der regenerativen Energien »mit hohen Ansprüchen« ein: Viel von der Technik, mit der wir zu leben gewohnt sind, erfordert hohe Energiedichten. Es ist eine große Herausforderung, diese Energieintensitäten mit erneuerbaren Energien entweder zu erreichen oder Teile unseres Lebens und Wirtschaftens an niedrigere Energiedichten anzupassen.

Nicht überall auf der Welt wird allerdings der Übergang von der einen Energie»welt« in die andere gleich reibungslos erfolgen. Die Anlaufzeit für die Nutzung mancher alternativer Energien ist so lang – regional kann es sich um Jahrzehnte handeln –, und die Investitionen sind so hoch, dass die Anpassung der Infrastruktur in einigen Fällen zu spät kommen könnte, um eine Krise der fossilen Energien noch aufzufangen.

»Währung« Elektrizität

Für alle alternativen Energien gilt, dass in der Zukunft als »gemeinsame Währung« zwischen ihnen der elektrische Strom eine größere Rolle spielen wird als bisher. Auch materielle Energieträger, etwa Brennstoffe für Fahrzeuge, werden zum großen Teil elektrisch erzeugt werden. Dies ist zum Beispiel für Wasserstoff durch Elektrolyse möglich. Elektrizität wird, in einem neuen Sinne, eine »primary energy source« darstellen. Die bisherige Unterscheidung in Primärenergie – *eingesetzte* Energie, und Endenergie – *nutzbare* Energie – wird obsolet werden.

Eine der größten Herausforderungen für die Einführung neuer elektrischer Netze auf erneuerbaren Grundlagen wird das Einbinden der schon existierenden Infrastruktur sein. Im Gegensatz zu fossilen Energieträgern ist elektrischer Strom nicht direkt physisch speicherbar und lässt sich auch nicht in denselben Energiedichten transportieren. Eine Zahl soll dies verdeutlichen: Man kann die durch eine Öl- oder Gaspipeline fließende Energiemenge statt in Liter oder Kubikmeter pro Sekunde auch »ins Elektrische übersetzt« ausdrücken; dabei ergibt sich, dass eine einzige Ölpipeline über 70 Gigawatt an Energie befördern kann, eine Gaspipeline über 30 GW.

Ein ähnliches Verhältnis ergibt sich bei den Speichermöglichkeiten. Um den Energieinhalt eines 40-Liter-Autotanks elektrisch zu speichern, würde man einen Lithium-Ionen-Akku von über einer Tonne Gewicht brauchen. Wasserstoff – mit elektrischem Strom einfach herzustellen – hat zwar auf sein Gewicht bezogen den dreifachen Energieinhalt von Öl, muss aber entweder unter sehr hohem Druck oder bei sehr niedrigen Temperaturen gespeichert werden. Als großtechnische Lösungen für die Speicherung von Strom existieren Pumpspeicherwerke, Phasenübergangs-Tanks (Salzschmelzen), Großkavernen mit Druckluftspeicherung, aber alle diese Systeme werden, was die Speicherdichte angeht, die fossilen Energieträger nicht erreichen.

Solche Einschränkungen werden, gemeinsam mit den vor allem bei Wind- und Solarkraftwerken stark wechselnden Einspeiseorten und -mengen, die Einrichtung »intelligenter Netze« notwendig machen. In diesen Netzen werden Produzenten und Konsumenten einander sehr viel näher sein als bisher: In einer Sekunde kann der Konsument zum Energielieferanten werden, in der nächsten schon wieder zum Abnehmer; das Netz wird kein »Angebot« ungenutzt lassen dürfen. Informationen werden fließen: Konsumenten werden Empfehlungen bekommen, zu welchen Tageszeiten sie energieintensive Geräte am günstigsten betreiben können. Man wird das Netz autorisieren können, Anlagen dann selbstständig einzuschalten, wenn der Strom dafür zur Verfügung steht. Viele, auch kleine und auf kurze Intervalle ausgelegte Speicher werden die Schwankungen bei Einspeisung und Abnahme glätten.

Wo stehen wir heute?

Im Jahr 2008 wurden 1567 Millionen Tonnen Öl-Äquivalent (Mtoe) Energie aus erneuerbaren Energieträgern zur Verfügung gestellt – dies entspricht 12,8 Prozent der weltweiten Energieversorgung. Die traditionelle Nutzung von Biomasse, also die Verbrennung von Holz zur Wärmegewinnung und zum Kochen, machte hiervon den größten Teil aus. Fast zehn Prozent der gesamten Primärenergie wurden allein aus Biomasse erzeugt. Der Großteil davon, ungefähr 87 Prozent, wurde in Nicht-OECD-Staaten (vor allem in Südamerika und der Sub-Sahara-Zone Afrikas) erzeugt und verbraucht. Im Vergleich mit den Industriestaaten sind die Nicht-OECD-Länder im Prinzip stärker Nutzer von erneuerbaren Energien und weniger von fossilen Brennstoffen: Jährlich stellen und verbrauchen diese Staaten ungefähr drei Viertel der weltweit erzeugten erneuerbaren Energie.

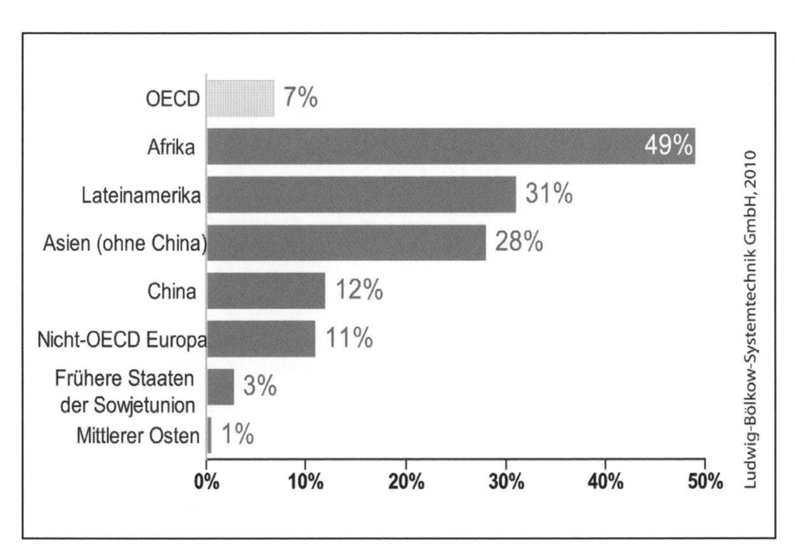

Abbildung 52: Anteil Erneuerbarer an der Energieversorgung

Während OECD-Länder zusammen nur sieben Prozent ihrer Primärenergie durch Erneuerbare bereitstellen, deckt beispielsweise Afrika fast die Hälfte der verfügbaren Energie durch regenerative Energien ab (vor allem durch das Verbrennen von Biomasse, die allerdings oft nicht auf nachhaltige Weise genutzt wird. Südlich der Sahara kommt es durch Brennholzeinschlag zur Entwaldung großer Gebiete).

An der Stromerzeugung betrug im Jahr 2008 der Anteil erneuerbarer Energiequellen weltweit 18,5 Prozent. Hier lieferte die Wasserkraft den größten Teil; sie erzeugte allein 15,9 Prozent des weltweiten Stroms. Der Anteil Erneuerbarer im Transportsektor lag 2008 noch unter 3 Prozent [IEA 2010a].

In den letzten zwei Jahrzehnten erlebte die erneuerbare Stromerzeugung ein starkes Wachstum. Weltweit wuchs die Kapazität der installierten Fotovoltaik-Anlagen im Jahresdurchschnitt um über 36 Prozent und die der Windkraftanlagen um über 26 Prozent. In Europa wurde – trotz der Wirtschaftskrise – bei den erneuerbaren Energien intensiv zugebaut. Im Jahr 2009 gingen mehr Wind- und Solarkraftwerke ans Netz als konventionelle: 62 Prozent aller in Europa neu errichteten Kraftwerke waren im letzten Jahr regenerativ – allen voran Windkraftanlagen (39 Prozent) und PV-Systeme (17 Prozent) [REN21 2009], [EPIA 20010], [EWEA 2010].

Potentiale – »Mehr als genug«

Die Sonne ist (außer bei der Geothermie) die Grundkraft hinter allen alternativen Energien. Zwei – zugegeben nicht mehr sehr originelle – Zahlen sollen deshalb hier noch einmal wiederholt werden. Die eine, sie heißt auch Solarkonstante, gibt die Energie an, mit der die Sonne auf einen Quadratmeter Erdoberfläche einwirkt. Bei vertikaler Einstrahlung läge dieser Wert theoretisch bei 1367 Watt, de facto sind es bei unbewölktem Himmel um die 1000 Watt. Die andere Zahl liegt, nicht genau festlegbar, zwischen 8000 und 9000. Sie zeigt das Verhältnis der von der Sonne auf die Erde eingestrahlten Energie zum gesamten Energieverbrauch der Menschheit. Populär ausgedrückt: Die Sonne liefert der Erde in einer Stunde soviel Energie, wie ihre Menschen in einem ganzen Jahr verbrauchen.

All dies macht die *Sonne*, gefolgt vom *Wind*, zur regenerativen Energieform mit den größten Potentialen. Engere Beschränkungen wird es bei Energieformen geben, bei denen Nutzungskonflikte denkbar oder wahrscheinlich sind. Dies gilt vor allem für die *Biomasse*, die in Konkurrenz zur Nahrungsmittelproduktion treten kann, und die *Wasserkraft* mit ihrem hohen Flächenverbrauch für Stauseen und ihrer Beeinträchtigung von Flussfischerei und von Naturschutzbelangen. Bei ihr ist auch der Anteil der bereits genutzten Potentiale am größten. Die *Geothermie* kann zur Wärme- und Stromerzeugung in vielen Regionen der Welt steigendes Interesse erwarten. Jedoch sind bei der Tiefengeothermie wegen ihres hohen technischen Aufwandes für Tiefenbohrungen und wegen geringer Energiedichten wirtschaftliche Grenzen gesetzt.

Potentiale

Man unterscheidet hier zwischen den theoretischen, technischen und wirtschaftlichen Potentialen.

Das **theoretische Potential** gibt die Energiemenge an, die man unter physikalisch möglichen Rahmenbedingungen gewinnen könnte; es werden keine weiteren Einschränkungen oder Begrenzungen berücksichtigt.

Das **technische Potential** umfasst nur einen Teil des theoretischen Potentials. Es werden technische und ökologische Aspekte und Einschränkungen berücksichtigt wie Umwandlungsverluste, der Ausschluss von Naturschutzgebieten, besiedelten wie landwirtschaftlichen Flächen.

Zusätzlich zum technischen Potential werden beim **wirtschaftlichen Potential** auch die Technologiekosten berücksichtigt. Im betrachteten Zeithorizont kann nur das technische Potential berücksichtigt werden, das im Vergleich zu den konkurrierenden Techniken entsprechend günstige Technologiekosten aufweist. Es ist also von den wirtschaftlichen Rahmenbedingungen abhängig.

Im Folgenden werden ausschließlich die technischen Potentiale ausgewiesen und diskutiert.

Wie in der folgenden Abbildung veranschaulicht, sind die technischen Potentiale der Sonnenenergie etwa um den Faktor 1000 kleiner als die theoretischen. Die technischen Potentiale zur Windenergienutzung sind ungefähr um den Faktor 200 kleiner als die theoretischen und die technischen Potentiale der Biomassenutzung um den Faktor 10.

Wie lassen sich die großen hier sichtbaren Unterschiede in den Potentialen erklären? Multipliziert man weltweit die Landfläche der Staaten mit der mittleren solaren Einstrahlung der jeweiligen Region und addiert all das, ergibt sich das globale *theoretische* Solarpotential. Es beträgt etwa 200 Millionen TWh/a. Unter Abzug aller technischen (Nutzungsart, Wirkungsgrad, technischer Stand der Anlagen) und sonstigen Restriktionen (Naturschutz- und Waldflächen, Äcker und Weiden, Verkehrsflächen) verbleibt das *technische* Potential. Es ist mindestens drei Größenordnungen kleiner und beträgt 200 000 bis 400 000 TWh/a. Die

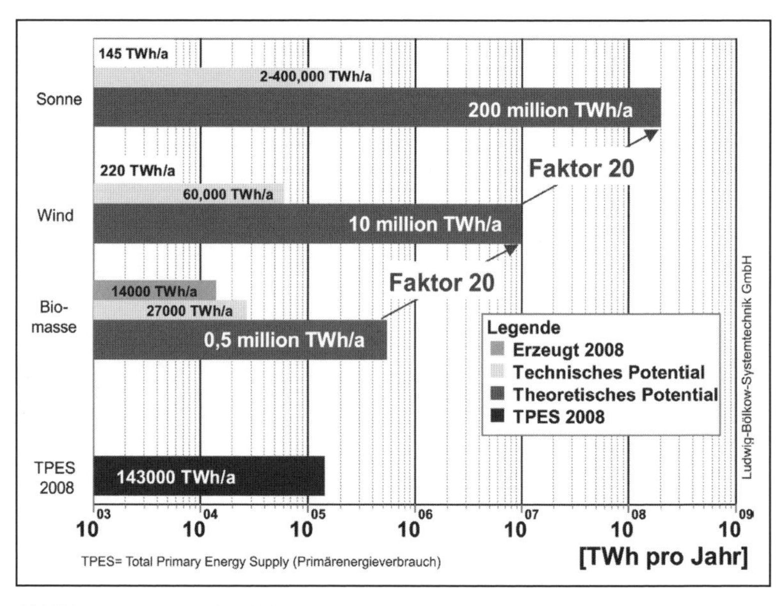

Abbildung 53: Veranschaulichung der theoretischen Potentiale, der nutzbaren technischen Potentiale und der bereits erzeugten Energiemengen von Solarenergie, Windkraft und Biomasse

große Bandbreite resultiert aus der unterschiedlichen Einschätzung der Einschränkungen und Wandlungstechnologien; sie weist darauf hin, dass diese Zahlenangaben qualitativ zu beurteilen und nicht als exakte Angaben zu sehen sind. Dennoch zeigen sie, dass beispielsweise der Weltenergieverbrauch mengenmäßig vollständig über Solarenergie bereitgestellt werden könnte, wenn man dieses Potential weitgehend ausschöpfen würde. Im Jahr 2009 wurden etwa 145 TWh aus Solarenergie erzeugt; etwa ein Viertel diente der Stromerzeugung und der Rest zur Wärmeerzeugung. Damit nutzen wir heute weniger als 0,1 Prozent des möglichen Solarpotentials, oder anders ausgedrückt, die Nutzung kann noch etwa 1000fach ausgeweitet werden.

Eine ähnliche Abschätzung kann man für den Wind durchführen: Die im Wind über der weltweiten Landfläche enthaltene Bewegungsenergie beträgt etwa 10 Millionen TWh/a. Damit liegt das theoretische Potential zur Windenergienutzung bereits um den Faktor 20 niedriger als das Solarpotential. Stellt man hier eine Modellrechnung an und berücksichtigt nur die Nutzung über reale Rotoren mit einem Durchmesser von 140 Metern, die flächendeckend im Abstand von acht Rotordurchmessern das Land dort überziehen würden, wo es unter Berücksichtigung von Ausschlussgebieten möglich ist, so ergibt sich das technische Potential mit etwa 60 000 TWh. Es ist um zwei Größenordnungen kleiner als das theoretische Potential. Davon wurden Ende 2009 etwa 220 TWh, also 0,3 Prozent, genutzt. Die Nutzung kann also noch etwa 300fach ausgeweitet werden.

Über Satellitenaufnahmen kann man heute gut die sogenannte Nettoprimärproduktion der Landfläche der Erde ermitteln, die angibt, wie viel Biomasse im Jahresmittel weltweit erzeugt wird. Würde man diesen jährlichen Zuwachs vollständig zur Energiegewinnung nutzen, so ergibt sich das theoretische Potential zu 0,5 Millionen TWh/a. Das ist abermals um den Faktor 20 kleiner als das theoretische Potential der Windenergienutzung und 400 mal kleiner als das theoretische Solarpotential.

Berücksichtigt man auch hier den Anteil, der nicht in schützenswerten Regionen liegt, der nicht für die Nahrungsmittelproduktion von Mensch und Tier oder stoffliche Nutzung benötigt wird, so ergibt sich das maximale technisch nutzbare Potential zu etwa 27 000 TWh/a. Hiervon werden heute bereits 50 Prozent genutzt. Die Nutzung kann also noch etwa verdoppelt werden, aber man ist den Grenzen bereits wesentlich näher als bei Sonne und Wind. Angesichts der Datenungenauigkeit und regionaler Unterschiede wird plausibel, dass hier in einigen Regionen die Nutzungsgrenzen jetzt schon erreicht sein können.

Diese überschlägige Ermittlung und Einordnung der Potentiale ist mit vielen Unsicherheiten behaftet. Aber sie macht drei grundsätzliche Aspekte deutlich, die man bei der großen Volatilität der Daten etwas vorsichtig und allgemein ausdrücken muss:

- Die Möglichkeiten, regenerative Energien zu nutzen, übertreffen den weltweiten Energieverbrauch deutlich;
- Solarenergienutzung kann aus physikalischen Gründen einen größeren Beitrag liefern als Windenergie, und diese wiederum kann deutlich mehr leisten als Biomasse;
- Die energetische Nutzung der Biomasse ist bereits am nächsten an den Nutzungsgrenzen. Damit werden hier am ehesten Beschränkungen spürbar werden, wie etwa Nutzungskonkurrenzen. Anders ausgedrückt: Die Aufgabe der Biomassenutzung besteht vor allem darin, die heutige Nutzung mit angepassten Technologien wesentlich effizienter zu gestalten, um einen größeren Beitrag zu erreichen. Die energetische Biomassenutzung wird aber sicherlich nur einen Beitrag im unteren zweistelligen Prozentbereich zur weltweiten Energieerzeugung leisten können.

Elektrischer Strom – die Potentiale

Eine Potentialabschätzung kann hier nicht sehr genau sein; es gibt technische Entwicklungen, die noch in vollem Gang sind, und es gibt die (tendenziell eher zunehmende) Notwendigkeit von Rücksichten auf Besiedlung oder auf den Naturschutz. Deswegen lässt das technische Potential sich nur ungefähr in nutzbare Energiemengen übersetzen. Unter dieser Einschränkung muss die folgende Tabelle mit den regional aufgeschlüsselten technischen Potentialen betrachtet werden.

[TWh/Jahr]	Fotovoltaik	Solarthermische Kraftwerke	Wind	Wasserkraft	Tiefengeothermie (Strom)
OECD-Nordamerika	3250	3355	14000	1544	2316
OECD-Europa	1199	2844	4162	808	566
OECD-Pazifik	1920	6856	3600	184	955
Übergangsstaaten	3525	8	10600	2178	2590
China	2256	2160	2756	1920	1010
Südasien	1560	324	4600	754	433
Ostasien	1142	0	4600	941	744
Lateinamerika	3657	243	5400	2889	2241
Mittlerer Osten	1229	8348	64	218	580
Afrika	6349	40199	10600	1873	3204
Welt	26088	64336	60382	13310	14639

Tabelle 4: Technisches Potential für erneuerbare elektrische Energie

Diese Gesamtschau wird in den Abschnitten zu den einzelnen Energieformen noch im Einzelnen und im Kapitel 4 nach Weltregionen erläutert.

Wärme – die Potentiale

Das technische Potential für die Erzeugung von Wärme mit Solarkollektoren ist größer als das aller anderen regenerativen Energien – unabhängig davon, ob diese Wärme direkt oder zur Stromgewinnung genutzt wird. Es ist so groß, dass die Begrenzung seiner Nutzung eher auf der Nachfrage- als auf der Angebotsseite liegen wird. Ein weiterer einschränkender Faktor werden limitierte Speicherbarkeit und begrenzte Ferntransportmöglichkeiten sein.

[Mtoe/Jahr]	Biomasse	Biogas	Tiefen-geothermie (Wärme)	Solarthermie (Kollektoren)
OECD-Nordamerika	456	8	1791	k.A.
OECD-Europa	171	11	438	k.A.
OECD-Pazifik	55	2	738	k.A.
Übergangsstaaten	231	4	2003	k.A.
China	170	16	781	k.A.
Südasien	75	17	335	k.A.
Ostasien	80	7	575	k.A.
Lateinamerika	530	13	1733	k.A.
Mittlerer Osten	14	1	448	k.A.
Afrika	490	13	2477	k.A.
Welt	2272	95	11 319	k.A.

(k.A. = keine Angaben: Weltweites Potential zur Warmwassernutzung, schwer abschätzbar, da abhängig von Wärmespeicherung und Verbrauch, siehe Erläuterungen weiter unten)

Tabelle 5: Das technische Potential für die Erzeugung von Wärme mit verschiedenen erneuerbaren Energien

Die Potentiale im Überblick

Die folgende Abbildung 54 zeigt eine Abschätzung der Potentiale zur Strom-, Wärme- und Kraftstofferzeugung aus erneuerbaren Energien. Die Zahlen geben eher eine konservative Einschätzung wieder. Bei der Wasserkraft sind nur konventionelle Kraftwerke berücksichtigt, das Potential für SOT – solarthermische Kraftwerke zur Stromerzeugung – ist in Asien sehr vorsichtig abgeschätzt, bei der Nutzung der Erdwärme beziehen wir uns nur auf die Tiefengeothermie und vernachlässigen die oberflächennahe Geothermienutzung (die im Prinzip im Erdreich und Grundwasser gespeicherte Sonnenenergie nutzt).

Im Vergleich zu den dargestellten Potentialen wird der Endenergieverbrauch 2008 dargestellt, aufgeteilt in Stromverbrauch (18602 TWh, dies entspricht 1446 Mtoe), Wärmeverbrauch (ungefähr 3935 Mtoe), Kraft-

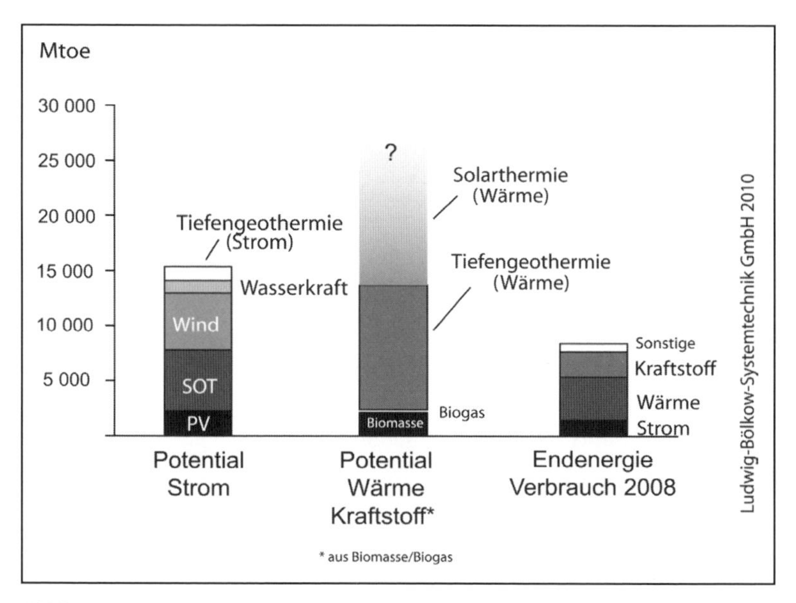

Abbildung 54: Technisches Potential für erneuerbare Energie und Endenergieverbrauch 2008

stoffverbrauch (2300 Mtoe) und Sonstige (747 Mtoe für nicht energetische Zwecke) [IEA 2010a]. Es wird deutlich, dass erneuerbare Quellen jährlich mehr Energie zur Verfügung stellen können als wir verbrauchen. Die große Herausforderung ist es, die vorhandenen Potentiale regional zu erschließen und den Verbrauch optimal daran anzupassen. Bis zu welchem Grad die Möglichkeiten ausgeschöpft werden – oder ob eher der Verbrauch reduziert wird –, das wird eine gesellschaftliche Entscheidung sein, die außer von technischen und ökonomischen Aspekten auch von der Wichtigkeit abhängt, die man etwa dem Naturschutz oder bestimmten Kulturtraditionen einräumt.

Solarenergie – Die Zukunft gehört der Sonne

Die Sonne kann uns mehr Energie zur Verfügung stellen als wir benötigen. Wie in der Abbildung unten illustriert, würde theoretisch bereits eine Fläche von zirka 700 x 700 km, ausgerüstet mit Solarmodulen, ausreichen, um den heutigen weltweiten Bedarf an Endenergie nur mittels Solarenergie abzudecken. Für unsere Energieversorgung stellt Sonnenenergie die Quelle mit den größten nutzbaren Potentialen dar.

Dabei muss hier keineswegs nur von High-tech-Nutzung die Rede sein. Die Sonne und ihre Strahlungsenergie kann auch Aufgaben übernehmen – zum Teil *wieder* übernehmen –, die keinen technischen Aufwand erfordern. Sie erwärmt ein klug gebautes Haus so, dass der Heizbedarf für die Nächte oder für kalte Tage stark zurückgeht. Sie kann Heu trocknen, Holz, auch die Wäsche auf der Leine. Sie extrahiert das Salz aus dem Meer. Sie dörrt Pflanzenfasern, Früchte, Fleisch und Fisch. Sie steckt als der Energielieferant der Photosynthese in jeder nutzbaren Biomasse.

Auch die technische Nutzung der Sonnenenergie beginnt mit Solarkollektoren zur Brauchwassererwärmung oder zur Heizungsunterstützung ja weit unterhalb großtechnischer Überlegungen. Im vorliegenden Buch soll allerdings vor allem über zwei technische Möglichkeiten der Sonnenenergienutzung nachgedacht werden, die sich auch für Großanlagen eignen: Fotovoltaik und Solarthermie. Bei der Fotovoltaik (»Solarzellen«) macht man sich zunutze, dass an der Grenzschicht von zwei chemisch unterschiedlichen Halbleiterschichten (in der Regel mit geringen Mengen von Phosphor und Bor versetztes – »dotiertes« – Silizium) bei Lichteinfall eine elektrische Spannung entsteht, die mit Metallkontakten abgegriffen werden kann. Die Wirkungsgrade, die man hier erreicht, haben sich von fünf Prozent in der Anfangszeit auf mittlerweile bis zu 20 Prozent steigern lassen.

Solarthermische Großanlagen intensivieren das Sonnenlicht durch Bündelung in Spiegeln. Nur so erreicht man Temperaturen, mit denen man über die Erzeugung von Wasserdampf Turbinen antreiben kann. Über Speicher, etwa Salzschmelzen, Großbatterien, Luftdruckspeicher in unterirdischen Kavernen oder hochgelegene Nachtstrom-Speicherseen, kann die Energie aus den Zeiten intensiver Einstrahlung auch in Nächten oder an sonnenlosen Tagen nutzbar gemacht werden. Solarthermische Anlagen können – wie natürlich auch Fotovoltaikanlagen – über Elektrolyse auch Wasserstoff als Energiespeichermedium erzeugen.

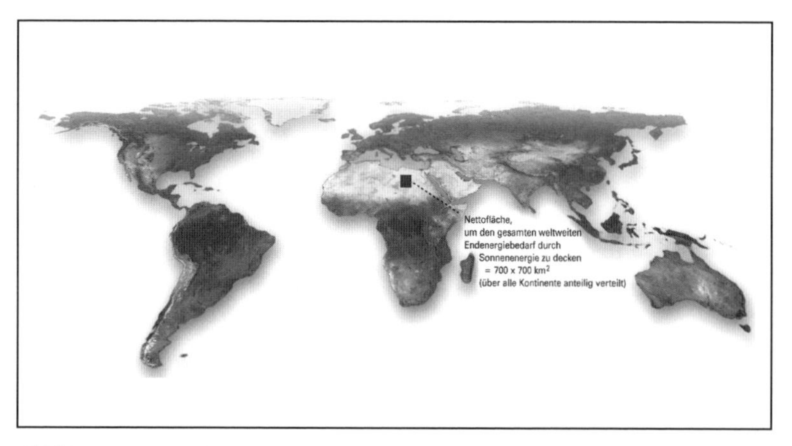

Abbildung 55: Benötigte Fläche, um den heutigen Endenergieverbrauch der Welt mit Solarenergie abzudecken

Bei der weltweiten Suche nach geeigneten Standorten für die großtechnische Nutzung der Sonnenenergie ergeben sich die günstigsten Bedingungen in den Wüsten oder Halbwüsten der südlichen Breiten; mit großem Abstand übernimmt hier Afrika unter den Kontinenten die Führung, gefolgt von Zentralasien, Australien und dem südlichen Nordamerika. Aber auch in Südeuropa, vor allem Spanien, und in der Türkei sind die Voraussetzungen günstig.

Die Solarenergie gewinnt weltweit stark an Attraktivität. Neuinstallationen von netzgekoppelten (also nicht nur für den Eigenbedarf arbeitenden) **Fotovoltaik**-Systemen wuchsen zwischen 2002 und 2008 weltweit durchschnittlich mit über 60 Prozent pro Jahr. Im Jahr 2008 wurden in Spanien mit einem Zubau von 2,6 Gigawatt die meisten PV-Systeme installiert, und der weltweite Spitzenreiter Deutschland (Neuinstallationen 2008 bei 1,5 GW) wurde kurzfristig überholt. Im letzten Jahr übernahm Deutschland wieder die Führung: 2009 wurden in Deutschland 3,8 GW an PV-Systemen installiert. 2009 wurden weltweit etwa 7,2 GW PV-Anlagen angeschlossen, davon allein in Europa 5,6 GW. Damit stellt heute weltweit Europa den größten Markt und darin Deutschland mit 3,8 GW das wichtigste Land dar [REN21 2009], [EPIA 2010]. Die stürmische Aufwärtsentwicklung besonders in Deutschland hat dem inzwischen zehn Jahre alten Erneuerbare-Energien-Gesetz (EEG) viel zu verdanken, da dieses Gesetz mit seinen garantierten Einspeisevergütungen Planungssicherheit gab.

Das Interesse an **solarthermischen Großkraftwerken** zur Stromerzeugung in sonnenreichen Regionen der Erde nimmt nicht nur aufgrund der Initiative der europäischen Industrie im Rahmen von »Desertec« und »Transgreen« zu. Bereits seit ungefähr drei Jahrzehnten steht die Technologie der Parabolrinnen- und Turmkraftwerke zur Verfügung. So haben bereits in den 80er Jahren auch deutsche Firmen am Bau großer Solarkraftwerke entscheidend mitgewirkt, zum Beispiel in Kalifornien. Anlagen mit **solarthermischen Kollektoren** zur Erzeugung von Warmwasser und Heizwärme nahmen in den letzten Jahren durchschnittlich um 17 bis 18 Prozent pro Jahr zu. Dominierend bei der Herstellung wie auch Anwendung ist dabei China. Auf Platz zwei folgt mit einigem Abstand die Türkei und auf Platz drei Deutschland [REN21 2009].

Fotovoltaik

Im Jahr 2009 waren weltweit Fotovoltaikanlagen mit einer kumulierten Leistung von zirka 23 GW installiert. Damit konnten etwa 25 TWh, also 25 Milliarden Kilowattstunden, Strom gewonnen werden. Mit 70 Prozent der installierten PV-Module stellt Europa (zirka 15,7 GW) den größten Markt dar, gefolgt von Japan (2,6 GW) und den USA (1,6 GW) [EPIA 2010].

Netzgekoppelte Systeme stellen den Großteil aller Anlagen (zirka 13 GW von 16 GW insgesamt im Jahr 2008). Die größten Märkte sind hier Deutschland (4,5 GW), Spanien (3,3 GW) und Japan (zirka 2 GW). Die European Photovoltaic Industry Association (EPIA) schätzt, dass sich der Anteil der netzunabhängigen PV-Anlagen (also Anlagen, die an meist abgelegenen Orten isoliert arbeiten) bis 2020 verdoppeln wird [EPIA 2008]. Insbesondere im »Sonnengürtel« der südlichen Hemisphäre, in dem ungefähr zwei Milliarden Menschen keinen Zugang zu Elektrizität haben, stellen PV-Systeme eine ideale Option dar.

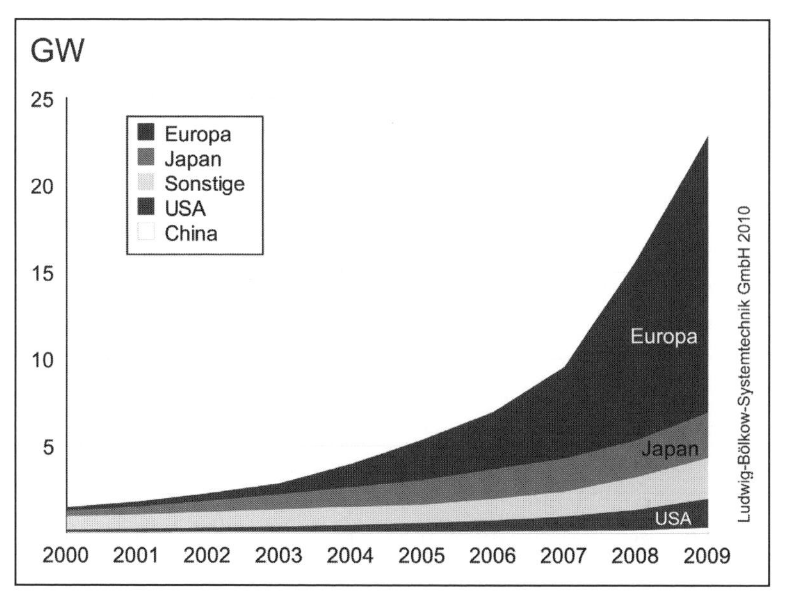

Abbildung 56: Installierte Leistung PV-Systeme weltweit (netzabhängig und netzunabhängig) [EPIA 2010]

Trotz diesem Wachstum wird selbst in den führenden Ländern weniger als ein Prozent der möglichen technischen Potentiale genutzt. Diese Zahl zeigt deutlich, dass sich die Entwicklung dieser Technik noch immer am Anfang befindet. In Europa beispielsweise werden 83 Prozent des jährlich erzeugten PV-Stroms in Deutschland, 12 Prozent in Spanien und jeweils ein Prozent in Italien und Portugal produziert. Länder mit großen technischen Potentialen können hier noch deutlich zulegen.

Unter den größten Herstellern von Solarzellen und PV-Anlagen befinden sich neben deutschen und japanischen Unternehmen zunehmend chinesische. Vor der Einführung der Einspeisevergütung für erneuerbare Energien in Deutschland (EEG 2000) und Spanien (RD 1578:2008) war vor allem Japan ein wichtiger Markt.

Im Jahr 2008 machten die PV-Systeme in Deutschland und Spanien zusammen zwei Drittel aller weltweit installierten Systeme aus. Beide Länder

Netzparität und Eigenstromnutzung

Die Kosten des selbsterzeugten Solarstroms entsprechen bei Neztparität dem Strombezugspreis aus dem Netz. Bei steigenden Strompreisen für konventionellen Strom und gleichzeitig fallenden PV-Erzeugungskosten wird die Eigennutzung von PV interessant. Die Netzparität wird bereits in den nächsten 2 bis 5 Jahren erwartet.

Die Neuregelung der Einspeisevergütung von PV-Strom in Deutschland fördert insbesondere die Eigennutzung mit gut 16 Cent pro kWh Strom. (Addiert man hierzu den eingesparten Stromeinkauf – 2009 zirka 24 Cent – ergibt sich eine effektive Einspeisevergütung von etwa 40 Cent.) Dies könnte sowohl Privatleuten als auch gewerblichen und bäuerlichen Betrieben kurzfristig einen weiteren wirtschaftlichen Anreiz geben, den benötigten Strom selbst zu erzeugen. Für Gewerbebetriebe mit großen Dachflächen und gleichzeitig hohem Stromeigenverbrauch, etwa Supermärkte mit hohem Kühlbedarf, könnten sich interessante Investitionsoptionen bieten.

erzeugen zusammen zirka 90 Prozent des weltweiten PV-Stroms und sind somit wichtigste Absatzmärkte für die Technologie der Branche. Im Jahr 2008 überholte Spanien mit einer Neuinstallation von 2600 MW Deutschland mit 1500 MW. Jedoch brach mit der Begrenzung der Einspeisevergütung in Spanien der Markt für PV-Systeme im Jahr 2009 ein: 2009 wurden dort nur noch 69 MW installiert. Auch in Deutschland gelten aufgrund der aktuellen Novellierung des EEG für Fotovoltaik-Anlagen verschärfte Förderbedingungen. Die Sonderkürzung der Einspeisevergütung beziehungsweise der Wegfall der Förderung von Freiflächen werden auch hier den Markt beeinflussen. Der Druck zur Reduktion der Investitionskosten steigt, was vor allem günstigeren Systemen, wie etwa China sie anbietet, einen Marktvorteil bringen könnte.

Rasantes Wachstum für Dünnschichttechnologie erwartet

Neben den heute weit verbreiteten »Dickschichtzellen«, den starren Mono- und Polykristallinzellen, gewinnt die »Dünnschicht«-Technologie zunehmend an Attraktivität: Die Vorteile der Dünnschichtzellen sind die Reduzierung des Materialverbrauchs, der Produktionskosten und des Gewichts (auch faltbare Anwendungen) sowie eine breitere Materialbasis: Anstelle von Silizium, aus dem heute der überwiegende Teil aller PV-Zellen hergestellt wird, können auch andere Halbleitermaterialien verwendet werden. Jedoch wird es in Zukunft auch immer wichtiger werden, den Einsatz von »seltenen Erdelementen« (Elemente der 3. Hauptgruppe und dem Lanthan folgende Elemente wie zum Beispiel Neodym) so gering wie möglich zu halten: Hier ist China in einer guten Position, da es über 95 Prozent aller seltenen Erdelemente verfügt. Seltene Erden werden unter anderem in Elektromotoren und Generatoren mit Permanentmagneten verwendet. Windkraftanlagen mit permanentmagnet-erregten Generatoren (zum Beispiel des Windkraftanlagenherstellers VENSYS) enthalten Neodym. Außer den seltenen Erden gibt es aber noch weitere wichtige kritische Elemente. In einigen Typen von Dünnschichtzellen werden ebenfalls relativ seltene Materialien wie Tellur (Solarzellen auf Basis von CdTe) und Indium (etwa für Solarzellen auf Basis von $CuInS_2$) verwendet. Der wesentliche Nachteil der Dünnschichtzellen ist der geringere Wirkungsgrad gegenüber Dickschichtzellen; sie setzen statt der bei kristallinen Zellen inzwischen erreichten 11 bis 19 Prozent nur 4 bis 11 Prozent der eingestrahlten Energie um [EPIA 2010a].

International dürfte der Markt für Dünnschichtzellen vor allem in den USA, Japan und China stark wachsen. Heute ist hier das Unternehmen First Solar aus den USA weltweit führend. Kein anderes Unternehmen hat es in ähnlicher Weise verstanden, diese Technologie so preiswert zu produzieren. Insgesamt ist davon auszugehen, dass bereits in den nächsten Jahren die Entwicklung von Dünnschichtmodulen rasant Tempo aufnehmen könnte. Das Joint Research Centre (JRC) der Europäischen Kommission erwartet, dass bereits im Jahr 2015 der Anteil dieser Technologie ein Drittel aller eingesetzten Module ausmachen wird [JRC 2009].

China: Bald Marktführer bei der Herstellung von Fotovoltaik-Modulen?

China entwickelt sich zur Zeit zum dominierenden Hersteller von PV-Modulen auf Siliziumbasis und gleichzeitig zum größten Markt für PV-Systeme. Die Einführung von Programmen zur Förderung von erneuerbaren

Energien, zum Beispiel des »Golden Sunlight«-Programms, soll die Einführung und Nutzung von Solar- und Windenergie in China forcieren. Gleichzeitig wird jedoch erwartet, dass China als dominierender Exporteur von Fotovoltaiksystemen immer mehr Einfluss auf die Preise von PV-Systemen bekommen wird, und es ist wahrscheinlich, dass diese Preise dadurch sinken werden.

Hersteller	Land	Kapazität Ende 2009 [MW]	Geplante Produktion 2009 [MW/a]
Q-Cells	Deutschland	1615	1000
First Solar	USA	1127	1000
Suntech Power	China	1000	800
Sharp	Japan	k.A.	600
Yingli	China	600	550-600
JA Solar	China	800-1000	500
Gintech	Taiwan	560	360-460
SunPower	China	574	450
Trina	China	350-550	350-450
Motech	Taiwan	555	415
Kyocera	Japan	k.A.	400
Sanyo	Japan	k.A.	300
CSI	Kanada	570	300
Schott Solar	Deutschland	355	295
Solar World	Deutschland	450	290

Tabelle 6: Übersicht wichtiger PV-Hersteller mit bestehender Produktionskapazität und aktueller Jahresproduktion [LBST 2010]

Potentiale

Abbildung 57 zeigt die technischen Potentiale zur Stromerzeugung aus Fotovoltaik in den zehn Weltregionen. In Summe werden sie weltweit auf mindestens 26 000 TWh (~2240 Mtoe) pro Jahr geschätzt. Die größten Potentiale wurden für die Regionen Afrika, Übergangsstaaten, Lateinamerika, OECD-Nordamerika, China und OECD-Pazifik identifiziert.

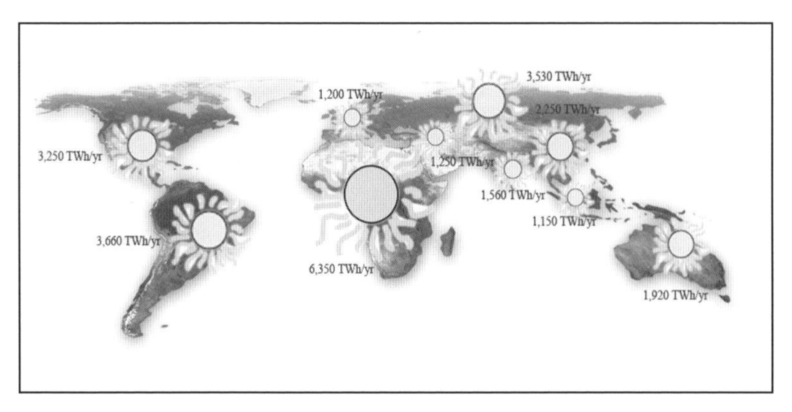

Abbildung 57: Fotovoltaik-Potentiale weltweit

Tabelle 7 fasst die technischen Potentiale für jede Weltregion und für ausgewählte Länder zusammen. Die Ergebnisse werden für PV-Module auf Dachflächen und Freiflächenanlagen dargestellt.

Für die Abschätzung der PV-Potentiale wurden vorwiegend vorhandene Dachflächen gewählt und nur ein kleiner Teil der potentiell vorhandenen Freiflächen mit in die Berechnungen einbezogen. Für Freiflächenanlagen wird nur die Nutzung von Flächen unterstellt, die nicht einer landwirtschaftlichen Nutzung unterliegen: Typisches Beispiel sind Straßenränder, Lärmschutzwände oder Parkplätze. Für den Anteil der berücksichtigten PV-Freiflächen haben wir 0,1 Prozent der gesamten zur Verfügung stehenden Landfläche zugrundegelegt. Von den prinzipiell geeigneten Dachflächen wird angenommen, dass 40 Prozent nicht für Fotovoltaik geeignet sind, da sie von Verschattung betroffen sind oder durch andere Restriktionen nicht zur Verfügung stehen. Weiterhin wird angenommen, dass aus konstruktiven Gründen nur 50 Prozent der dann noch übrigen Fläche mit Fotovoltaikmodulen belegt werden können. Da auch die Nutzung solarthermischer Kollektoren berücksichtigt wird, werden weitere 33 Prozent Dachfläche für deren Nutzung abgezogen.

Region	Technische Potentiale		
	Dachfläche [TWh/a]	Freifläche [TWh/a]	Gesamt [Mtoe/a]*
OECD-Nordamerika	720	2530	279
Kanada	38	923	
USA	564	1216	
OECD-Europa	560	640	103
Frankreich	77	72	
Deutschland	95	43	
Spanien	87	82	
Großbritannien	57	25	
OECD-Pazifik	260	1660	165
Australien	46	1555	
Japan	177	54	
Übergangsstaaten	190	3340	303
Russland	82	2082	
China	730	1520	193
Südasien	730	830	134
Indien	568	607	
Ostasien	290	850	98
Lateinamerika	350	3310	314
Brasilien	146	1554	
Mittlerer Osten	170	1060	106
Afrika	400	5950	546
Welt	4400	21 690	2241

* Umrechnung: 1 Mtoe = 11,64 TWh

Tabelle 7: Technische Potentiale zur Stromerzeugung aus Fotovoltaik

Zur Berechnung des tatsächlichen Ertrags werden die Einstrahlungswerte der jeweiligen Länder verwendet. Darüber hinaus gibt es weitere dämpfende Faktoren wie die Verschmutzung der Anlagen, die, genau wie die Bestrahlungsfläche, vom Neigungswinkel des Daches abhängig ist. Hierzu wurden Verlustfaktoren zwischen 15 und 25 Prozent, bezogen auf die verschiedenen Dachklassen, errechnet [Quaschning 2000].

Solarthermische Kraftwerke zur Stromerzeugung

Im Gegensatz zu Fotovoltaik-Systemen und dezentralen solarthermischen Anlagen zur Wärmeerzeugung benötigen solarthermische Kraftwerke zur Stromerzeugung (SOT) eine hohe direkte Sonneneinstrahlung von möglichst mehr als 1500 Kilowattstunden pro Quadratmeter und Jahr und sind deshalb nur in ausgewählten Regionen der Welt technisch sinnvoll.

Mit Hilfe von Spiegeln wird das Sonnenlicht eingefangen, konzentriert und zur Erzeugung von heißem Dampf verwendet. Dieser treibt über eine Turbine einen Generator an: Die Sonnenwärme kann so in elektrische Energie umgewandelt werden – ähnlich wie in konventionellen Wärmekraftwerken, die durch das Verbrennen von Gas und Kohle Wärme erzeugen und mittels eines Generators in Strom umwandeln. Der Vorteil bei der Stromerzeugung in solarthermischen Kraftwerken ist – gegenüber der Fotovoltaik – der Umstand, dass die gewonnene Sonnenwärme, bevor sie in der Turbine in Strom umgewandelt wird, leichter gespeichert werden kann. Bei Verwendung von großen Wärmespeichern kann die Wärmeenergie beispielsweise auch nachts an den Stromgenerator abgegeben werden. Zum Beispiel reicht die Speicherkapazität des thermischen Speichers bei den solarthermischen Kraftwerken Andasol 1–3 in Spanien für 7,5 Stunden Volllastbetrieb ohne Solareinstrahlung, was zu einer Jahresnutzungsdauer von etwa 3500 Stunden führt.

Erste Demonstrationsanlagen und mittelgroße Kraftwerke wurden bereits in den vergangenen Jahrzehnten in den USA und in Spanien errichtet. Obwohl damit seit den 80er Jahren Erfahrungen mit arbeitenden Anlagen vorliegen, wird erst seit kurzem von Industrie und Politik die konkrete Planung und Realisierung von Großkraftwerken in Angriff genommen. Im Projekt »Desertec« möchten europäische Unternehmen die Kommerzialisierung dieser Kraftwerkstypen vorantreiben.

2008 waren weltweit Anlagen mit einer Gesamtleistung von 0,5 Gigawatt installiert. Der größte Teil davon befindet sich in den USA (0,4 GW). 0,1 GW befinden sich in Spanien [REN21 2009].

Desertec

Desertec, ein Konsortium aus Industrie und Politik, setzt sich für den Aufbau einer nachhaltigen Stromversorgung in Europa, dem Nahen Osten und Nordafrika bis zum Jahr 2050 ein. Bis zu diesem Zeitpunkt soll Europa 15 Prozent des benötigten Stroms aus solarthermischen Kraftwerken in Afrika beziehen [DESERTEC 2010].

Der Strom soll dabei über Hochspannungs-Gleichstrom-Übertragung (HGÜ) nach Europa transportiert werden. Über HGÜ kann Strom mit niedrigen Verlusten (3 bis 4 Prozent pro 1000 km) über weite Entfernungen transportiert werden. Bei einer zwischen Xiangjiaba und Shanghai geplanten HGÜ-Leitung mit einer Spannung von etwa 800 Kilovolt, einer Übertragungsleistung von 6400 Megawatt und einer Länge von 2070 Kilometern betragen die Verluste nur etwa 7 Prozent [ABB 2007].

Die Stromkosten aus solarthermischen Kraftwerken sollen in den nächsten zehn Jahren um 50 Prozent auf ungefähr 12 Cent pro kWh gesenkt werden [Van Son 2010].

Potentiale

Das technische Potential für die Stromerzeugung aus solarthermischen Kraftwerken (SOT) wird, breit differierend, auf Werte zwischen 64 000 TWh/a und 653 000 TWh/a geschätzt. Abbildung 58 zeigt die untere Grenze der geschätzten technischen Potentiale für SOT-Anlagen.

Afrika verfügt mit Abstand über die größten Möglichkeiten. Daneben verfügen vor allem der Mittlere Osten sowie Australien über enorme Nutzungspotentiale. Aber auch die USA und China weisen große Möglichkeiten auf.

Tabelle 8 zeigt die Bandbreite des geschätzten technischen Potentials für die einzelnen Regionen. Für die Potentialabschätzung wurde eine Kraftwerksauslegung mit einer Jahresvolllastdauer von 3600 Stunden angenommen. Für die jeweiligen Regionen wurden nach der Studie »Solarthermische Kraftwerke für den Mittelmeerraum« von Helmut Klaiß aus dem Jahre 1992 die Globalstrahlungen zwischen 1500 und 2500 kWh/m^2 pro Jahr angenommen [Klaiß 1992]. Die Maximalwerte stammen aus der Studie »Concentrating Solar Power for the Mediterranean Region« von

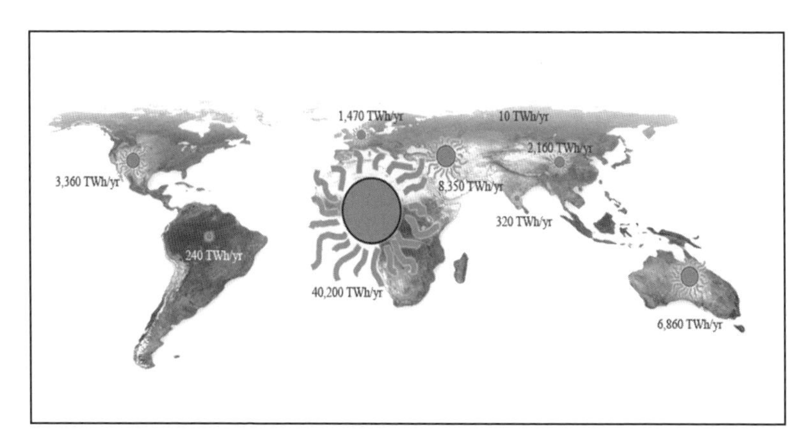

Abbildung 58: Minimales technisches Potential zur Stromerzeugung mittels solarthermischer Kraftwerke

Region	Technisches Potential in [TWh/a]		
	[Klaiß 1992]	Andere	[MED-CSP 2005]
OECD-Nordamerika*		3355*	
OECD-Europa	2844		2619
OECD-Pazifik		6860	
Übergangsstaaten	8		23
China **		2160**	
Südasien	324		324
Ostasien			
Lateinamerika	243		243
Mittlerer Osten	8350		223 830
Afrika	40 199		414 012
Welt	64 336		653 422

*[NREL 2002] ** eigene Abschätzung

Tabelle 8: Technische Potentialabschätzung für die Nutzung von SOT-Anlagen zur Stromerzeugung

Franz Trieb, DLR, aus dem Jahre 2005 [MED-CSP 2005]. Beide Studien haben ausschließlich geeignete Landflächen berücksichtigt. So sind alle Waldflächen, landwirtschaftlichen Nutzflächen und Siedlungen nicht miteinbezogen, ebenso sind alle nicht ebenen Flächen ausgeschlossen.

Solarthermische Nutzung

Die Nutzung von solarthermischen Kollektoren zur Warmwasser- und auch Raumwärmerzeugung setzt sich insbesondere bei Neubauten immer mehr durch. 2008 waren weltweit geschätzte 145 GW kumulierte Wärmeleistung installiert [REN21 2009]. Weltweit führend ist hier China, das heute bereits über zirka zwei Drittel aller installierten solarthermischen Anlagen verfügt. Dieser anhaltende Trend zeigt sich auch in den aktuellen Entwicklungen: Im Jahr 2007 wurden über 80 Prozent aller neu installierten solarthermischen Anlagen in China gebaut. Steigende Energiepreise und die Einführung von Niedertemperatur-Heizsystemen, etwa Fußbodenheizungen, werden diese Entwicklung weiter unterstützen.

Schwierig abzuschätzende Potentiale

Die Abschätzung der Nutzungspotentiale von Solarwärme ist schwierig, da unter anderem Wärme im Gegensatz zu Strom nur begrenzt transportiert werden kann und vor Ort genutzt werden sollte. Somit spielt der Wärmeverbrauch und die vorhandene Wärmespeicherkapazität eine große Rolle. Die tatsächlich weltweit gewonnene Wärme ist somit auch schwer zu ermitteln; ein für das Jahr 2005 veröffentlichter Wert von 7 Mtoe (7 Millionen Tonnen Öl-Äquivalent) wird sicherlich zu kurz greifen. Ein wichtiger Grund hierfür ist, dass die Technologie der Sonnenwärmenutzung »nach unten offen« ist. Ein schwarzer Dachtank, in dem in tropischen Ländern Brauchwasser erhitzt wird, kann durchaus als Solarkollektor bezeichnet werden. Außerdem werden alle Situationen, in denen die Sonnenwärme zum Trocknen, Darren oder zur Extraktion von Salz eingesetzt wird, von keiner Statistik erfasst. Die Alternative wäre aber auch hier oft fossil oder aus Biomasse erzeugte Wärme.

Windenergie – Zugpferd der erneuerbaren Energien

Windenergie ist verwandelte Sonnenenergie. Die Luftbewegungen auf der Erde sind Ausgleichsbewegungen zwischen Hoch- und Tiefdruckgebieten, die ihrerseits durch verschieden starke Aufheizung der Erdoberfläche entstehen. Es gibt relativ stabile Windsysteme (kräftige Westwindgürtel in subpolaren und gemäßigten Breiten, Ostpassate in Äquatornähe), es gibt vorhersagbare periodische Winde (Monsune, Hurrikansaison); es gibt klimaabhängiges und auch »chaotisches« Windgeschehen. Für die Nutzung der Windenergie eignen sich mittelstarke gleichmäßige Winde am besten.

Offene, exponierte Landschaften, Gebirgskämme oder küstennahe Flachmeere der gemäßigten Breiten sind als erste im Fokus, wenn man nach Standorten für Windparks sucht. Für die allermeisten Gebiete liegen auch schon langjährige Mess-Statistiken vor. So kann man globale Potentiale errechnen. Wenn man hier von »technischen Potentialen« spricht, ist auch schon in die Rechnung eingegangen, ob der erzeugte Strom mit vernünftigem Aufwand abtransportiert werden kann oder lokal genutzt werden könnte (Aluminiumschmelzwerke, Wasserstoffproduktion). Als Beispiel kann hier Patagonien dienen, das ein enormes Primärpotential für Windenergie hat, aber nur wenige lokale Abnehmer.

Insgesamt ergibt sich, dass die größten nutzbaren Potentiale derzeit in Nordamerika liegen (auch hier sind allerdings noch massive Anpassungen der Netze notwendig), in den Übergangsstaaten (wo die Nutzung noch nahe Null ist), in Westafrika und im europäischen Nordseegebiet. Im letzteren hat die Erfolgsgeschichte, die die Windenergienutzung seit drei Jahrzehnten ist, ihren Anfang genommen, mit Dänemark als Keimzelle. Allein in den letzten 15 Jahren ist die installierte Leistung in den EU-27-Ländern um das Dreißigfache gestiegen; alle Prognosen mussten ständig nach oben korrigiert werden, und dieser Trend hält an. Genauso verdreißigfacht hat sich in diesem Zeitraum auch die durchschnittliche Leistung der Windräder (auch Konverter genannt): von 80 Kilowatt auf 2,5 Megawatt.

Global lag die installierte Nennleistung bei Windenergie im Stichjahr 2009 bei 160 Gigawatt. Mit »Nennleistung« meint man die Energieausbeute bei günstigen Windbedingungen, die natürlich nicht immer gegeben sind. Will man die voraussichtliche Ausbeute an Energie über einen bestimmten Zeitraum prognostizieren, muss man die 8760 Stunden des Jahres nach einem regionalen Schlüssel teilen. So geht man etwa bei Offshore-Windparks davon aus, dass die Windräder etwa 3500 Stunden im Jahr unter Volllast laufen werden; bei Onshore-Anlagen ist die Zahl meistens etwas niedriger. Das Jahres-Gesamtergebnis wird dann in MWh, GWh oder TWh angegeben. Das Jahr 2009 ergab nach dem aktuellen World Energy Outlook 173 Terawattstunden an erzeugtem Windstrom.

Diese Zahl liegt noch fast um den Faktor 400 unter den technischen Potentialen von 62 000 TWh/a. Die Ausbaumöglichkeiten sind also enorm. Es gibt allerdings auch für den Bau von Windparks begrenzende Faktoren. Einer, die Anbindung an Stromnetze, ist schon genannt worden. Andere sind: Konflikte mit dem Landschaftsschutz, Nähe zu Siedlungen, auch landschaftsästhetische Bedenken, Gefahren für Vögel (vor allem beim meistens nachts stattfindenden Zug), Störung der Meeresfauna beim Bau und Betrieb von Offshore-Anlagen, hier auch Einschränkungen für die Schifffahrt.

Mit der Solarenenergie gemeinsam hat die Windenergie das Problem, dass durch die unregelmäßige Leistungsabgabe große »Puffer« im Stromnetz notwendig werden, also etwa Pumpspeicherwerke oder zuschaltbare biomassegetriebene Kraft-Wärme-Kopplungs-Anlagen. Auch die Erzeugung von Wasserstoff durch Elektrolyse in Phasen des Überangebots kann ein solcher Puffer sein. Allerdings kommen die oben beschriebenen »intelligent grids« mit grundsätzlich geringeren Sicherheitsmargen aus.

Für die nähere und weitere Zukunft existieren neben der kräftigen Eigendynamik der Windbranche (es gibt auch in Schwellenländern, etwa Indien, schon eine weit entwickelte Industrie) auch Absichtserklärungen der Verbände und der Politik. In den USA unter Präsident Obama soll der Windenergie im Mittelwesten hohe Priorität eingeräumt werden und die zum Teil noch isolierten Stromnetze zu ihrer Nutzung zusammengeführt werden. Obama strebt bis 2030 zwanzig Prozent Windenergieanteil an der gesamten Stromversorgung der USA an. Im Jahr 2008 zogen die USA, 2009 auch China an Deutschland als bis dahin führendem Windenergieland vorbei. Technologisch allerdings bleibt Europa an der Spitze. Für unseren Kontinent prognostiziert die EWEA, die European Wind Energy Association, bis 2030 eine Gesamtleistung von 965 Terawattstunden Windenergie pro Jahr.

Bei einem vergleichbaren durchschnittlichen Wachstum von etwa 27 Prozent pro Jahr, wie es im vergangenen Jahrzehnt zu beobachten war, wird die installierte Leistung bis Ende des Jahres weltweit auf schätzungsweise über 200 GW anwachsen. Eine Analyse zeigt, dass die installierte Windkapazität sich im Schnitt alle drei Jahre verdoppelt hat [WWEA 2010].

Dieser Trend und Boom wird auch vor allem auch bei folgender Betrachtung deutlich: Allein zwischen 1995 und 2009 ist innerhalb der EU 27 die installierte Leistung von 2,5 GW auf 74,77 GW gestiegen! Damit wurden zahlreiche Prognosen aus den vergangenen Jahren bei weitem übertroffen. Die Windenergie kann als gutes Beispiel dafür dienen, mit welcher Dynamik erneuerbare Energietechnologien wachsen können, wenn entsprechende politische, wirtschaftliche und gesellschaftliche Rahmenbedingungen gegeben sind. Die folgende Abbildung zeigt ausgewählte Abschätzungen und Prognosen zur weltweiten Installation von Windenergie und die tatsächliche Entwicklung: Die meisten Vorhersagen, insbesondere die der Internationalen Energieagentur (IEA) in ihren World Energy Outlooks (WEO) haben die tatsächliche Marktentwicklung und -dynamik völlig unterschätzt. Die IEA musste ihre Vorausschau aus den WEOs jedes Jahr nach oben korrigieren und liegt sogar für das Jahr 2009 unterhalb der Realität. Der »Wissenschaftliche Beirat der Bundesregierung Globale Umweltveränderungen« (WBGU) hat in seinem Szenario aus dem Jahr 2003 ebenso wie die Greenpeace-Studie »Windstärke 12« aus dem Jahr 2004 die tatsächliche Entwicklung sehr gut prognostiziert [Greenpeace 2004], [WBGU 2003].

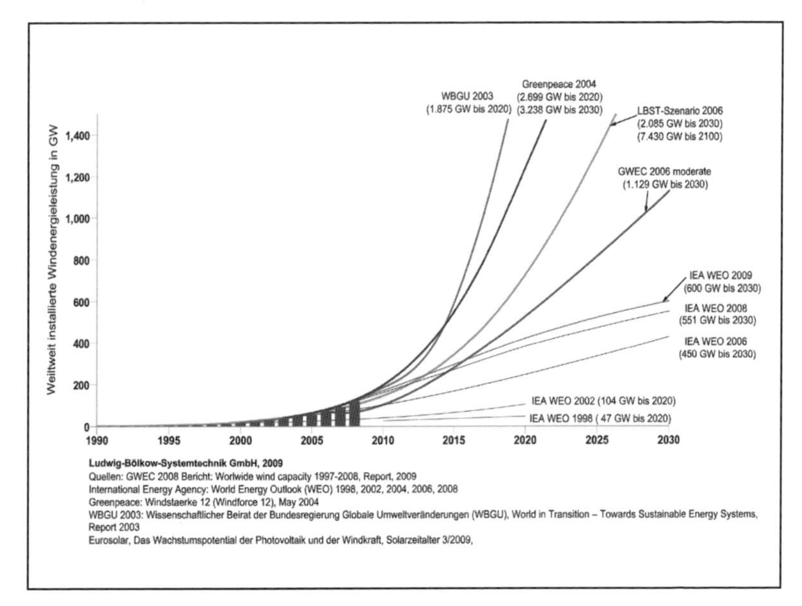

Abbildung 59: Prognose und Realität der weltweiten Installation von Windenergie. Für die Voraussage 2010 wurden alle geplanten Projekte berücksichtigt [GWEC 1997-2008, 2010]; [GWEC, 2008]; [WEO, 1998-2009]; [WBGU, 2003].

Die wichtigsten bestehenden Märkte für die Windenergie sind in Tabelle 9 zusammengefasst. Die Tabelle zeigt auch die enormen kumulierten Zuwachsraten der Windenergiebranche.

Land	Installierte Leistung 2009	Zuwachs 2009
USA	35,2 GW	39,3 %
China	26,0 GW	113,0 %
Deutschland	25,8 GW	7,9 %
Spanien	19,1 GW	14,7 %
Indien	10,9 GW	14,0 %
Italien	4,8 GW	29,8 %
Frankreich	4,5 GW	32,8 %
Großbritannien	4,1 GW	28,1 %
Portugal	3,5 GW	23,5 %
Dänemark	3,3 GW	10,6 %

Tabelle 9: Top 10 Windmärkte – installierte Leistung 2009 [WWEA 2010]

Europäische Perspektiven

Das weitere Ausbaupotential für Windenergie im Europa der 27 ist erheblich. Spanien und Deutschland waren Ende 2009 für fast 60 Prozent aller in Europa installierten Windkraftanlagen verantwortlich. Dänemark, Frankreich, Portugal und Italien stehen zusammen für weitere 23 Prozent der installierten Leistung. Das bedeutet, dass in den restlichen 21 Ländern zusammen derzeit nur 17 Prozent der Windenergie der EU-27 installiert sind. Zusätzlich wird der Offshore-Bereich in den nächsten Jahren stark an Bedeutung gewinnen.

Potentiale weltweit

Abbildung 60 stellt die weltweiten technischen Potentiale für die Windenergienutzung für die 10 Weltregionen dar. Insgesamt könnten mehr als 62 000 TWh/a an Strom aus Windkraftanlagen gewonnen werden. Die größten Potentiale sind in Nordamerika und den Staaten der ehemaligen Sowjetunion zu finden.

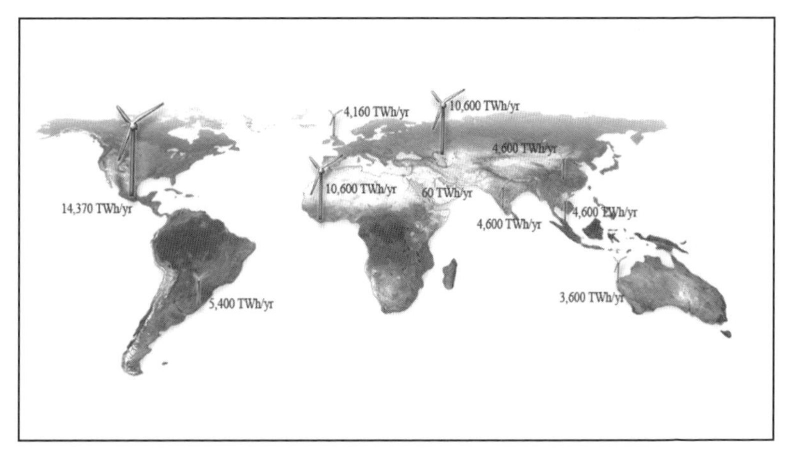

Abbildung 60: Technische Potentiale zur Stromerzeugung aus Windenergie

Tabelle 10 zeigt die wichtigsten Potentiale. Für Nordamerika, Europa und den Pazifikraum wird zwischen »onshore« und »offshore« unterschieden.

Die Bestimmung der technischen Windpotentiale ist sehr eng mit den zugrundegelegten technischen Annahmen verbunden. Dies soll an folgenden Beispielen verdeutlicht werden: Noch vor 15 oder 20 Jahren lag die Durchschnittsleistung eines Windrades bei 60 bis 80 Kilowatt unter Volllast. Heute werden die meisten Windkonverter (der terminus technicus für Windräder) in einer Leistungsklasse zwischen 1500 und 2000 Kilowatt, also 1,5 bis 2 Megawatt, geplant und gebaut. Der typische Windkonverter des Jahres 1990 hatte eine Leistungskapazität von 150 KW und einen Rotordurchmesser von 23 Metern. Schon ein Jahr später hatte sich die Leistung auf 300 KW verdoppelt; der Rotorkreis hatte jetzt 31 Meter Durchmesser. Da die Effektivität eines Windrades mit der Größe steigt, ging die weitere Entwicklung rasant vor sich. 1993: 600 KW bei 44 Metern. 1997: 1,5 MW bei 63 Metern.

Um die Jahrtausendwende entstanden die ersten Rotoren mit einem Durchmesser von 80 Metern. Schon zwei Jahre später waren sie Standard, in großen wie in kleinen Windparks. 2005 hatten die größten Konverter

Region	Technische Potentiale		Erzeugter Windstrom [WEO 2009] [TWh/Jahr]	Bereits genutztes Potential
	Onshore [TWh/Jahr]	Offshore [TWh/Jahr]		
OECD-Nordamerika	14 000	370	38	
Kanada	110	10		0,3%
USA	10 470	360		
OECD-Europa	1110	3060		
Frankreich	85	477		
Deutschland	85	95	105	2,5%
Spanien	86	140		
Großbritannien	114	986		
OECD-Pazifik	3600		7	0,2%
Japan	90	40		
Übergangsstaaten	10 600		0	0,0%
Russland	6200			
China	4600		9	0,2%
Südasien	4600		12	0,3%
Ostasien	4600		0	0,0%
Lateinamerika	5400		1	0,0%
Mittlerer Osten	60		0	0,0%
Afrika	10 600		1	0,0%
Welt	62 600		173	0,3%

Tabelle 10: Technische Potentiale zur Stromerzeugung aus Windenergie

einen Rotorkreisdurchmesser von 114 bis 126 Metern Durchmesser erreicht; ihre Nennleistung lag bei 5 MW (Enercon, Repower). Die Abbildung 61 stellt den Trend der vergangenen Jahre dar.

Im Jahr 2000 formulierte die »European Wind Energy Association« (EWEA) ein damals optimistisch erscheinendes Ziel: dass bis 2010 im Europa der EU 60 Gigawatt Nennleistung Windenergie installiert werden sollten, davon 5 GW offshore. Im Jahr 2003 korrigierte man diese Marke angesichts der rasant wachsenden Bautätigkeit nach oben und sprach jetzt von 75 GW, wovon 10 GW im Offshorebereich entstehen sollten. Für den erweiterten Zeitraum bis 2020 setzte man später ein neues ehrgeiziges Ziel

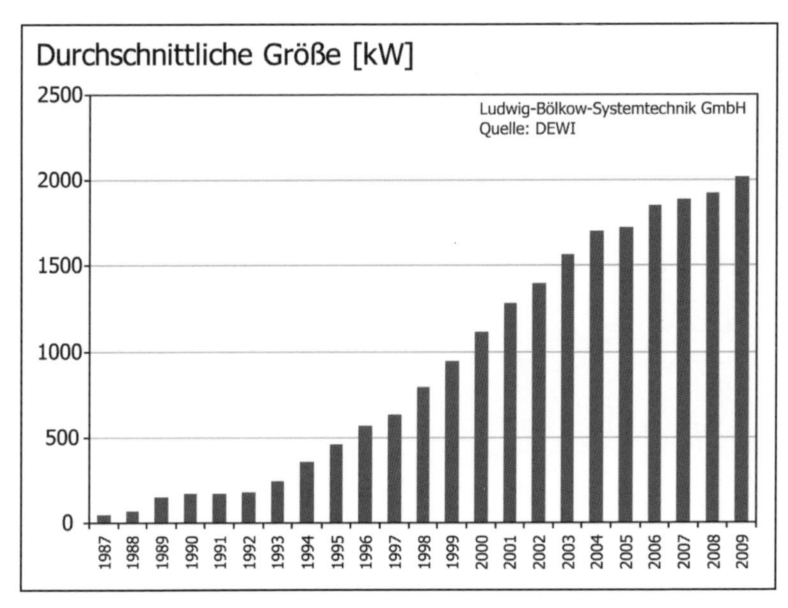

Abbildung 61: Entwicklung der durchschnittlichen Nennleistung bei den in Deutschland installierten Windrädern [DEWI 2010]

von 230 GW (davon 40 GW offshore). Bis 2030 sollen es 400 GW sein, davon 150 GW offshore [EWEA 2010]. Ende 2009 waren im Europa der 27 bereits 74,8 GW installiert, davon 2,1 GW offshore [EWEA 2010].

Weltweit wurden 2009 340 Terawattstunden (340 Milliarden Kilowattstunden) elektrischer Strom aus Windkraftanlagen erzeugt, was ungefähr zwei Prozent des verbrauchten Stroms entspricht. In Dänemark wurden 2009 bereits 20 Prozent des Stroms aus Wind erzeugt, in Portugal 15 Prozent, in Spanien 14 Prozent und Deutschland 9 Prozent [WWEA 2010].

Die gesamte in Europa nutzbare Offshore-Windenergie wird in einer Studie der Europäischen Union aus dem Jahr 1995, »Study of Offshore Wind Energy in the EC« auf 3028 TWh/a (Terawattstunden/Jahr) geschätzt [Joule 1995]. Das entspräche dem gesamten Strombedarf aller 25 EU-Mitgliedsländer im Jahr 2004. Die Annahme hinter dieser Schätzung war, dass Offshore-Windparks bis zu einer Wassertiefe von 40 Metern und einer Küstenentfernung von 30 Kilometern gebaut werden könnten. Nachdem inzwischen schon Rotorfelder in 60 Kilometern Abstand von der Küste (vor allem in Deutschland) geplant werden, könnte sich diese Prognose sogar noch als zu vorsichtig erweisen.

Die Nordsee, ein Flachmeer zwischen dem Kontinent und den britischen Inseln, ist nirgends mehr als 100 bis 200 Meter tief. An vielen Stellen werden weniger als 40 Meter gemessen, sogar in mehr als 40 Kilometern Entfernung von der Küste. Auf diese Gebiete richten die Gesellschaften, die große Windparks planen, ihr Hauptaugenmerk. Für die Offshore-Windnutzung in Deutschland gibt die Studie der Europäischen Union aus dem Jahr 1995 noch ein Gesamtpotential von 237 TWh/a an. Andere Untersuchungen legen sich nicht so genau fest; sie liegen etwa für die Offshore-Windenergie in Europa in einem Bereich zwischen 95 bis 430 TWh pro Jahr – auf der Grundlage von 30 bis 120 Gigawatt installierter Nennleistung.

Wasserkraft – Alte und neue Technologien

Die Wasserkraft ist die erneuerbare Energie mit der längsten Historie; neben dem Feuer die erste überhaupt, die die frühen Menschen auf die Idee kommen ließ, »sich helfen zu lassen«. Dies liegt zum einen in ihrer Nutzbarkeit mit einfachsten Techniken und zum anderen in ihrer positiven Eigenschaft, sehr kontinuierlich Energie zu erzeugen. Zwar sind saisonale Schwankungen durchaus die Regel und zukünftig, im Zuge des sich verändernden Klimas, auch verstärkt von Bedeutung, trotzdem hat die Wasserkraft eine hohe Vorhersagegenauigkeit. Weltweit ist sie wegen dieser Eigenschaften diejenige der regenerativen Energien, die schon den höchsten relativen Ausbaustand hat.

Megaprojekte wie Cabora Bassa in Mozambique, Itaipu in Brasilien, Assuan in Ägypten oder der Hoover-Damm in den USA waren Fanale der Hochtechnologie; sie veränderten ganze Landstriche und waren sehr umstritten zu einer Zeit, als es internationale Umweltverbände noch kaum gab. Für Projekte dieser Größenordnung ist seit dem Drei-

Schluchten-Damm auf der Erde nicht mehr viel Raum, weitere Großprojekte wie Chinas Pläne für Staustufen im oberen Mekong stoßen bei anderen Flussanrainern auf erbitterten Widerstand. (China hat momentan mindestens acht Wasserkraftwerke mit Kapazitäten zwischen drei und 12 Gigawatt im Bau und ist auch bei mittleren Anlagen weltweit führend.)

Für dichtbesiedelte Gebiete wie Mitteleuropa sind schon Standorte für Wasserkraftwerke in der Größenordnung von 100 Megawatt kaum mehr gegeben. Hier wird der Schwerpunkt der Nutzung in Zukunft bei dezentralen Anlagen und bei der Optimierung von bestehenden Werken liegen. Weltweit können kleine und mittlere Anlagen noch eine wichtige Rolle in Regionen spielen, wo sie den ersten Nukleus eines lokalen Stromnetzes darstellen.

Eine besondere Rolle nehmen Pumpspeicherkraftwerke ein; sie werden zukünftig eine sehr hohe Bedeutung erlangen, da sie für einen Ausgleich bei fluktuierendem Angebot sorgen können. In unserer Betrachtung sind diese Kraftwerke ausgenommen, da sie kein eigenes Potential darstellen und die Energie, die dort gespeichert wird, nicht notwendigerweise erneuerbar sein muss.

Potentiale

Bei der Potentialabschätzung sollen außer Pumpspeicherkraftwerken auch die »unkonventionellen« Wasserkraftwerke vorläufig ausgenommen sein, da ihr technischer Entwicklungsstand noch keine seriöse Prognose ihrer Möglichkeiten für alle Weltregionen erlaubt. Insbesondere die Meeresenergie, die zum Beispiel in Wellen- und Gezeitenkraftwerken genutzt werden kann, könnte hier in der Zukunft einen gewissen Beitrag zur Energieversorgung leisten. Innerhalb der EU wird das Potential für Wellenkraft mit 142 TWh, für Gezeitenkraftwerke mit 36 TWh und für Meeresenergie-Kraftwerke auf Basis des osmotischen Drucks mit 28 TWh pro Jahr angegeben, was insgesamt zu einem technischen Potential für Meeresenergie von 206 TWh pro Jahr führt [OEA 2010].

In der Untersuchung der Edinburgh University *Wave Power Study 2000* schätzt Stephen Salter hingegen das europäische Potential insbesondere für Wellenkraftwerke auf bis zu 600 TWh/a [Salter 2000].

Das weltweite technische Potential zur Stromerzeugung aus konventioneller Wasserkraft (ohne Wellen- und Gezeitenkraftwerke) wird auf ungefähr 13 000 TWh, also 13 Milliarden Megawattstunden pro Jahr geschätzt. Wie in Abbildung 62 dargestellt, befinden sich die größten Potentiale für die Nutzung dieser Energie in konventionellen Wasserkraftwerken (Laufwasser, Staudämme) in Lateinamerika, den Übergangsstaaten, in Afrika, China und dem Nordamerika der OECD.

Tabelle 11 fasst die abgeschätzten technischen Potentiale für die wichtigsten Weltregionen und Länder in TWh/Jahr und in Mtoe/Jahr dar. Die größten noch nicht genutzten Potentiale befinden sich in Afrika, das nur zirka 5 Prozent seiner Möglichkeiten nutzt, im Mittleren Osten und Ostasien (beide Regionen haben heute zirka 8 Prozent ihrer Potentiale erschlossen), in den Übergangsstaaten mit einer Nutzung von 14 Prozent und China sowie Lateinamerika, die beide über 20 Prozent nutzen.

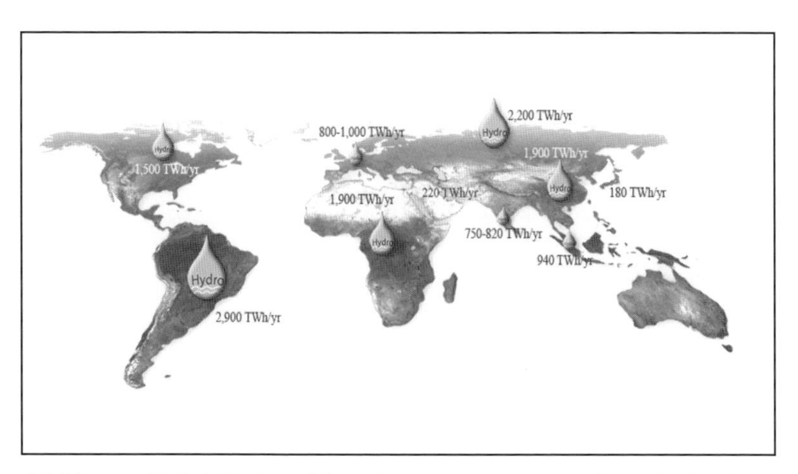

Abbildung 62: Technische Potentiale zur Stromerzeugung aus Laufwasserkraftwerken und Staudämmen

Region	Technische Potentiale	
	[TWh/Jahr]	[Mtoe/Jahr]*
OECD-Nordamerika	1500	129
Kanada	950	
USA	530	
OECD-Europa	800–1000	77
Frankreich	72	
Deutschland	25	
Spanien	70	
Großbritannien	6	
OECD-Pazifik	180	15
Australien	14	
Japan	135	
Übergangsstaaten	2200	189
Russland	1700	
China	1900	163
Südasien	750–820	69
Indien	520	
Ostasien	940	81
Lateinamerika	2900	249
Brasilien	1500	
Mittlere Osten	220	19
Afrika	1900	163
Welt	13 000	1117

* Umwandlung: 1Mtoe = 11.64 TWh

Tabelle 11: Technische Potentiale zur Stromerzeugung aus Laufwasserkraftwerken und Staudämmen

2009 wurden weltweit 3271 TWh Strom aus kleinen und großen Wasserkraftwerken erzeugt und verbraucht. Im Vergleich zu anderen erneuerbaren Energien wächst dieser Sektor nur sehr gering. Zwischen 2008 und 2009 wuchs die Stromerzeugung aus Wasserkraft um 1,5 Prozent [BP 2010].

Wasserkraft könnte zu Europas Stromversorgung zwischen 567 TWh/a und 620 TWh/a beitragen. Die erste Säule zeigt den Ertrag aus der Wasserkraft (ohne Pumpspeicherkraftwerke, mit existierenden Gezeitenkraftwerken). Die min/max-Säulen geben die aus der Literatur entnommene Bandbreite für das Potential unter Berücksichtigung aller Naturschutzaspekte an. Die graue Säule zeigt zum Vergleich den EU-Strombedarf des Jahres 2007 [IEA 2009]; [WEC 2001]; [ATLAS 1997]; [Stásky 2005]; [RECP 2002]; [Kaltschmitt 1995]; [ESHA 2004]; [Farinelli 2004]; [Pelikan 2005].

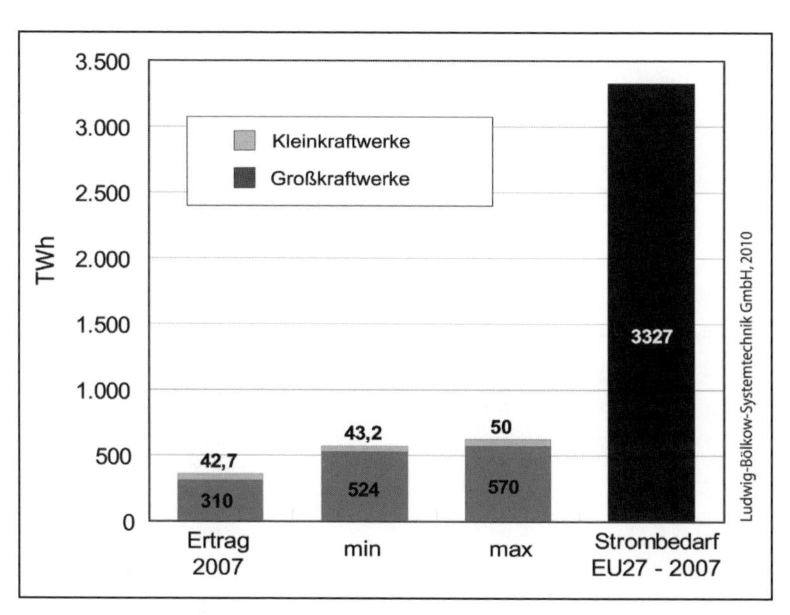

Abbildung 63: Technische Potentiale konventioneller Klein- und Großwasserkraftwerke im Vergleich zum heutigen Ertrag und Strombedarf (im Jahr 2007)

Unterschiedliche Genehmigungsauflagen und ökologische Auswirkungen

Die Unterscheidung zwischen kleinen und großen Wasserkraftwerken ist wichtig, da ökologische Auswirkungen von großen Kraftwerken deutlich schwerwiegender sein können als eine vergleichbare installierte Leistung, die sich aus einer Vielzahl von kleinen Kraftwerken zusammensetzt. Jedoch gibt es international keinen Konsens über die Definition von »kleinen Wasserkraftwerken«. In Kanada beispielsweise zählen dazu Anlagen bis zu einer Leistung von 20 bis 25 MW, in den USA bis zu 30 MW. Jedoch setzt sich immer mehr ein Konsens durch, der den Grenzwert bei 10 MW installierter Leistung setzt.

Für die Abschätzung der technischen Potentiale werden in zahlreichen Studien und Untersuchungen für jedes Land unterschiedliche Annahmen zugrundegelegt. Dabei werden vor allem für den Bau von neuen Wasserkraftwerken in einzelnen Ländern sehr unterschiedliche Genehmigungsauflagen und Vorschriften vorausgesetzt. Damit ist auch eine Einschätzung der technischen Potentiale schwierig, wenn sie ökologische und soziale Aspekte berücksichtigen soll. Beispielsweise wird in Europa, Kanada, in den USA und in Japan der Bau von großen neuen Staudämmen, wenn er eine Überflutung von großen Landflächen mit sich bringen würde, nicht mehr akzeptiert. Jedoch werden in Ländern wie in Brasilien, China, Indien und der Türkei bei großen laufenden Bauprojekten, so etwa beim Ilisu-Projekt im kurdischen Gebiet im Südosten der Türkei, ökologische und soziale Bedenken und Aspekte ignoriert. Würde man solche Aspekte mitberücksichtigen und beispielsweise in der Türkei zu den existierenden großen Wasserkraftwerken (53 TWh pro Jahr) nur noch den Zubau von kleinen Kraftwerken (bis zu 20 TWh pro Jahr) in Betracht ziehen, würde sich für dieses Land ein technisches Potential von ungefähr 73 TWh pro Jahr ergeben.

Geothermie – Wärme und Strom aus der Erde

Bei der Nutzung der Geothermie kann zwischen oberflächennaher (bis 400 Meter Tiefe) und tiefer Geothermie (>400 Meter) unterscheiden werden:

Bei der **oberflächennahen Erdwärmenutzung** wird gespeicherte Sonnenwärme oder ein Wärmestrom geologischen Ursprungs aus der Tiefe genutzt. Mittels Wärmepumpen (einer mechanischen Anlage, die das Kühlschrankprinzip umkehrt, indem sie einem äußeren Raum Wärme entzieht und einem inneren zuführt) kann die Wärmeenergie zur Heizung von Gebäuden und zur Warmwassergewinnung genutzt werden. Es können bereits relativ geringe Temperaturen genutzt werden. Pro 100 Meter Tiefe unter der Erdoberfläche nimmt die Temperatur um etwa 3 Grad Celsius zu, das heißt: bei 400 Meter um maximal 25 Grad, wenn nicht vulkanische Phänomene dazukommen.

Bei der **Tiefengeothermie** handelt es sich um die Erschließung der Wärme aus dem Erdinneren: zur direkten Nutzung, aber auch zur Erzeugung von Strom oder auch Kälte. Im Gegensatz zu allen anderen erneuerbaren Energiequellen (Sonnenenergie, Windenergie, Biomasse, Wasserkraft) hat diese nicht ihren Ursprung in der Sonnenstrahlung. 70 Prozent der geothermischen Wärme kommen aus radioaktiven Zerfallsprozessen in der Erdkruste, 30 Prozent kommen aus dem Erdkern. Die Nutzung der Tiefengeothermie ist unabhängig von der Jahreszeit und Wetterschwankungen und eignet sich deshalb gut zur Grundlasterzeugung von Strom. Anders als bei der reinen Wärmenutzung werden zur Stromerzeugung höhere Temperaturen von mindestens 100°C benötigt. Bei relativ niedrigen Temperaturen von 100 bis 180°C wird für die Stromerzeugung der »Organic Rankine Cycle« (ORC) oder der Kalina-Prozess verwendet. Beim ORC wird als Arbeitsmedium ein Kohlenwasserstoff (zum Beispiel n-Pentan, i-Butan, C_5F_{12}) und beim Kalina-Prozess ein Ammoniak-Wasser-Gemisch eingesetzt. Die ORC-Anlage in Altheim in Österreich erreicht einen elektrischen Nettowirkungsgrad von 4 Prozent (brutto: 8 Prozent). Die Temperatur des geförderten Thermalwassers beträgt 106°C. Die Leistung der ORC-Anlage beträgt netto 500 kW_{el} (brutto:

1000 kW_{el}). Für höhere Temperaturen (>180°C) kann ein Dampfprozess wie in konventionellen Kraftwerken auf Basis von Kohle eingesetzt werden: mit einer Stromerzeugung über Turbine und Generator. Die einzusetzende Technologie wird durch die jeweilige Bodenbeschaffenheit, die Bohrtiefe und die nutzbare Temperatur in der Region bestimmt.

Weltweit waren im Jahr 2008 Anlagen zur Nutzung der Erdwärme mit ungefähr 50 GW thermischer Leistung und 10 GW elektrischer Leistung installiert. Damit wurden 2008 etwa 58 Mtoe an Energie aus Geothermie erzeugt (ungefähr 0,5 Prozent der weltweiten Energieerzeugung). Die Stromerzeugung betrug dabei 65 TWh (dies entspricht 0,3 Prozent der weltweiten Stromerzeugung). Führend bei der Stromerzeugung sind die USA, die Philippinen, Indonesien, Mexiko und Italien. In den USA befanden sich Anfang 2009 mehr als 120 Projekte zur Stromgewinnung aus Tiefengeothermie in Entwicklung. Steigendes Interesse und Aktivitäten in diesem Bereich sind unter anderem in Australien, El Salvador, Guatemala, Island, Indonesien, Kenia, Mexiko, Nicaragua, Papua-Neuguinea und in der Türkei zu beobachten. In mehr als 40 Ländern befanden sich Projekte zur Wärmegewinnung aus Tiefengeothermie in Entwicklung [REN21 2009], [IEA 2010a], [IEA 2010b].

Potentiale

Bei der Abschätzung der technischen Potentiale beschränken wir uns auf die Tiefengeothermie. Dabei unterscheiden wir zwischen den technischen Potentialen zur Stromerzeugung und Wärmeerzeugung. Bei Nutzung hydrothermaler geothermischer Ressourcen werden wasserführende Schichten hoher Temperatur in großen Tiefen im Untergrund genutzt. Warmes Wasser wird aus dem Untergrund an die Oberfläche gefördert, die Wärme über Wärmetauscher entzogen und anschließend das Wasser wieder zurückgepumpt. Die geothermische Nutzung von kristallinem Gestein ist nur über »Hot Dry Rock«-Verfahren (HDR) möglich. Beim HDR-Prozess wird Wasser unter hohem Druck in das Gestein gepresst, um Risse im Gestein zu erzeugen. Durch die Risse im Gestein kann dann über Injektions- und Förderbohrungen dem Gestein Wärme entzogen werden.

Die weltweiten Potentiale zur **Stromerzeugung** werden auf mindestens 14 000 TWh pro Jahr geschätzt. Die größten Potentiale befinden sich in Afrika, den Übergangsstaaten, Nordamerika und Lateinamerika.

Region	Technische Potentiale		
	Konventionell [TWh/a]	HDR [TWh/a]	Gesamt [Mtoe/a]*
OECD-Nordamerika	203	2113	200
USA (Hawaii)	151		
OECD-Europa	53	513	50
OECD-Pazifik	77	878	80
Australien	20		
Japan	29		
Übergangsstaaten	36	2554	223
Russland	30		
China	31	979	87
Südasien	4	429	37
Indien	4		
Ostasien	229	515	65
Lateinamerika	341	1900	193
Brasilien	4		
Mittlerer Osten	35	545	50
Afrika	103	3101	275
Welt	1100	13 000	1260

* Umrechnung: 1 Mtoe = 11,64 TWh

Tabelle 12: Weltweite Potentiale zur Stromerzeugung aus Geothermie

Die Potentiale zur **Wärmeerzeugung** in Großanlagen werden zehnmal größer als die zur Stromerzeugung geschätzt. Weltweit könnten somit mehr als 12 000 Mtoe (dies entspricht 140 000 TWh) an Wärmeenergie aus Tiefengeothermie bereitgestellt werden.

Region	Technische Potentiale		
	Konventionell [TWh/a]	HDR [TWh/a]	Total [Mtoe/a]
OECD-Nordamerika	2030	21 130	1790
Kanada	0		
USA (Hawaii)	1510		
OECD-Europa	530	5130	440
OECD-Pazifik	770	8780	740
Australien	200		
Japan	290		
Übergangsstaaten	360	25 540	2000
Russland	3000		
China	310	9790	780
Südasien	40	4290	335
Indien	40		
Ostasien	2290	5150	575
Lateinamerika	3410	19 000	1730
Brasilien	40		
Mittlerer Osten	350	5450	450
Afrika	1030	31 010	2480
Welt	11 000	130 000	11 320

* Umrechnung: 1 Mtoe = 11,64 TWh

Tabelle 13: Weltweite Potentiale zur Wärmeerzeugung aus geothermischen Großanlagen

Biomasse – zunehmende Nutzungskonkurrenz

Der Einsatz von Biomasse zur Wärme- und Stromerzeugung sowie als Alternative von fossilen Brennstoffen für den Verkehr gewinnt immer mehr an Bedeutung. Die traditionelle Nutzung von Biomasse zur Wärmeerzeugung beim Heizen und Kochen, beim Salzsieden oder Kalkbrennen oder als Holzkohle zur Metallverarbeitung leistet seit vielen Jahrhunderten einen wertvollen Beitrag im alltäglichen Wirtschaften der Menschen.

Heute wird der größte Teil der energetisch eingesetzten Biomasse vor allem in Schwellenländern (oder Nicht-OECD-Ländern) zur Wärmeerzeugung und zum Kochen (Brennholz) verwendet. Aber auch in der EU-27 wird heute ein großer Teil der Biomasse zu Heizzwecken in wenig effizienten traditionellen Öfen und Kaminen eingesetzt. In den letzten Jahren nahm auch der Anteil von Pellets- und Hackschnitzelheizungen deutlich zu: Allein zwischen 2007 und 2009 hat sich die weltweite Produktion von Holzpellets von 8 Millionen auf 13 Millionen Tonnen fast verdoppelt. Größter Hersteller sind mit 7 Millionen Tonnen pro Jahr die USA, die 2009 ungefähr 5 Millionen Tonnen nach Europa exportierten. Den weltweit größten Verbrauch an Pellets weist Europa mit 8 Millionen Tonnen auf. Schweden, Österreich und Finnland sind hier die größten Verbraucher. Jedoch verzeichnen Deutschland, Frankreich, Italien, Dänemark, Belgien und Norwegen die größten Marktzuwächse. Vor allem Russland gewinnt stark an Bedeutung und wird bald zum wichtigsten Lieferanten für Holzpellets aufgestiegen sein. Nach Einschätzung des Europäischen Biomasse-Verbandes wird der Bedarf an Pellets in Europa bis 2020 auf 50 Millionen Tonnen anwachsen. Hier zeichnet sich ein stark steigender Importbedarf für die nächsten Jahre ab [Biomass Magazine 2010].

Weitere Formen der Biomassenutzung sind die Vergärung feuchter ligninarmer biogener Restoffe zu Biogas (zum Beispiel Mist und Gülle aus der Tierhaltung, Biomüll aus Haushalten und Kantinen, Klärschlamm) oder Biomasse aus dem dezidierten Anbau von Energiepflanzen. Dies können Ölpflanzen wie Raps und Sonnenblumen oder stärkehaltige Pflanzen wie Zuckerrüben oder Mais oder auch Gräser sein. Ölpflanzen dienen aktuell vor allem der Gewinnung von Biodiesel, während aus den stärkehaltigen

Pflanzen Ethanol, ein Alkohol, gewonnen wird. Beides dient der Verwendung als Kraftstoff im Transportbereich. In Deutschland wird Mais in größerem Umfang in Biogasanlagen eingesetzt.

Lignozellulosehaltige Energiepflanzen

Unter diesem Begriff versteht man Pflanzen, die ganz oder teilweise verholzen – ein Gerüst aus Lignin und Zellulose aufbauen – und so energetisch nutzbar werden. Da hier langfristig das Potential der Abfallbiomasse nicht ausreichen wird, muss in forstwirtschaftlichem Rahmen dem Wald zusätzliches Holz entnommen werden. Wenn langfristig nachhaltig gearbeitet werden soll, darf das nur so viel sein wie im gleichen Zeitraum nachwächst. Nutzungskonkurrenten sind dabei die Papierindustrie und die Nutzholzindustrie; eine weitere wichtige Beschränkung der Ausbeutung wird oft in Naturschutznotwendigkeiten liegen.

Außer in traditionellen Forsten lassen sich lignozellulosehaltige Energiepflanzen auch in sogenannten Kurzumtriebsplantagen anbauen. Kultiviert werden hier zum Beispiel schnellwachsende Bäume wie Pappeln und Weiden oder große Gräser wie Hanf und Miscanthus, auch Riesen-Chinaschilf genannt. Prinzipiell lassen sich auf den gleichen Böden entweder Kurzumtriebsplantagen anlegen oder andere Energiepflanzen anbauen. Im Sinne einer nachhaltigen Bewirtschaftung sind bei einjährigen Pflanzen zusätzlich Fruchtfolgen (zum Beispiel sollte Raps einen Anteil von 25 Prozent an der Fruchtfolge nicht überschreiten) einzuhalten. Generell muss der Nahrungskreislauf so weit wie möglich geschlossen werden, um eine Auslaugung der Böden zu vermeiden.

Nutzungskonkurrenz

Die große Herausforderung bei der Biomassenutzung ist die hohe Nutzungskonkurrenz bei gleichzeitig begrenztem Angebot an fruchtbaren Böden. Die wichtigste Konkurrenz ist die zur Nahrungsmittelproduktion. Speziell in Situationen, wo sich zum Beispiel durch Weizenanbau weni-

UN warnt vor Nahrungsmittelkrise

»Die Weltgemeinschaft erlaubt sich eine Ernährungsdauerkrise. Sie hat an vielen Orten ihre verheerende Wirkung entfaltet, als die Medien bereits mit den nächsten Krisen auf Finanz- und Handelsmärkten beschäftigt waren: Allein 2009 sind mehr als 100 Millionen Menschen zusätzlich zu Hungernden geworden – es ist, als seien binnen Monaten alle Bewohner Deutschlands, Österreichs und der Schweiz dem Hunger verfallen. Dabei hat die Ernährungskrise nicht weniger verheerende Folgen als die Finanzkrise. Insgesamt haben eine Milliarde Menschen zu wenig zu essen, so viele wie nie zuvor.

Seit 2000 übersteigt die weltweite Nachfrage nach Getreide fast immer die globale Ernte eines Jahres. Die Ära der Nahrungsmittelüberschüsse ist vorbei. Bevölkerungswachstum, wachsender Fleischkonsum, Biospritproduktion haben eine neue Epoche eingeleitet. Bis 2030 muss die Menschheit 50 Prozent mehr Nahrungsmittel als heute produzieren, damit alle Menschen satt werden können. Hunger ist künftig nicht nur eine Frage der gerechteren Verteilung. Wenn wir nicht umsteuern, wird es immer öfter nicht genug zum Teilen geben.«

[Ralf Südhoff, Welternährungsprogramm der Vereinten Nationen (WFP) in Deutschland, Süddeutsche Zeitung, »Außenansicht: Der Hunger der Welt«, 25. August 2010]

ger Gewinn erwirtschaften lässt als mit Energiepflanzen, könnten »energy crops« traditionelle Anbauflächen besetzen und zu steigenden Nahrungsmittelpreisen und damit zu Versorgungsengpässen und zu sozialem Unfrieden führen. Dies ist insbesondere dann prekär, wenn der Austausch länderübergreifend zwischen reichen und ärmeren Ländern erfolgt. Aber auch auf der Abnehmerseite ist eine zunehmende Konkurrenz absehbar. Derzeit sind durch EU-Vorgaben und nationale Beimischungspflichten insbesondere die Biokraftstoffe für den PKW-Einsatz gefragt. Daneben treffen unter anderem die Seeschifffahrt, die Binnenschifffahrt, die Luftfahrt sowie der Schwerlastverkehr ihre Vorbereitungen, durch Biokraftstoffe zukünftig Emissionen zu senken und vom Erdöl unabhängiger zu werden. Gleichzeitig versprechen die Biokraftstoffe der zweiten Generation aus lignozellulosehaltiger Biomasse (also vornehmlich Holz, Reststroh und Kurzumtriebsprodukten), künftig einen Beitrag zur PKW-Kraftstoffversorgung zu liefern. Da lignozellulosehaltige Produkte bislang vorwiegend im stationären Bereich eingesetzt werden, wird es in diesen Bereichen zu Nutzungskonkurrenzen kommen.

Es zeichnet sich bereits ab, dass nicht allen Endnutzern, die heute auf die Verfügbarkeit von Biomasse spekulieren, diese in Zukunft auch zur Verfügung stehen wird. Sofern politische Richtlinien greifen, werden sich die politisch motivierten Anwendungen durchsetzen. In einem von Ökonomie geprägten Umfeld wird die jeweils wirtschaftlichste Anwendung die Führung übernehmen, denn steigende Nachfrage wird zu höheren Rohstoffpreisen für Biomasse führen. Da die stationäre Nutzung niedrigere Wirkungsgradverluste bei der Bereitstellung (und bei der Nutzung) des Endenergieträgers (etwa Pellets oder Hackschnitzel) aufweist, wird sich die mobile Anwendung ökonomisch immer schwer tun, da etwa 60 Prozent energetische Verluste allein bei der Umwandlung von fester Biomasse in flüssige Kraftstoffe auftreten und die Nutzung im konventionellen Verbrennungsmotor sowieso mit großen Verlusten verbunden ist. Stationäre KWK-Anlagen (Kraft-Wärme-Kopplungs-Anlagen, bei denen sowohl der Strom als auch die Wärme verwendet wird) können dagegen den Energiegehalt der Biomasse fast zu 90 Prozent nutzen. Trotzdem könnte der Einsatz im mobilen Bereich durch politische Rahmenbedingungen – wie etwa eine Beimischungspflicht oder steuerliche Anreize – quasi erzwungen werden, ungeachtet der ökonomischen und ökologischen Gegebenheiten.

Eine zusätzliche Rolle (und Konkurrenz) könnte der Biomasse im Rahmen einer hauptsächlich auf erneuerbaren Energien basierenden Energiewirtschaft zufallen. Wind- und Solarenergie unterliegen kurzfristigen und saisonalen Fluktuationen. Biomasse – als Feststoff, als Biogas oder als Pflanzenöl – verfügt über sehr gute Speichereigenschaften und stellt somit eine der Optionen für die Befeuerung von Reservekraftwerken für Spitzenlastzeiten dar. Biomasse könnte also in einem fortgeschrittenen Ausbauszenario für erneuerbare Energien einen sehr hochwertigen – und damit hochbezahlten – Strom erzeugen.

Potentiale

Das größte Biomassepotential gibt es für lignozellulose Grundstoffe. Weltweit schätzen wir dieses auf 2280 Mtoe (26 500 TWh) pro Jahr. Die größten Potentiale sind für Südamerika, Afrika und Nordamerika identifiziert.

Region	Technische Potentiale	
	[TWh/a]	[Mtoe/a]*
OECD-Nordamerika	5300	455
OECD-Europa	2000	172
OECD-Pazifik	640	56
Übergangsstaaten	2700	232
China	2000	172
Südasien	870	75
Ostasien	935	80
Lateinamerika	6200	533
Mittlerer Osten	170	15
Afrika	5700	490
Welt	26 500	2280

* Umrechnung: 1 Mtoe = 11,64 TWh

Tabelle 14: Weltweite Biomassepotentiale (Lignozellulose)

4. Regionale Perspektiven

»Wenn der Wind des Wandels weht,
bauen die einen Mauern und die anderen Windmühlen«

(Chinesisches Sprichwort)

Regionen – ungleiche Voraussetzungen und Perspektiven

In der Zeit des Kolonialismus, als die »Global players« noch Königreiche waren – Portugal, Spanien, England, die Niederlande – ging es beim Kampf um Einflußsphären noch um Rohstoffe, um Luxusgüter, um Sklaven. Einflusssphären und Bündnisse überdauerten Dynastien. Als nach dem Ersten Weltkrieg fossile Energien international eine Rolle zu spielen begannen, entstanden völlig neue Konstellationen. Die »strategische Ellipse«, das Gebiet von Nahem und Mittlerem Osten, dem Kaspischen Raum und westlichen Russland, gewann durch seinen Ölreichtum rapide an Bedeutung. Die arabischen Länder waren nach Ablösung der osmanischen Herrschaft teilweise zwar britisches Mandatsgebiet, aber nicht kolonisiert. Im Iran wurde ein Schah-Reich reinstalliert.

Die Aufteilung der irakischen Ölkonzessionen unter britischen, amerikanischen und französischen Ölfirmen war der Startschuss für massive nichtstaatliche Einflussnahmen, ein Exempel mit Folgen. Die großen noch heute existierenden Ölgesellschaften etablierten sich damals. Die anderen frühen Explorationsgebiete, außerhalb der strategischen Ellipse, waren die USA, Venezuela und Mexiko. Es folgten die nordafrikanischen Länder, Borneo, Nigeria …

Viele Öl liefernde Länder hatten wenig eigene volkswirtschaftliche Vorteile von ihren Energierohstoffen; dass dieser Trend noch nicht überwunden ist, zeigen die Beispiele von Nigeria, Angola oder dem Tschad. Manche waren selbst kaum Energiekonsumenten. Erst mit der Industrialisierung in den ersten Schwellenländern und mit der dadurch angeregten höheren Mobilität und Elektrifizierung änderte sich die Tendenz hin zu größerem Eigenbedarf. Das nationale Selbstbewusstsein in den Ölländern wurde größer.

Heute ist das Bild der energieproduzierenden und -konsumierenden Regionen in ihrer wirtschaftlichen und politischen Bedeutung längst nicht mehr so auf die Länder des Westens und des Nordens zentriert wie noch in den 50er und 60er Jahren des 20. Jahrhunderts. Es gibt eine Vielzahl von Kooperationen und Bündnissen ohne Beteiligung der europäischen oder nordamerikanischen Länder. Im Zeichen des Peak Oil verstärkt sich diese Entwicklung. China stellt sich gleichgewichtig neben Europa und Nordamerika und sucht global nach Partnern. Indien, De-facto-Atommacht, beginnt, zu China in eine leicht rivalisierende Beziehung zu treten und setzt auf Hochtechnologie. In Südamerika gibt es starke Bündnisse zwischen energiereichen Ländern, etwa zwischen Chavez' Venezuela und Morales' Bolivien. Die zentralasiatischen Ölstaaten orientieren sich statt wie früher nur nach Westen nun auch nach Osten und Süden.

Regionen mit ehemals starker eigener Versorgung mit fossilen Energien wie die USA und Europa müssen sich nach ihren Förderhöhepunkten auf den Weltmärkten manchmal »hinten in der Schlange« anstellen und sind nicht mehr immer die Bieter mit dem höchsten Gebot. Diese Konkurrenz unter den Abnehmerländern wird noch zunehmen; die Bedeutung fester Lieferbeziehungen und langfristiger Verträge, wie sie auf dem Erdgassektor bereits normal sind, wird auch bei Öl und Kohle größer werden.

Die erneuerbaren Energien werden kleinteiliger regionalisiert sein und so weniger Anlass zu großen politischen Verwerfungen bieten. Wo sie aber großtechnisch aufgebaut werden sollen – wie es zum Beispiel mit dem Desertec-Projekt in der nördlichen Sahara aktuell würde – werden durchaus auch geostrategische Überlegungen eine Rolle spielen. Den Großregionen für die Solarenergienutzung (Nordafrika, Zentralasien, südwestliche

Wirtschaftsregionen im Osten: Neugewichtung der Weltmärkte?

Im Jahr 2001 gründeten China, Russland, Kasachstan, Kirgisien, Tadschikistan und Usbekistan gemeinsam die »Shanghai Cooperation Organisation« (SCO), einen auf Dauer angelegten internationalen Länderverbund auf Regierungsebene. Die Mitgliedsstaaten nehmen zusammen eine Fläche von mehr als 30 Millionen Quadratkilometern ein, drei Fünftel des eurasischen Kontinents, und vertreten 1,5 Milliarden Menschen, ein Viertel der Erdbevölkerung. 2004 und 2005 traten die Mongolei, Indien, Pakistan und Iran der SCO im Beobachterstatus bei.

Gemeinsam bilden so die Voll- und Beobachtermitglieder der SCO eine Gruppe, die nicht nur die größte wirtschaftliche Macht auf dem Globus in sich vereinigt, sondern die auch für die größten Produzenten und die größten Konsumenten von Energie steht. Neben dem Ziel, die wirtschaftliche und politische Zusammenarbeit zu stärken (am auffälligsten hier die Bereitschaft zwischen Russland und China), wird der Schritt auch als ein Versuch gesehen, ein Gegengewicht zur OECD herzustellen, zur NATO und vor allem zu den USA.

Der russische Expräsident Wladimir Putin hat durch seine Formulierung, er wünsche sich die SCO als einen »energy club«, ein Schlaglicht auf eines der Hauptziele des Zusammenschlusses gelegt. 2005 lehnte die SCO den Antrag der USA, im Beobachterstatus in die Kooperation aufgenommen zu werden, ab [The Guardian 2006]. So hat die SCO ihre Tätigkeit als eine mächtige Organisation aufgenommen – befasst mit Fragen regionaler Sicherheit, aber dort nicht nur auf antiterroristische Maßnahmen und Verteidigung fokussiert, sondern durchaus auf Zusammenarbeit in der Energieversorgung und auf ein gemeinsames Auftreten in der internationalen Politik.

USA und Mittelamerika, Australien) und denen für Windparkstandorte (Russland, Westafrika, europäische Flachmeere, mittlere USA, südliches Südamerika) wird neue Bedeutung zuwachsen, auch als potentiellen Produzenten von (transportablem) Wasserstoff.

Neben der Verknappung von fossilen Energieträgern werden in vielen Weltregionen andere Einschränkungen vielleicht noch einschneidender wirksam werden. In der Folge des Klimawandels könnten Gebiete, in denen noch Ackerbau betrieben werden konnte, durch stärkere Dürreereignisse, oder Überschwemmungen, oder beides im Wechsel, für die Nahrungsmittelerzeugung ungeeignet werden. Wasser wird hier die Ressource vor allen anderen werden. Auch die Landfläche, über die ein Staat oder eine Bevölkerungsgruppe verfügen kann, wird an Bedeutung zunehmen, so sehr, dass auch nichtstaatliche Akteure international Flächen erwerben werden; diese Entwicklung hat bereits begonnen. Es wird für einige Länder von Vorteil sein, wenn noch auf Anbaumethoden und Saatgut aus der Zeit vor der Grünen Revolution zurückgegriffen werden kann.

Auch andere Formen der Low-Tech-Nutzung von Energie werden wieder stärker eine Rolle spielen: Trocknen, Bleichen oder Fermentieren mit Sonne und Wind, Heizunterstützung durch klug gebaute Häuser. Einen Zusammenhang zwischen solchen Techniken und allgemeiner »Rückständigkeit« wird es hier nicht geben, denn viele Techniken, darunter die Informationstechnologie mit ihrem relativ geringen Energiebedarf, wird Peak Oil überleben. Auch Zentren exzellenter Ausbildung brauchen nicht mehr notwendigerweise in Ballungsräumen angesiedelt zu sein.

Nach der Betrachtung der fossilen, nuklearen und erneuerbaren Energiequellen in den vorhergehenden Abschnitten fasst dieses Kapitel die regionalen Perspektiven und die heutige Ausgangssituation für die zehn Weltregionen zusammen und gibt einen kurzen Ein- und Ausblick über die bevorstehenden Probleme, Risiken, aber auch Chancen.

Manche Punkte werden hier nach ihrer Einführung in den bisherigen Kapiteln ein zweitesmal angesprochen werden, aber in anderer Zusammenschau. Es soll und wird hier deutlicher werden als bisher, dass jede Förderregion auch eine konsumierende ist, und fast jede konsumierende auch eine produzierende. In den Überschneidungen findet nicht nur Wirtschaft statt, sondern auch Politik.

Globale Ansichten und Aussichten

Wir leben in der Zeit, in der die globale Versorgung mit fossilen Energien ihren Gipfel überschreitet. Es ist ein sehr flacher Gipfel – da steht kein Kreuz –, und dieser Umstand macht es schwer, einen genauen Zeitpunkt anzugeben, genauso wie er es für eine gewisse Zeit erlaubt, sich über die Existenz eines solchen Gipfels überhaupt hinwegzutäuschen. Das wird auf allen Niveaus getan, vom Stammtisch bis zur Vorstandsetage. Aber die Endlichkeit der Rohstoffe ist real, denn sie ist geologisch und physikalisch begründet.

Das Ende der fossilen Energienutzung ist sicher – der Umstieg auf erneuerbare Energien nicht

Abbildung 64 fasst die heutige globale Situation und die momentanen Zukunftsperspektiven noch einmal zusammen:

- Die fossile Energiebereitstellung wird zurückgehen – das ist unvermeidbar, und
- regenerative Energien haben das Potential, fossile Energien als wichtigste Energiequelle abzulösen – inwieweit die neuen Energien diese Rolle auch tatsächlich übernehmen werden, wird von vielen weiteren Einflussfaktoren abhängen.

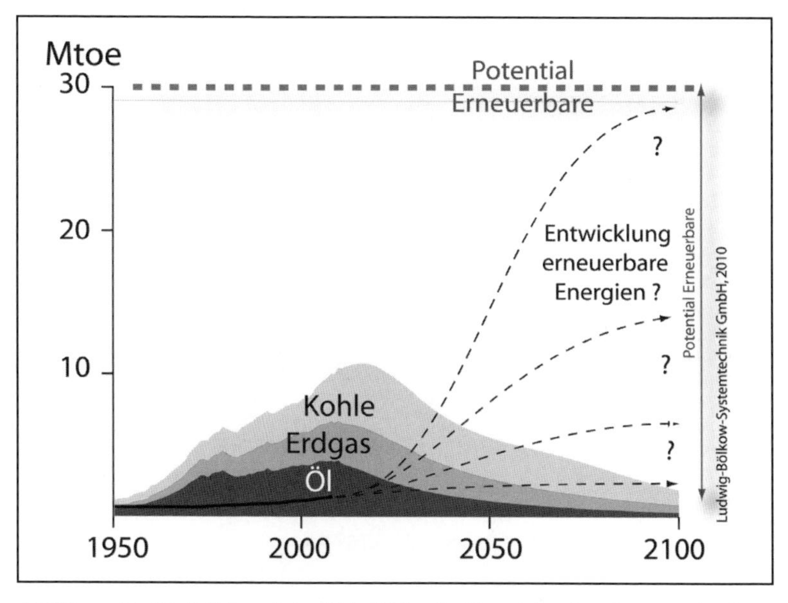

Abbildung 64: Rückblick und Ausblick: Weltweite Energiebereitstellung aus fossilen, nuklearen und erneuerbaren Energiequellen

Bevor wir einen genaueren Blick auf die zehn Weltregionen werfen, sollen zunächst die zwei »Welthälften« – ungleiche Hälften allerdings – einander in einer kurzen Panoramaschau gegenübergestellt werden.

OECD-Länder – die reichen Industriestaaten

In den nächsten Jahren und Jahrzehnten wird aus dem wachsenden Bewusstsein über die Begrenzung der Energievorräte und über die Gefahren des Klimawandels – zwei Dingen, die durchaus oft voneinander getrennt gesehen werden – eine gemeinsame neue Wahrnehmung entstehen. Beide Themen haben für die Industriestaaten – im Großen und Ganzen synonym mit den OECD-Staaten – eine hohe Bedeutung: Sinkende Energieimporte, steigende Energie- und Rohstoffpreise werden sowohl die industrielle Produktion als auch die alltägliche Versorgung der Menschen einschneidend verändern. Die Konsequenzen der globalen Erwärmung wie Beschränkungen in der Nahrungsmittel- oder Wasserversorgung werden auch zunehmend die OECD-Staaten betreffen.

OECD-Staaten

Die Organisation für wirtschaftliche Zusammenarbeit und Entwicklung (englisch Organisation for Economic Cooperation and Development, OECD, französisch Organisation de coopération et de développement économique, OCDE) wurde 1961 gegründet und hat ihren Sitz in Paris. Die Ziele des Bündnisses sind:

- zu einer optimalen Wirtschaftsentwicklung, hoher Beschäftigung und einem steigenden Lebensstandard in ihren Mitgliedstaaten beizutragen,
- in ihren Mitgliedsstaaten und den Entwicklungsländern das Wirtschaftswachstum zu fördern,
- zu einer Ausweitung des Welthandels auf multilateraler Basis beizutragen.

Heute umfasst die OECD 33 Mitgliedsstaaten:

Australien, Belgien, Chile, Dänemark, Deutschland, Finnland, Frankreich, Griechenland, Irland, Island, Israel, Italien, Japan, Kanada, Südkorea, Luxemburg, Mexiko, Neuseeland, Niederlande, Norwegen, Österreich, Polen, Portugal, Schweden, Schweiz, Slowakei, Slowenien, Spanien, Tschechische Republik, Türkei, Ungarn, Vereinigte Staaten, Vereinigtes Königreich.

Globale Verflechtungen reduzieren

Heute müssen die OECD-Staaten große Mengen an Energie und Materialien importieren. Insbesondere wird der Rückgang der Ölverfügbarkeit drastische Auswirkungen auf den Transportsektor, die Landwirtschaft und die Industrie haben. Der Lebensstil in den heutigen Industriestaaten wird sich rasch ändern. Ein »Weiter so« wird es nicht geben können. Peak Oil wird grundlegende Veränderungen mit sich bringen. Der Umbruch ist bereits zu beobachten. Automobilindustrie und Flugverkehr leiden unter den hohen Ölpreisen. Das Reiseverhalten beginnt sich zu ändern. Während die Passagierzahlen und zurückgelegten Entfernungen mit dem PKW und dem Flugzeug in der EU-27 sanken (zum Beispiel gingen die zurückgelegten Personen-Kilometer von 2007 bis 2008 um 0,7 Prozent bei PKWs und 1,9 Prozent beim Flugverkehr zurück), stieg der Anteil der Personenkilometer mit Bahn und öffentlichen Verkehrsmitteln weiter an (je plus 3,5 Prozent). Peak Oil wird auch die bereits stattfindende Abwanderung der Grundstoffindustrie hin zu den Regionen mit hohen Materialressourcen wie Mittlerem Osten, Asien oder Lateinamerika verstärken.

In den nächsten Jahrzehnten müssen die OECD-Staaten den Übergang hin zu einer nachhaltigen Energieversorgung vollziehen oder die Verknappung von Energie wird schon bald Realität werden: Der Anteil regionaler Energieerzeugung aus erneuerbaren Energien muss steigen, der Zubau bei ihren Produktionskapazitäten unmittelbar verstärkt, der Energieverbrauch in den OECD-Ländern reduziert und die Infrastrukturen für Energietransport und -verteilung an die oft ungleichmäßigere Produktion der regenerativen Energien angepasst werden: durch Stromspeicher, durch »intelligente« Netze, die ein steuerndes Eingreifen auf Produzenten- wie auch auf Konsumentenseite erlauben.

So könnten nach »Wachstum und Konsum« »Ressourcenerhaltung und Effizienzsteigerung« neue Leitideen des Wirtschaftens werden; eine Regionalisierung der Märkte würde keinen Widerspruch zu einer Globalisierung des Denkens bedeuten; bei den Dingen, die man zum Leben braucht, würden Eigenschaften wie Langlebigkeit, Robustheit, Komfort,

Sicherheit, Effizienz und intelligentes Design künftig eine größere Rolle spielen. Eine Verteuerung der Rohstoffpreise und eine sinkende Verfügbarkeit wichtiger Materialien würde den Trend von einer Wegwerfgesellschaft hin zu mehr Recycling und höherer Qualität begünstigen.

Während unter 20 Prozent der Weltbevölkerung in den OECD-Ländern über mehr als 45 Prozent der Primärenergie verfügen, teilt sich der Großteil der Menschen, die in Nicht-OECD-Regionen leben, die restlichen 55 Prozent. Im Durchschnitt verbrauchen somit Menschen in den reichen Ländern in Nordamerika, Europa und im pazifischen Raum viermal so viel Primärenergie wie Bewohner der Nicht-OECD-Staaten.

Beim Vergleich zwischen den USA und China wird dieser Unterschied noch deutlicher: Während China mit aller Wahrscheinlichkeit die USA im Gesamtverbrauch von Primärenergie im Jahr 2010 überholt hat, entspricht der spezifische Verbrauch eines US-Amerikaners noch mehr als dem Fünffachen dessen eines Chinesen.

Die Betrachtung der Entwicklung des Energieverbrauchs und des Rohölpreises in der nächsten Abbildung zeigt jedoch auch, dass seit den 70er Jahren und dann wieder seit 2000 der spezifische Energieverbrauch in den reichen Staaten abzunehmen beginnt. Der steigende Rohölpreis und auch die Finanzkrise haben vor allem seit 2007 zu einem deutlichen Sinken des Verbrauchs in den OECD-Ländern geführt. Parallel ist jedoch ein Anstieg des Verbrauchs vor allem in China und in den ölexportierenden Staaten zu beobachten.

Für die OECD-Regionen bedeutet dies, dass sie damit rechnen müssen, dass China künftig weit mehr Rohstoffe (Energie, Metalle, Minerale) verbrauchen wird. Die traditionellen Industriestaaten hingegen werden ihren Verbrauch reduzieren müssen. Zu einer Neugewichtung und Neuverteilung der Ressourcen – und damit vermutlich zu einer anderen geopolitischen Balance – wird es in den nächsten Jahrzehnten kommen. Tatsächlich beginnt China bereits, sich Land und Schürfrechte in Afrika, Südamerika und Australien zu sichern, Indien kauft sich in Minen in Madagaskar, Indonesien und Australien ein. Aber auch der umgekehrte Weg wird in bilateralen

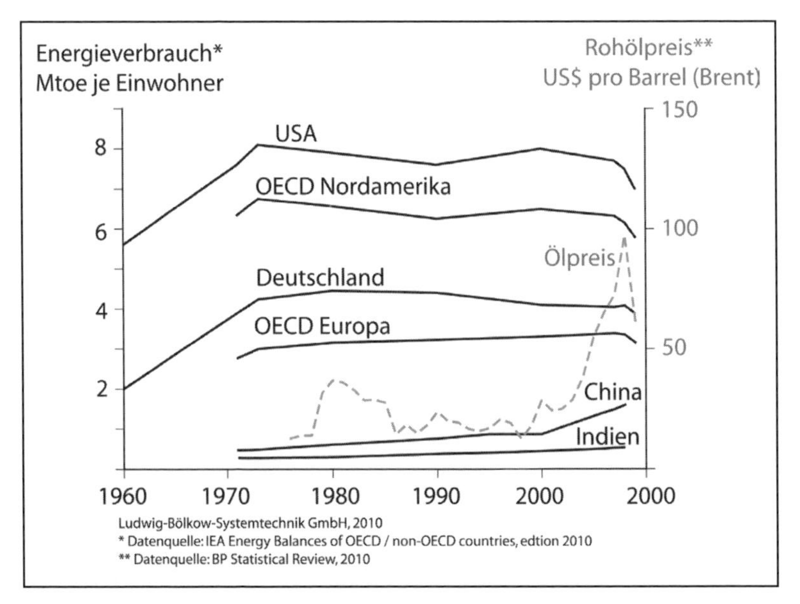

Abbildung 65: Spezifischer Primärenergieverbrauch je Einwohner [IEA Energy Balances, Edition 2010]

Allianzen beschritten: Japan verstärkt seine Beziehungen zu Kohlestaaten wie Indonesien, Südkorea finanziert Minen in der Mongolei.

Für die OECD-Länder ist auch bedeutsam, dass in der Klimadebatte, aber auch in Debatten um weltweite Verteilungsgerechtigkeit der Druck auf die Regionen mit hohem Pro-Kopf-Konsum von Energie wachsen wird, ihren Verbrauch einzuschränken. Möglicherweise werden so die schon früh in der Klimadebatte diskutierten CO_2-Credits, eine Art »Kopfpauschale« für den Ausstoß von Treibhausgasen, wieder an Bedeutung gewinnen – die Industriestaaten hatten diesen Vorstoß zu einer weltweiten Emissions-Gerechtigkeit zunächst nicht ernst genommen.

Nicht-OECD-Staaten

Die Spaltung in arme und reiche Länder hat ihre Wurzeln im Kolonialismus; die Kluft, die es in den Einkommensmöglichkeiten, der Basisversorgung, den Bildungsvoraussetzungen, den Behandlungsmöglichkeiten von Krankheiten gibt, wird immer noch größer. Ein Grund hierfür ist der ungleiche Zugang zu den Ressourcen. In dem Maße, wie dieser Unterschied wegfällt, könnten sich aber auch die Chancen der armen Staaten erhöhen, sofern sie sich ihrer regionalen Ressourcen und Potentiale besinnen.

Jahr	1000	1500	1600	1700	1820	1870	1913	1950	1973	1998
Westeuropa	400	774	894	1024	1232	1974	3473	4594	11 534	17 921
Italien		1100	1100	1100	1017	1499	2564	3502	10 643	17 759
Großbritannien		714	974	1250	1707	3191	4921	6907	12 022	18 714
Deutschland		676	777	894	1058	1821	3648	3881	11 966	17 799
USA		400	400	527	1257	2445	5301	9561	16 689	27 331
Lateinamerika	400	416	437	529	665	698	1511	2554	4531	5795
China	450	600	600	600	600	530	562	439	839	3117
Indien	450	560	560	560	533	533	673	619	853	1746
Afrika	416	400	400	400	418	444	586	852	1265	1368

Tabelle 15: Entwicklung des spezifischen Pro-Kopf-Einkommens seit dem Mittelalter (in US-Dollar in Preisen von 1990) [Maddison 2001]

Solange die Nicht-OECD-Länder den Industriestaaten weiterhin in ihrem Umgang mit Ressourcen nacheifern wollen, werden sie von den damit verbundenen Problemen auch mitbetroffen sein. In den nächsten Jahren werden die Schwellenstaaten legitimerweise verstärkt versuchen, einen höheren Lebensstandard für ihre Bewohner und größeres Gewicht in der Weltwirtschaft zu erreichen. Damit ist unter gegenwärtigen Bedingungen eine Erhöhung des Energieverbrauchs und eine Vergrößerung des »ökologischen Fußabdrucks« untrennbar verbunden.

Der Vorsprung, den die Industrienationen bei den technologischen Mitteln zur Erreichung dieser Ziele hatten, hat die Erde in vielem schon an ihre Kapazitätsgrenze geführt: bei der Verfügbarkeit von Rohstoffen, bei der Nahrungsmittelversorgung, bei der Belastung der Natur und der Atmosphäre. Dieser Vorsprung hat auch zu einer irreparablen – räumlichen wie zeitlichen – Schieflage im Verfügen über die globalen Ressourcen geführt. Länder, die auf dem Weg sind, eine breite Mittelschicht auszubilden, werden auf die Energie- und Rohstoffressourcen, die wirtschaftlichen Aufstieg durch die ganze Zeit der Industrialisierung immer begleitet haben, nicht mehr zurückgreifen können, weil sie bereits verbraucht sind. Auch die einkommensarmen Schichten in diesen Ländern, die von der Ausbeutung der Rohstoffe und Energieträger in ihrer Region keinerlei Vorteil hatten, werden unter den Folgen zu leiden haben, etwa durch im Klimawandel veränderte Anbaubedingungen oder durch Wassermangel und die dadurch perpetuierten Krankheiten. Auch die Optionen zukünftiger Generationen werden durch den eingeschlagenen Weg zunehmend eingeschränkt.

Die Nicht-OECD-Länder haben aber ein gewaltiges Potential für die Nutzung erneuerbarer Energien. In Afrika dominiert die Solarenergie, in Südamerika oder Indonesien Wind und Biomasse, im restlichen Asien Wasserkraft, Wind- und Solarenergie. Um diese Energien zu nutzen, werden viele wirtschaftlich schwache Länder Starthilfe aus industrialisierten Staaten brauchen, aber entscheidend für die wirtschaftliche und politische Zukunft dieser Regionen wird sein, ob die Verfügungsgewalt über die fertigen Anlagen in den Ländern bleibt, wo sie stehen.

OECD-Nordamerika

Im Zentrum des Blicks auf Nordamerika sollen zunächst die Vereinigten Staaten stehen: nicht nur die weltweit größte Wirtschaftsmacht und der »Motor der Weltwirtschaft«, sondern auch (neben Saudi-Arabien und den Vereinigten Arabischen Emiraten) die Region mit dem größten Pro-Kopf-Energieverbrauch und den höchsten Pro-Kopf-Emissionen an klimarelevanten Gasen. Weltweit konsumiert kein anderes Land so viel Öl.

Die USA sind in den letzten Jahrzehnten zum weltweiten »Leitbild« aufgestiegen – dem Land der unbegrenzten Möglichkeiten. Die Orientierung auf den privaten Konsum dient als Basis für das Wirtschaftswachstum und die politische Ausrichtung. Das Erschließen und Sichern von benötigen Ressourcen ist schon von jeher eine Grundvoraussetzung und Notwendigkeit, um das Wachstum, das gleichzeitig Mehrverbrauch an Ressourcen mit sich bringen wird, auszuweiten und zu garantieren. Kein anderes Land der Welt hat es in den letzten Jahrzehnten verstanden, sich so erfolgreich Ressourcen aus anderen Ländern und Kontinenten zu sichern. Zogen anfänglich Siedler in den Westen der USA, um neue Landflächen und Ressourcen zu erschließen, so kam diese Expansionspolitik auf dem eigenen Kontinent doch bald an ihre Grenzen. Heute sichern sich die USA im Rahmen der NAFTA-Verträge den Ressourcenzugriff auf die Nachbarstaaten, sie zeigen aber auch weltweit Präsenz und Engagement bei der Sicherung der wirtschaftlich und strategisch wichtigen Ressourcen.

Der »American Way of Life«, wie er in den USA und auch Kanada gelebt wird, ist sehr energieintensiv: durch dezentrale Siedlungsstrukturen mit oft mehreren Fahrzeugen pro Haushalt, durch das Forcieren von Ansiedlungen auch in Gebieten, wo intensiv gekühlt oder geheizt werden muss oder wo kaum natürliches Wasser vorhanden ist, durch meist geringe Wärmedämmung beim Bau von Gebäuden. Zu Zeiten billiger und reichlicher Energievorkommen war das eine angenehme, weltweit bestaunte und wo immer möglich kopierte Lebensweise.

Eine historische Trendwende zeichnet sich bereits deutlich ab: Gestiegene Energiepreise (wie bei Rohöl, Erdgas und Strom), zunehmende Schwierigkeiten und Unsicherheiten hinsichtlich der zukünftigen Energiebereitstellung und der zu erwartenden Preise treffen diese Region empfindlich. Beispielsweise befinden sich die drei größten Automobilkonzerne der USA wie auch die dortige Luftfahrtindustrie seit dem Beginn der Energiepreissteigerungen 2003 in großen finanziellen Schwierigkeiten; diese Firmen kämpfen ums Überleben. Auf politischer Ebene wird die heimische Industrie gestützt und die Sicherung der Rohstoffbereitstellung und die Reduzierung der Abhängigkeit von »Dritten« immer wichtiger. Vereinfacht zusammengefasst lassen sich zwei unterschiedliche Entwicklungen und Ansätze beobachten:

Auf der einen Seite sind die Explorationspläne zur Ausbeutung der Arktis (dort werden wertvolle Ressourcen wie Öl, Gas, Kohle, Eisen, Silber erwartet), zum Abbau von Teersanden in Kanada, zu intensivierten Tiefseebohrungen im Golf von Mexiko und zur Erschließung »unkonventioneller« Erdgasquellen nur ein paar Beispiele für die vorherrschende Politik und ihre Versuche, den bestehenden Rahmen zu halten. Der Status von Naturschutzgebieten wird immer wieder in Frage gestellt. Siedlungsräume ändern ihren Charakter, wobei hier oft die lokale Bevölkerung durch Schaffung von Arbeitsplätzen eingebunden wird. Politik und Industrie nehmen immer größere Anstrengungen und Gefahren in Kauf, um unkonventionelle Energievorkommen zu erschließen und die hohe Energienachfrage im Land zu befriedigen. Das führt zu immer höheren Investitionen in immer teurere und riskantere Förderprojekte. Als Extrembeispiel für solches Engagement könnte man sogar Militäreinsätze wie im Irakkrieg interpretieren. Doch der steigende Aufwand und der sinkende Grenznutzen wird hier um so schneller an die Grenzen eines perspektivlosen »Mehr vom Altgewohnten« führen.

Auf der anderen Seite jedoch zeigen neue Ziele und Initiativen der Politik und Industrie auch einen alternativen Pfad – den der Umstellung auf erneuerbare Energien, hin zu nachhaltigen Strukturen: Beispielsweise startete im Jahr 2002 der damalige Präsident George W. Bush das Programm zur Förderung von Wasserstoff- und Brennstoffzellenfahrzeugen »FreedomCAR« und »FreedomFUEL«, mit dem erklärten Ziel, die USA vom Öl unabhängig zu machen und alternative Antriebsmethoden zu fördern. Anfang 2003 sagte Bush dazu in seiner »State of the Union«-Message »*…das erste Auto eines heute geborenes Kindes sollte mit Wasserstoff und Brennstoffzellen betrieben werden.*«

Mit Präsident Obama wird diese Entwicklung weiter gefördert und forciert: Er verfolgt eine Energie- und Klimapolitik, die das Ziel hat, die Abhängigkeit von fossilen Brennstoffen und insbesondere Öl zu reduzieren und auf eine saubere Energiewirtschaft (Clean Energy Economy) umzustellen. Im

Rahmen des »American Recovery and Reinvestment Act« werden dazu in den nächsten Jahren unter anderem 80 Milliarden US-Dollar in erneuerbare Energien, neue Fahrzeugantriebe und den Ausbau eines intelligenten Stromnetzes investiert.

Clean Energy Economy

»*The nation that harnesses the power of clean, renewable energy will be the nation that leads the 21st century. Today, we export billions of dollars each year to import the energy we need to power our country. Our dependence on foreign oil threatens our national security, our environment and our economy. We must make the investments in clean energy sources that will put Americans back in control of our energy future, create millions of new jobs and lay the foundation for long-term economic security.*«

Das geplante Budget des US Department of Energy (DoE) umfasst für das Jahr 2011 28,4 Milliarden US-Dollar sowie weitere 36,7 Milliarden Dollar, die im Rahmen des »American Recovery and Reinvestment Act« zur Verfügung gestellt werden.

»*The President's FY 2011 Budget supports Secretary Chu's three strategic priorities:*

- *Innovation: Investing in science, discovery and innovation to provide solutions to pressing energy challenges;*
- *Energy: Providing clean, secure energy and promoting economic prosperity through energy efficiency and domestic forms of energy;*
- *Security: Safeguarding nuclear and radiological materials, advancing responsible legacy cleanup, and maintaining nuclear deterrence.*

Recovery Act investments in energy_conservation and renewable energy sources ($16.8 billion), environmental management ($6 billion), loan guarantees for renewable energy and electric power transmission projects ($4 billion), grid modernization ($4.5 billion), carbon capture and sequestration ($3.4 billion), basic science research ($1.6 billion), and the establishment of the Advanced Research Projects Agency – Energy ($0.4 billion) will continue to strengthen the economy by providing much-needed investment, by saving or creating tens of thousands of direct jobs, cutting carbon emissions, and reducing U.S. dependence on foreign oil.« [Obama 2010], [DoE 2010]

Bereits im Jahr 2008 hatten Barack Obama und Joe Biden mit dem »New Energy for America«-Plan die Ziele vorgestellt, bis 2015 eine Million elektrische Plug-In-Hybridfahrzeuge auf die Straße zu bringen und bis 2050 die CO_2-Emissionen um 80 Prozent zu reduzieren. Jedoch muss hier deutlich gemacht werden, dass dieser Traum, »den alten Lebensstil ins neue Zeitalter zu retten«, nicht ohne weiteres umzusetzen ist. Eine nachhaltige Energienutzung wird weit mehr erfordern als beispielsweise benzinbetriebene Geländewagen durch wasserstoff- oder strombetriebene zu ersetzten. Mit dem Rückgang fossiler Energieträger wird sich der »American Way of Life« neu definieren: Ein Rückgang des Energieverbrauchs ist dabei unvermeidbar, will man nicht auch hier die ökologischen Belastungsgrenzen des Landes verletzen. Ob Erneuerbare bei der Energieversorgung eine entscheidende Rolle spielen können, und welcher Energieverbrauch in Zukunft überhaupt möglich sein wird, das wird sich für diese Region in den nächsten Jahren und Jahrzehnten zeigen.

Ausblick

Nordamerika steht vor dem gewaltigen Problem der zurückgehenden Verfügbarkeit von Erdöl und Erdgas. Die Bereitstellung sowohl aus eigener Förderung wie auch aus Importen wird in den nächsten Jahren und Jahrzehnten weiter kontinuierlich abnehmen. Die Hoffnung und aktuelle Euphorie, dass »unkonventionelles« Öl und Gas diesen Trend verhindern beziehungsweise sogar umkehren könnten, wird vermutlich von kurzer Dauer sein: Ob kanadische Ölsande, Tiefseebohrungen, Ölbohrungen in Alaska oder verstärkte Anstrengungen zur Nutzbarmachung von »shale gas« in den USA – weder einzelne noch alle Maßnahmen zusammen können die Versorgung mit konventionellem Öl und Erdgas über einen längeren Zeitraum ersetzen.

Die Analyse zeigt jedoch auch, dass nicht einmal die verstärkte Nutzung von Kohle und Nuklearenergie sowie der Zubau an erneuerbaren Energien im momentan geplanten Umfang die zurückgehenden Öl- und Gaslieferungen in den nächsten Jahren und Jahrzehnten vergleichbar kompensieren können. Obwohl die Region über riesige Potentiale zur Nutzung von erneuerbaren Energien verfügt, werden der Zubau und die Umstellung der Infrastruktur noch einige Jahrzehnte in Anspruch nehmen.

Langfristig allerdings kann in Nordamerika die Stromerzeugung im Wesentlichen durch Solarenergie, Wind und Geothermie abgedeckt werden – die Ressourcen und Potentiale wären hierfür vorhanden. Erneuerbare Energiequellen können zur wichtigsten Energiequelle für den Transportsektor und für die stationäre Energieversorgung werden. Dort sind allerdings noch deutlicher als in Europa massive Investitionen in neue Stromnetze notwendig – die zum Teil noch nicht einmal miteinander verbunden sind. Im Vergleich zu anderen OECD-Regionen, beispielsweise Europa und Japan, verfügt Nordamerika auch über weitaus größere Potentiale zur Energieeinsparung und effektiveren Flächennutzung. Jedoch werden alle diese Potentiale momentan noch auf einem sehr niedrigen Niveau genutzt. Hier sind große »Märkte« mit hohen Wachstumspotentialen zu entdecken.

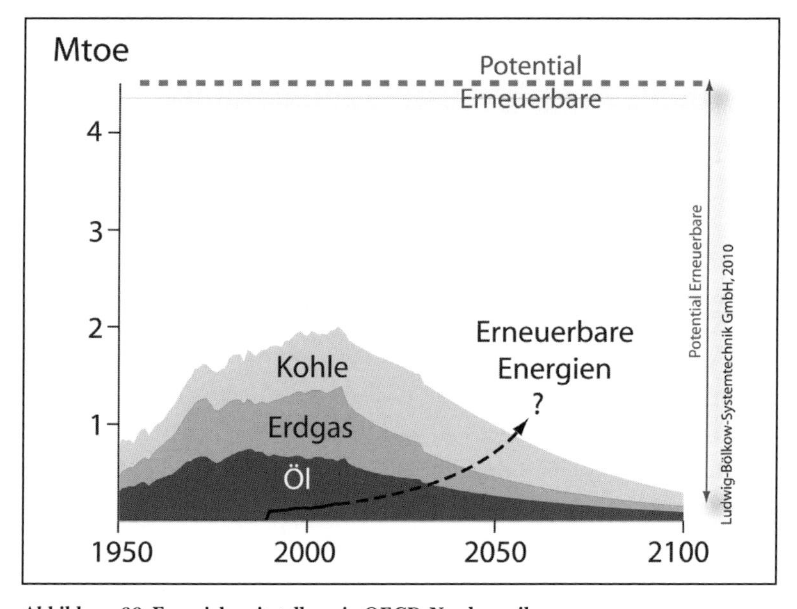

Abbildung 66: Energiebereitstellung in OECD-Nordamerika

Die Versorgung mit fossiler und nuklearer Energie geht zurück

Heute deckt **Öl** ungefähr 40 Prozent des Primärenergiebedarfs in Nordamerika ab und stellt damit die wichtigste Energiequelle dar. Obwohl die Rate der eigenen Ölförderung in dieser Region seit 1970 mit Fluktuationen fällt, ist der Bedarf an Öl bis 2008 kontinuierlich angestiegen. Als Konsequenz daraus müssen heute ungefähr 45 Prozent des verbrauchten Öls aus anderen Weltregionen importiert werden. Der Verbrauchseinbruch seit 2008 zeigt aber auch, wie viel »Luft« hier im System ist.

Erdgas liefert zirka 24 Prozent der benötigten Energie. Aber auch bei diesem Brennstoff sinkt die Förderung seit 2001. Die Erschließung der Shalegas-Vorkommen kann dies noch für kurze Zeit ausgleichen. Heute werden nach Nordamerika nur ungefähr 2 Prozent des Erdgases mittels Flüssiggastanker aus anderen Weltregionen eingeführt. Trotz der Euphorie bezüglich der Nutzungspotentiale von »unkonventionellem« Gas, dessen Rolle im zweiten Kapitel beschrieben wurde, wird es langfristig fehlendes Erdgas oder Öl nicht kompensieren können. Heute beträgt der Anteil des »shale gas« ungefähr 10 Prozent an der Gasförderung in den USA. Eine Ausweitung – mehr und mehr in dichtbesiedelte Gebiete im Nordosten des Landes – gerät jedoch zunehmend in Konflikt mit den Anwohnern und in Nutzungskonkurrenz bezüglich der Landflächen.

Kohle deckt in Nordamerika ungefähr 21 Prozent des heutigen Energiebedarfs ab. Sie dient fast ausschließlich der Gewinnung von elektrischem Strom. Abgebaut werden vor allem Steinkohlevorkommen in den Appalachen und im Illinoisbecken sowie Stein- und Braunkohlevorkommen in den Rocky Mountains. Mehr und mehr zeigt sich, dass die großen Kohlereserven übertrieben dargestellt werden. Wenn noch eine Ausweitung der Förderung erfolgen kann, dann nur mit Braunkohle in Wyoming oder Montana. Doch steht beispielsweise der notwendige Tagebau in Montana im direkten und ernsthaften Konflikt mit der Viehzucht und ihrem großen Flächenbedarf an Weideflächen. Der Kohleabbau in den Appalachen im Osten der USA steht unter massiven Akzeptanzproblemen, da man dort mittlerweile ganze Berge schält und sprengt, um an die Kohleflöze in ihrem Inneren zu kommen (mountaintop removal mining). Unter günstigsten Bedingungen wird erwartet, dass die Kohleproduktion in der OECD-Region Nordamerika zwischen 2025 und 2030 den Fördergipfel erreichen wird. Vermutlich liegt er jedoch deutlich näher.

Heute trägt die Nuklearenergie in Nordamerika mit weniger als 9 Prozent zur Primärenergieversorgung bei. Die Uranförderung hat bereits den Höhepunkt überschritten und befindet sich im Rückgang.

Erneuerbare Energien

Nordamerika verfügt über große Potentiale zur Nutzung von regenerativen Energien. Langfristig könnten über 25 000 TWh Strom pro Jahr aus diesen Quellen erzeugt werden – ungefähr fünfmal mehr als heute insgesamt verbraucht wird. Die größten technischen Potentiale gibt es für die Stromerzeugung aus Windenergie mit über 14 000 TWh pro Jahr, aus solarthermischen Kraftwerken (SOT) mit über 3400 TWh pro Jahr, aus Fotovoltaik mit über 3300 TWh pro Jahr, aus Tiefengeothermie mit über 2300 TWh pro Jahr und konventionellen Wasserkraftwerken mit über 1500 TWh pro Jahr.

Der heutige Bedarf an Heizenergie in der Region könnte allein mit solarthermischen Kollektoren abgedeckt werden, da Nordamerika über sehr gute Parameter bei der Sonneneinstrahlung verfügt. Weitere Wärmequellen könnten Tiefengeothermie mit über 1800 Mtoe pro Jahr sowie Biomasse mit über 460 Mtoe pro Jahr und Biogas mit bis zu 8 Mtoe pro Jahr sein.

Allerdings stellt das niedrige Niveau des heutigen Anteils erneuerbarer Energien an der Energieversorgung in Nordamerika ein Problem dar: Eine Ausweitung bei den erneuerbaren Energien erfordert große Anstrengungen in den nächsten Jahrzehnten. 2009 lieferten Erneuerbare nur 6,8 Prozent der verbrauchten Energie. Ein Großteil davon wurde von Biomasse und Wasserkraftwerken geliefert. Wind- und Solarkraftwerke trugen gerade einmal vier Prozent zur regenerativen Energieerzeugung bei. In den nächsten Jahrzehnten sind weit größere Anstrengungen und ein stärkeres Wachstum dieser Branche notwendig als in der Vergangenheit zu beobachten war, um den Beitrag erneuerbarer Energien signifikant zu erhöhen. Das Beispiel der Fotovoltaik-Industrie in den USA zeigt deutlich, wie politische Rahmenbedingungen Industrien beeinflussen können. Bis 1998 waren die USA führend in der Herstellung von PV-Modulen. Unter dem Präsidenten George W. Bush fiel das Land hinter Europa, Japan und China an die letzte Stelle unter den Herstellerländern zurück.

Übergangsphase

Die Übergangsphase vom heutigen Energiesystem, das auf fossilen und nuklearen Brennstoffen basiert, hin zu einem erneuerbaren wird in Nordamerika große Anstrengungen bedeuten und mehrere Jahrzehnte in Anspruch nehmen. Wie das Beispiel des hohen Ölpreises 2007/2008 zeigte, können solche Veränderungen durchaus zu vermehrten Investitionen in alternative Energien – hier in die Windenergiebranche – führen. So überholten die USA 2009 Deutschland bei der Installation von neuen Windkraftanlagen.

Die rasch schwindende Verfügbarkeit von fossilen Brennstoffen kann zu weiter steigenden Energiepreisen führen. 2009 lag der Ölverbrauch unterhalb des Wertes von 1998, trotzdem übertraf der Ölpreis im letzten Jahr den Wert von damals um den Faktor Vier! In der Folge einer wieder steigenden Ölnachfrage (aufgrund des angestrebten Wirtschaftswachstums) wird der Ölpreis noch weiter ansteigen müssen. Der Druck, neue Ölfelder zu erschließen, wird zunehmen; je seltener diese Erschließung neuer Ölquellen aber rechtzeitig gelingt, desto deutlicher wird der Preisdruck weiter ansteigen. Ein Rückgang des Wachstums und der Wirtschaftsleistung wird ähnlich wie 2007/2008 zu beobachten sein. Ein Novum wie das, dass seit dem Jahr 2008 zum ersten Mal seit Anfang der Zählungen die gefahrenen Personenkilometer in den USA rückläufig sind, wird zum Regelfall werden. Der Handlungsdruck, Energie einzusparen und die Effizienz bei der Energienutzung weiter zu erhöhen, wird noch stärker werden.

Langzeitperspektive

Der Flugverkehr wird in Nordamerika nicht im gewohnten Maß weitergeführt werden können. In den nächsten Jahren werden zunehmend Firmenzusammenschlüsse, wie sie bereits in der Öl-, der Fahrzeug- und Flugzeugindustrie zu beobachten sind, stattfinden; als Folge steigender Preise wird ein Rückgang des Straßenverkehrs zu beobachten sein. Der Versuch, den heutigen Energie- und Ressourcenverbrauch fortzuführen, wird scheitern müssen, da die Region weder über genügend eigene Reserven verfügt noch in der Lage sein wird, sie im nötigen Umfang zu importieren.

Langfristig kann und muss die Region den Übergang hin zu einem erneuerbaren Energiesystem vollziehen. Nordamerika verfügt hierfür über große Potentiale, ausreichend, um mit ihnen seinen gesamten Energiebedarf zu decken. Insbesondere erneuerbarer Strom wird in der Region zur neuen »Säule« der Energieversorgung werden, hier vor allem für den Transportsektor. Jedoch wird der Übergang kein leichter sein, da für die Dynamik eines Neuaufbaus einer nachhaltigen Infrastruktur und Gesellschaft Zeit und Ressourcen gebraucht werden.

OECD-Europa

Seit den Ölpreisschocks von 1973 und 1979 ist in Europa das wirtschaftliche Wachstum schneller gestiegen als der Ressourcenverbrauch. Dieser Trend soll gemäß der europäischen Energiestrategie fortgesetzt werden: Bis 2020 soll die Energieeffizienz um weitere 20 Prozent gesteigert werden. Dies umfasst Effizienzsteigerungen und Einsparmaßnahmen bei Gebäuden im Neubau (beispielsweise soll die Norm für Passivhäuser zum Standard werden) und im Bestand (Altbausanierungen), bei Elektrogeräten und insbesondere im Transportbereich.

Dennoch – Europa verbraucht heute mehr Energie als es selbst produziert. Empfindlich getroffen von den Entwicklungen in den letzten Monaten und Jahren sorgt sich Europa zunehmend um die eigene Energiesicherheit:

- Vor zwei Jahren erreichte der Ölpreis fast 150 US-Dollar pro Barrel – kurz darauf erlebten wir den Kollaps oder den Beinahe-Kollaps einiger renommierter Finanzinstitutionen, was dann wiederum ein Einbrechen des Rohölpreises mit sich brachte.
- Im vergangenen Jahr wurden die Gaslieferungen durch die Ukraine von Russland unterbrochen, mit starken Auswirkungen auf die Bevölkerung in einigen OECD-Mitgliedsstaaten – es war Winterzeit. Mitte 2010 entstand durch Unterbrechungen des Gastransits in Weißrussland neuerlich Unsicherheit hinsichtlich der Versorgung von Teilen Europas mit Gas.
- Die IEA hat ihren Ton verschärft und wiederholt vor »alarmierenden Folgen für den Klimawandel und die Energiesicherheit« gewarnt, wenn wir unsere Versorgung und unseren Verbrauch an Energie nicht ändern.
- Die Auswirkungen der massiven Mobilisierung öffentlicher Mittel für die wirtschaftliche und monetäre Stabilität auf Investitionen im Energiesektor sind noch nicht klar einzuschätzen. Das Risiko einer Reduzierung der Investitionen in neue Technologien und Infrastruktur liegt jedoch auf der Hand.

[Oettinger 2010]

Die Europäische Kommission geht davon aus, dass die benötigten Energieimporte von momentan über 50 Prozent in den nächsten zwei Jahrzehnten auf über 70 Prozent ansteigen werden. Da Europa keine ausreichenden Möglichkeiten hat, die Rahmenbedingungen und Konditionen der zukünftigen Energielieferungen aus den Förderländern zu bestimmen und zu beeinflussen, ist es für Europa eine zentrale Aufgabe, seinen Energieverbrauch deutlich zu reduzieren und den Anteil erneuerbarer Energieerzeugung an seiner Versorgung zu erhöhen.

Gleichzeitig hat sich Europa zum Ziel gesetzt, seine CO_2-Emissionen zu reduzieren. Nachdem aufgrund der Wirtschaftskrise in den letzten drei Jahren diese Emissionen bereits um insgesamt 11 Prozent gefallen sind und der internationale Wettbewerb im Bereich »Clean Tech« weiter an Fahrt gewinnt, werden Forderungen laut, bis 2020 statt des vereinbarten 20-Prozent-Ziels die CO_2-Reduktion gegenüber 1990 auf 30 Prozent auszuweiten. Bereits im vergangenen Jahr wurde begleitend zur Klimakonferenz in Kopenhagen darüber diskutiert, ob die europäischen Ziele zur Reduzierung der CO_2-Emissionen nicht weiter verschärft werden könnten. Als weiteres Reduktionsziel wurde hier ein Zielwert von bis zu 95 Prozent bis 2050 in Betracht gezogen. Jedoch konnten sich die beteiligten Nationen während der Klimakonferenz nicht auf eine feste Vorgabe einigen; einige wollten keine weiteren internationalen Festlegungen akzeptieren oder ihre Maßnahmen und Ziele zum Klimaschutz konkretisieren.

Im Bereich der erneuerbaren Energien hat sich Europa das Ziel gesetzt, bis 2020 den Anteil erneuerbarer Energien am Endenergieverbrauch von heute 10 Prozent auf 20 Prozent zu erhöhen. Aktuell wird in der EU die europäische Energiestrategie von 2011 bis 2020 beraten. Ein Beschluss der europäischen Staats- und Regierungschefs wird für März 2011 erwartet. Wesentliche Pfeiler dieser Strategie sind die bereits oben erwähnte Steigerung der Energieeffizienz und die Umsetzung und Finanzierung des europäischen Energietechnologie-Plans – des sogenannten *SET-Plans*. Hier sollen vor allem die Entwicklung und Kommerzialisierung von wichtigen Energietechnologien vorangetrieben werden (siehe Kasten folgende Seite). Schwerpunkte stellen hier die Bereiche Wind- und Solarenergie sowie die Stromnetze dar. Die Anbindung von Windkraftanlagen in der Nord- und Ostsee, Solarenergie in Nordafrika oder Wasserkraftwerken stellt große Herausforderungen an die Stromnetze. Hochspannungs-Gleichstrom wird für Fernleitungen eingesetzt werden. Intelligente Netze, sogenannte »Smart Grids«, müssen die heutigen Stromnetze ergänzen oder ersetzen; sie müssen für die neuen Rahmenbedingungen der fluktuierenden Stromerzeugung bei Windkraftanlagen und Solarsystemen sowie der wechselnden Stromnachfrage bei den Verbrauchern tauglich sein und beides optimal koordinieren. Die Entwicklung von neuen Stromspeichern gewinnt hier immer mehr an Bedeutung: Überschüssiger Strom aus Windkraftanlagen könnte beispielsweise in Form von Wasserstoff in Kavernen gespeichert werden und dem Verkehr als Kraftstoff zur Verfügung gestellt werden.

Deutscher Aktionsplan für die weitere Förderung erneuerbarer Energien

In Deutschland, das heute weltweit und somit auch in Europa im Bereich der erneuerbaren Energien eine Spitzenposition einnimmt, wurde Anfang August 2010 von Umweltminister Norbert Röttgen der Nationale Aktionsplan für die weitere Förderung erneuerbarer Energien vorgestellt.

Schwerpunkte des Plans sind unter anderem die Förderung und der Ausbau von Offshore-Windenergie sowie der Stromspeicherkapazitäten. Bei der Vorstellung des Aktionsplans forderte Röttgen, dass der Bund künftig Bürgschaften für Offshore-Windparks übernehmen und somit Unternehmen bei der Investition unterstützen sollte. So könne der Ausbau von weiteren Offshore-Windparks forciert werden und die installierte Leistung von heute 150 MW auf 10 000 MW im Jahr 2020 und 25 000 MW im Jahr 2030 erhöht werden.

»Der vorliegende Nationale Aktionsplan im Rahmen der Richtlinie 2009/28/EG legt dar, dass der Ausbau der erneuerbaren Energien in Deutschland weiter ambitioniert vorangetrieben wird. In dem vorliegenden Nationalen Aktionsplan rechnet die Bundesregierung mit einem Anteil der erneuerbaren Energien am Bruttoendenergieverbrauch 2020 von 19,6%. Der Anteil der erneuerbaren Energien im Stromsektor beträgt dabei 38,6%, der Anteil im Wärme-/Kältesektor 15,5 % und im Verkehrssektor 13,2%...«

»... Übergreifendes Ziel der Bundesregierung bis 2020 ist es, den Prozess der Transformation zu einem auf erneuerbaren Energien basierenden Energiesystem voranzutreiben.«

[Aktionsplan 2010], [EurActiv 8/2010]

Eine weitere Perspektive für die nachhaltige Energieversorgung Europas bietet der Import von Solarstrom aus Nordafrika. Nach Meinung des europäischen Energiekommissars Günther Oettinger könnte bereits in fünf Jahren Strom aus der Sahara nach Europa importiert werden. Hierzu plant das europäische Industriekonsortium Desertec, das im Juli 2009 von ABB, Abengoa Solar, Cevital, Desertec Foundation, Deutsche Bank,

E.ON, HSH Nordbank, MAN, Solar Millennium, Munich Re, M+W Zander, RWE, Schott Solar und Siemens gegründet wurde, den Bau von thermischen Solarkraftwerken in Nordafrika und von Gleichstrom-Hochspannungsleitungen zur Übertragung des Stroms nach Europa. Langfristig könnte so Europa bis zu 15 oder 20 Prozent des benötigten Stroms aus Nordafrika importieren. Bei den avisierten Parabolrinnen-Kraftwerken wird kein technisches Neuland betreten; Kraftwerke dieser Art arbeiten in den USA bereits seit Jahrzehnten. In Südspanien sind die zwei ersten 50-MW-Anlagen angeschlossen, weitere große Anlagen sind in Bau.

Eine besondere Herausforderung stellt in Europa der Transportsektor da, nicht zuletzt aufgrund der wichtigen Rolle der Automobilindustrie. Hier hat die Politik zusammen mit der Industrie eine Kooperation zur Förderung von Wasserstofftankstellen und Brennstoffzellenfahrzeugen, das FCH JU, »Fuel Cell Hydrogen Joint Untertaking«, ins Leben gerufen. Im Rahmen von gemeinsamen Förderprogrammen wird die Entwicklung und Marktvorbereitung von Brennstoffzellenfahrzeugen und Wasserstoff als Energieträger vorbereitet. Hier kann speziell die Nutzung von erneuerbarem Strom aus Windkraftanlagen eine wichtige Rolle spielen. In sogenannten »Leuchtturmprojekten« werden in den nächsten Jahren in ganz Europa Demonstrationsprojekte aufgebaut. Ziel ist es, die europäische Technologie in diesem Bereich zu fördern und weltweit konkurrenzfähig zu sein. In den letzten Jahren wurden zusätzlich nationale Projekte und Förderprogramme zur Einführung von batteriegetriebenen Elektrofahrzeugen forciert. Beispielsweise verabschiedete im August 2009 die Bundesrepublik Deutschland den Nationalen Entwicklungsplan Elektromobilität mit dem Ziel, bis 2020 eine Million Elektrofahrzeuge (mit reinem Batterie- oder Benzin-Batterie-Hybridantrieb) und zusätzlich 500 000 Brennstoffzellenfahrzeuge auf die Straße zu bringen.

Nationaler Entwicklungsplan Elektromobilität

»Mit dem Nationalen Entwicklungsplan Elektromobilität setzt die Bundesregierung ihre Strategie ›Weg vom Öl‹ weiter um. Zusätzlich leistet die Elektromobilität in Verbindung mit erneuerbaren Energien einen wichtigen Beitrag zum Klimaschutz. Darüber hinaus kann die Elektromobilität einer neuen Mobilitätskultur und einer modernen Stadt- und Raumplanung zum Durchbruch verhelfen.«

»Die Bundesregierung fördert von 2009 bis 2011 mit insgesamt 500 Millionen Euro aus dem Konjunkturpaket II den Ausbau und die Marktvorbereitung der Elektromobilität. So werden zum Beispiel im BMVBS-Förderschwerpunkt ›Elektromobilität in Modellregionen‹ acht Modellvorhaben (in Berlin/Potsdam, Leipzig/Dresden/Sachsen, München, Region Stuttgart, Rhein-Main, Rhein-Ruhr, Oldenburg/Bremen und Hamburg) mit insgesamt 115 Millionen Euro gefördert. Akteure aus Wissenschaft, Industrie und den beteiligten Kommunen arbeiten bei diesen Modellprojekten eng zusammen, um den Aufbau einer Infrastruktur und die Verankerung der Elektromobilität im öffentlichen Raum voranzubringen.«

»H2 Mobility«-Initiative in Deutschland

Im September 2009 wurde die »H2 Mobility«-Initiative mit dem Ziel gegründet, die entscheidenden Rahmenbedingungen für den Aufbau einer flächendeckenden Wasserstoffinfrastruktur in Deutschland zu setzen. Partner der H2-Mobility-Initiative sind Air Liquide, Air Products, Daimler, EnBW, Linde, OMV, Shell, Total, Vattenfall und die »NOW GmbH« – die Nationale Organisation Wasserstoff- und Brennstoffzellentechnologie.

Ziel ist es, den bundesweiten Ausbau eines Wasserstofftankstellennetzes fortzusetzen, um die ab etwa 2015 vorgesehene Kommerzialisierung von Elektrofahrzeugen mit Brennstoffzellenantrieb in Deutschland auch mit der entsprechenden Wasserstoff-Infrastruktur zu flankieren.

»Unser Ziel ist der Aufbau einer möglichst flächendeckenden Versorgung mit Wasserstoff in Deutschland, um 2015 die serienmäßige Einführung von Brennstoffzellenfahrzeugen zu ermöglichen.« Wolfgang Tiefensee, Bundesminister für Verkehr, Bau und Stadtentwicklung, Berlin, 10. September 2009

[BMVBS 2010], [NOW 2010], [Bundesregierung 2010]

Ausblick

Europas Energiepolitik ist im Wandel und in einer Neuausrichtung. Die fossile und nukleare Energieversorgung wird in den kommenden Jahrzehnten ihr heutiges Niveau nicht halten können; insbesondere wird die bereits jetzt fallende regionale Öl- und Erdgasproduktion bis 2030 deutlich zurückgegangen sein.

Parallel dazu kann der Anteil erneuerbarer Energien deutlich wachsen. Bei einer Fortschreibung des aktuellen Trends könnten bis zum Jahr 2030 Erneuerbare bereits 40 Prozent der Primärenergie abdecken. Durch ambitionierte Maßnahmen zur Energieeinsparung bei Strom, Wärme und Kraftstoffen könnte der Rückgang konventioneller Energiebereitstellung in Europa kompensiert werden und ein Defizit in der Energieversorgung erfolgreich verhindert werden. Heute beträgt der Endenergieverbrauch in OECD-Europa zirka 1300 Mtoe (Millionen Tonnen Öl-Äquivalent) [IEA 2009]. Langfristig könnten erneuerbare Energien in Europa fast

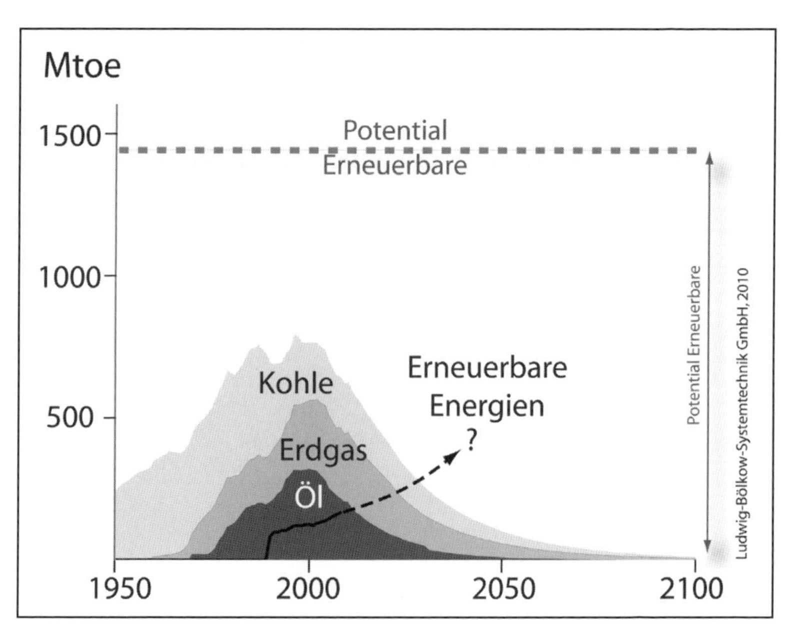

Abbildung 67: Energiebereitstellung OECD-Europa (Förderung und Erzeugung)

1500 Mtoe zur Verfügung stellen. Die »Dekarbonisierung« der Energiesektoren, die gleichzeitig neue Beschäftigungs- und Exportmöglichkeiten schafft, bietet somit eine Chance und einen Ausweg für Europa zur Stärkung der europäischen wirtschaftlichen Erholung, zur Verbesserung der Energiesicherung und zur Bekämpfung des Klimawandels.

Fossile und nukleare Energieversorgung

Heute muss die EU-27 mehr als 50 Prozent ihrer benötigten Energie importieren. Öl ist mit ungefähr 35 Prozent der dominierende Energielieferant, gefolgt von Erdgas mit 25 Prozent, Kohle mit 17 Prozent und Nuklearenergie mit 13 Prozent [IEA 2009].

Bereits seit dem Jahr 2000 sinkt die eigene europäische **Ölförderung**. Es wird erwartet, dass auch die Ölimporte und damit die Verfügbarkeit von Öl in Europa zwischen 2010 und 2030 deutlich zurückgehen werden. Grund hierfür sind unter anderem geringer werdende Importanteile aus den ölexportierenden Ländern, Chinas steigende Ölimporte und steigende Preise.

In Europa ist nur Norwegen in der Lage, seine **Erdgasförderung** für einige Jahre zu stabilisieren. Aber auch hier wird ein Rückgang der Gasförderung 2015 bis 2020 erwartet. Schon heute muss Europa um die 46 Prozent seines Erdgases importieren. Aktuell befinden sich einige neue Pipeline-Projekte in Planung. Europa verfolgt dabei das Ziel, die Lieferung von Erdgas aus Russland und dem Mittleren Osten auszubauen und gleichzeitig auf verschiedene Transportwege und Lieferanten zu setzen. Dennoch ist und bleibt Russland der dominierende Lieferant von Erdgas für Europa. Dies zeigt sich auch bei den in Planung befindlichen Pipeline-Projekten: So werden die Projekte »North Stream« (auch bezeichnet als »Ostsee-Pipeline«), »South Stream« und »Blue Stream« sämtlich von Gazprom, der russischen Erdgasgesellschaft, geplant. Parallel versucht ein Industriekonsortium mit politischer Unterstützung, im Rahmen des »Nabucco«-Pipeline-Projektes einen Ausbau der Versorgung ohne Beteiligung Russlands zu erreichen, doch mehren sich hier von Anfang an die

Schwierigkeiten und Probleme. Unabhängig vom Bau dieser Pipelines werden ab 2020 aller Voraussicht nach die Gasimporte nach Europa stark zurückgehen. Grund hierfür ist der erwartete Rückgang der Exportmöglichkeiten aus Russland und den benachbarten Regionen.

Die Zukunft der **Kohleförderung** in Europa ist unklar. Heute werden mehr als 50 Prozent der benötigten Kohle importiert. In den nächsten Jahrzehnten werden auch hier weltweit Förderengpässe und damit verbunden zurückgehende Importe nach Europa erwartet. Bereits heute zeichnet sich ein Trend ab: Seit 2000 ist die installierte Leistung von Kohlekraftwerken in Europa insgesamt um 12,9 Gigawatt zurückgegangen.

Fast 100 Prozent des heute in Europa verwendeten Urans werden importiert. (Zur weltweiten Verfügbarkeit von Uran siehe den Abschnitt am Ende des ersten Kapitels.) In den nächsten Jahren wird die Stromerzeugung aus Atomkraftwerken aufgrund des Abschaltens veralteter Reaktoren weiter zurückgehen, wie schon in den letzten zehn Jahren die installierte Leistung in Kernkraftwerken in Europa um 7,2 GW zurückgegangen ist. [EWEA 2010]. Eine Umkehr des Trends ist nicht in Sicht, woran auch verlängerte Restlaufzeiten nichts ändern.

Erneuerbare Energien

Europa ist weltweit führend bei der Erzeugung von erneuerbarem Strom. Bis 2030 könnten erneuerbare Energien 500 Mtoe an Energie bereitstellen – mehr als in jeder anderen Weltregion. Langfristig könnte die Stromproduktion aus Erneuerbaren auf 10 000 TWh ansteigen. Heute werden in OECD-Europa ungefähr 3600 TWh pro Jahr an Strom erzeugt [IEA 2009]. Allein Windparks könnten in Europa 4200 TWh erzeugen, solarthermische Kraftwerke zur Stromerzeugung in Spanien, Italien, Griechenland und der Türkei um die 2900 TWh, Fotovoltaik-Anlagen auf Hausdächern um die 2200 TWh und Wasserkraftwerke, inklusive Wellen- und Gezeitenkraftwerke, mehr als 800 TWh. Solarthermie, Geothermie (440 Mtoe), Biomasse (170 Mtoe) und Biogas (11 Mtoe) könnten in Europa die Wärmeerzeugung übernehmen.

Wie sehr erneuerbare Energien sich im Aufwind befinden, zeigt die Tatsache, dass allein im letzten Jahr europaweit mehr Windkraftwerke und Fotovoltaik-Anlagen gebaut wurden als fossile und nukleare Kraftwerke – und dies trotz der Auswirkungen der Wirtschaftskrise (siehe auch unten, Abbildung 68 und Tabelle 16).

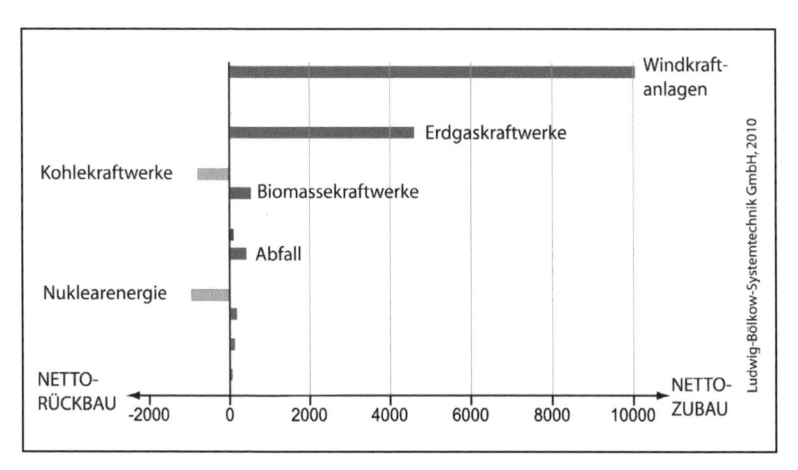

Abbildung 68: Neuinstallierte Kraftwerkskapazitäten in Europa im Jahr 2009 [EWEA 2010]

Angaben in Megawatt	Zubau 2009	Abschaltungen 2009	Nettobilanz 2009 (+ Zubau / - Rückgang)
Windkraftanlagen	10 163	115	**+ 10 048**
Erdgaskraftwerke	6630	404	**+ 6226**
Fotovoltaik-Anlagen	4600	0	**+ 4600**
Kohlekraftwerke	2406	3200	**- 794**
Biomassekraftwerke	581	39	**+ 542**
Ölkraftwerke	573	472	**+ 101**
Abfall	442	24	**+ 418**
Nuklearenergie	439	1393	**- 954**
Große Wasserkraftwerke	338	166	**+ 172**
Solarthermische Kraftwerke (Strom)	120	0	**+ 120**
Kleine Wasserkraftwerke	54,5	0,6	**+ 53,9**

Tabelle 16: Neuinstallierte Kraftwerkskapazitäten in Europa im Jahr 2009 [EWEA 2010]

Übergangsphase (Heute bis 2050)

In den kommenden zehn bis zwanzig Jahren steht Europa vor sehr ernsten Herausforderungen, was die Energiebereitstellung auf dem Kontinent betrifft. Die heutige Dominanz fossiler und nuklearer Energiequellen muss schnell abgelöst werden. Dies muss durch die konsequente Reduktion des Energieverbrauchs, Steigerungen der Nutzungseffizienz und durch den Einsatz erneuerbarer Energien erfolgen. Dabei ist es bereits heute von großer Wichtigkeit, die vorhandene Infrastruktur (Stromnetze, Stromspeicher, Betankungsinfrastruktur, Siedlungsstrukturen, Verkehrswege, Agrarflächen) und anstehende Investitionen (zum Beispiel Kraftwerksbau, Ausbildung von Fachkräften) an den sich sehr schnell ändernden neuen Rahmenbedingungen auszurichten.

Langzeitperspektive

Erneuerbarer Strom hat das Potential, zur Säule unserer Energieversorgung in Europa zu werden. Mit der Einführung eines intelligenten Stromnetzes zur Regelung der dezentralen Energieerzeugung und des Energieverbrauchs (zum Beispiel Demand-Side-Management für den mobilen und stationären Energieverbrauch) können neue Strukturen für die optimale Einbindung von erneuerbaren Energien geschaffen werden.

Der Verkehr wird nahezu vollständig auf erneuerbaren Strom umstellen. Haushalte können aus Energieüberschüssen zu Netto-Produzenten werden. Aber auch der Agrarsektor wird seine Abhängigkeit von fossilen Brennstoffen und den Importen von Futtermitteln, Dünger oder Energiepflanzen aus anderen Weltregionen überwunden haben müssen. Durch die Substitution von fossilen Brennstoffen können die Emissionen von CO_2 und anderen Treibhausgasen reduziert und die Klimaschutzziele erreicht werden.

China

China befindet sich im Umbruch wie kein anderes Land – mit deutlichen Konsequenzen für die weltweite Versorgung mit Rohstoffen und den Ausstoß von Treibhausgasen. Betrug vor zehn Jahren der Energieverbrauch Chinas noch etwa die Hälfte des US-amerikanischen, so änderte sich das in den letzten Jahren: Weltweit ist heute China größter Verbraucher von Energie und größter Verursacher von CO_2-Emissionen.

Die Internationale Energieagentur beziffert Chinas Verbrauch von Primärenergie für das Jahr 2009 auf ungefähr 2170 Mtoe, etwa ein Sechstel mehr als Europa. Unter Berücksichtigung der Bevölkerungszahl ergibt sich jedoch ein völlig anderes Bild: Der spezifische Verbrauch eines Chinesen beträgt nur etwa ein Fünftel dessen, was ein US-Bürger pro Jahr an Energie zur Verfügung hat. Hier zeigt sich noch ein deutliches Ungleichgewicht im internationalen Vergleich; und es lässt sich ahnen, welche Energiemengen es erfordern würde, wollten alle Chinesen dem »American Way of Life« nacheifern. Aufgrund des erwarteten Wirtschaftswachstums und der Bevölkerungsgröße Chinas wird der absolute wie der spezifische Energieverbrauch auf jeden Fall weiter anwachsen, wenn es China gelingt, sich die entsprechenden Ressourcen, vor allem Öl und Gas, zu verschaffen.

Heute ist China mit 9,2 Millionen Barrel/Tag Rohölverbrauch hinter den USA, mit ungefähr 19 Millionen Barrel, weltweit der zweitgrößte Ölverbraucher. Dies hat Konsequenzen: Bereits heute schon orientiert sich die OPEC – die Vereinigung ölexportierender Länder – längst nicht mehr alleine nach der (noch) größten Wirtschaftsnation, den USA. Saudi-Arabien, der weltweit größte Ölexporteur, verkauft bereits heute mehr Öl nach China als in die USA. Die geopolitischen Rahmenbedingungen haben sich somit bereits deutlich verändert. Nicht mehr der Westen dominiert die Nachfrage.

Fatih Birol, Chefökonom der Internationalen Energieagentur (IEA), schätzt, dass China wirtschaftlich weiter stark wachsen wird und in den nächsten 15 Jahren über 4000 Milliarden US-Dollar an neuen Investitionen für den Ausbau seiner Energieversorgung benötigen wird. Mehrere 1000 Gigawatt an neuer Kraftwerksleistung müssen in dieser Zeit aufgebaut werden. Zum Vergleich – das entspricht der heutigen Kraftwerkskapazität der USA.

Dabei ist insbesondere die zukünftige Rolle der Kohle hier noch unklar. Heute ist in China Kohle die wichtigste Energiequelle: 70 Prozent der Primärenergie und 80 Prozent des Stromes werden aus ihr gewonnen. Weltweit ist damit das Land sowohl beim Verbrauch als auch bei der jährlich steigenden Nachfrage nach Kohle mit keinem Land zu vergleichen – mit drastischen Folgen für das Klima. Jedoch zeichnet sich schon ab, dass China bald nicht mehr in der Lage sein wird, seinen Verbrauch beliebig zu steigern. Der ehemalige Exporteur von Kohle ist mittlerweile selbst zum Nettoimporteur geworden.

Ausblick

Fossile und nukleare Energieversorgung

2009 verbrauchte China 1,537 Milliarden Tonnen Kohle und deckte damit allein 70 Prozent seines gesamten Energiebedarfs. Der weltgrößte Kohleverbraucher ist jedoch seit einigen Jahren von einem »Selbstversorger« zu einem Importeur, vor allem von australischer Kohle, geworden (China hat hierzu gerade die Verträge für Kohlelieferungen mit Australien für die nächsten 20 Jahre verlängert). Erdöl deckte zirka 19 Prozents des Energiebedarfs ab; Erdgas lieferte weniger als 3 Prozent [IEA 2008]. Durch die ansteigende Importabhängigkeit wird China (trotz seiner Anstrengungen, sich in Afrika, Südamerika, Kanada, Australien und dem Mittleren Osten Ressourcen zu sichern) nicht in der Lage sein, seinen zukünftig erwarteten Energiebedarf decken zu können – vor allem nicht, wenn heutige Trends in den Energiezuwachsraten einfach fortgeschrieben werden.

Der Anteil der Nuklearenergie an der Primärenergieerzeugung beträgt in China weniger als ein Prozent. Aufgrund der Importabhängigkeit von Uran und zurückgehender Verfügbarkeit dieses Brennstoffs wird relevantes Wachstum in diesem Bereich nicht möglich sein.

Unsere Untersuchungen legen nahe, dass spätestens um 2020 Chinas Binnenförderung von Kohle und Erdgas ihren Höhepunkt erreichen wird. In den letzten drei Jahren nahm die Förderung von Kohle nochmals deutlich zu. Dies lässt darauf schließen, dass der unvermeidbare Förderhöhepunkt auf noch höherem Niveau erfolgt, dafür aber früher eintritt, und dass ihm ein noch stärkerer Rückgang folgt. Danach ist die Versorgung nach heutigem Kenntnisstand nicht mehr gesichert. Die Ölverfügbarkeit im Land wird voraussichtlich bereits in den nächsten Jahren beginnen zu sinken – selbst unter der Annahme, dass China zu Lasten anderer Regionen, wie Europa, in den nächsten Jahren mehr Öl importieren wird.

Die beste Alternative bietet hier der Ausbau von regenerativen Energien. Statt weiteren Investitionen in eine Infrastruktur auf Basis von Öl kann beispielsweise die Verbreitung von Elektromobilität China eine bessere Zukunftsoption bieten. Wie bereits berichtet wird, plant das chinesische Industrieministerium die verstärkte Förderung von Elektrofahrzeugen: China solle zum größten Markt für »umweltfreundliche« Autos werden. Zahlreiche Unternehmen in China arbeiten bereits seit Jahren an der Entwicklung von Elektrofahrzeugen mit Batterien und Brennstoffzellen.

Erneuerbare Energien

China war 2008 mit 76 GW vor den USA (40 GW) und Deutschland (34 GW) das Land mit der höchsten installierten Leistung an erneuerbaren Energien. Im selben Jahr überholte China zudem Japan bei PV-Systemen und wurde somit weltweit größter Produzent. China konnte das fünfte Jahr in Folge die installierte Leistung an Windkraftanlagen im eigenen Land verdoppeln. Bei der Nutzung von Sonnenwärme mittels Kollektoren und bei Wasserkraftwerken liegt das Land jeweils auf dem ersten Platz [REN21 2009].

Bis 2060 könnte China mehr als 1000 Mtoe/Jahr aus regenerativen Energiequellen erzeugen. Größte Potentiale liegen für die Stromerzeugung in der Windenergie (2760 TWh pro Jahr), in der Fotovoltaik (2260 TWh pro Jahr), in solarthermischen Kraftwerken (2160 TWh pro Jahr), Wasserkraftwerken (1920 TWh pro Jahr) und in der Tiefengeothermie (1000 TWh pro Jahr). Für die Wärmeerzeugung könnte die Tiefengeothermie mindestens 780 Mtoe pro Jahr bereitstellen, Biomasse 170 Mtoe und Biogas 160 Mtoe. Dezentrale solarthemische Anlagen können jedoch den Großteil des Wärmebedarfs abdecken. Seit vielen Jahren werden vier Fünftel aller Solarkollektoren der Welt in China hergestellt und verbaut. Der größte Teil der chinesischen Bevölkerung lebt in gemäßigten bis subtropischen Klimata, wo der Bedarf an Heizenergie geringer ist als etwa in Mitteleuropa.

China hat größte Potentiale für die Erzeugung von alternativen Kraftstoffen für den Verkehr aus erneuerbaren Energiequellen. Solar- und Windenergie können Strom für die direkte Nutzung in Batteriefahrzeugen liefern und Wasserstoff für Brennstoffzellenfahrzeuge erzeugen. China ist weltweit der wichtigste Produzent von seltenen Metallen (zum Beispiel Neodym, Indium, Tantal), die für zahlreiche High-Tech-Anwendungen benötigt werden wie beispielsweise in Elektroautos, Handys, Computern und in der Medizintechnik. Gleichzeitig verbraucht China allerdings bereits heute über 60 Prozent dieser weltweit benötigten seltenen Metalle selbst. Seit einigen Jahren verschärft sich international die Liefersituation bei wichtigen Rohstoffen: China nutzt seine dominierende Marktposition, kontrolliert und limitiert die Förderquoten und verhängt auf einige Rohstoffe (wie auf die Metalle Yttrium, Thulium und Terbium) ein vollständiges Exportverbot beziehungsweise Ausfuhrquoten und -zölle. Die Europäische Union, mit Unterstützung der USA, hat deswegen inzwischen sogar bei der Welthandelsorganisation WTO Klage gegen China eingereicht.

Aufgrund seiner großen Ressourcen an wichtigen Rohstoffen wie zum Beispiel Lithium und Neodym hat China auch einen strategischen Vorteil bei der Entwicklung von Batterien und Elektrofahrzeugen: Während westliche Nationen Lithium hier oder in Chile, Australien, oder Bolivien einkaufen müssen, kann China unabhängig von Importen die Entwicklung neuer Fahrzeuge vorantreiben, statt weiter in die Infrastruktur einer auf Erdöl basierenden Verkehrsstruktur zu investieren.

China auf dem Weg zum Marktführer von Elektrofahrzeugen?

China ist bereits heute einer der wichtigsten und attraktivsten Märkte für PKWs. Nach Angaben des Verbands chinesischer Automobilhersteller, der China Association of Automotive Manufacturers (CAAM), betrug 2009 der chinesische Automobilabsatz 13,75 Millionen Fahrzeuge, eine Steigerung von 48,3 Prozent gegenüber 2008. Für das Jahr 2010 wird ein weiteres Wachstum um 20 Prozent auf 16,5 Millionen Fahrzeuge erwartet.

Aktuell plant die chinesische Regierung, bis 2020 die Produktion von Elektrofahrzeugen mit Batterie, von Hybridfahrzeugen und Wasserstoff-Brennstoffzellenfahrzeugen auf eine Kapazität von 15 Millionen Einheiten pro Jahr zu erhöhen. Das chinesische Ministerium für Industrie und Informationstechnologie (MIIT) arbeitet dazu einen »Blueprint« aus, um in den nächsten zehn Jahren eine *new energy car industry* marktreif zu machen.

Was motorisierte Zweiräder angeht, hat China bereits vollendete Tatsachen geschaffen: Mehr als 60 Millionen Elektroroller fahren bereits auf den Straßen – und jedes Jahr werden es um die 20 Millionen mehr. Somit werden bereits heute in diesem Land mehr strom- als benzinbetriebene Fahrzeuge verkauft.

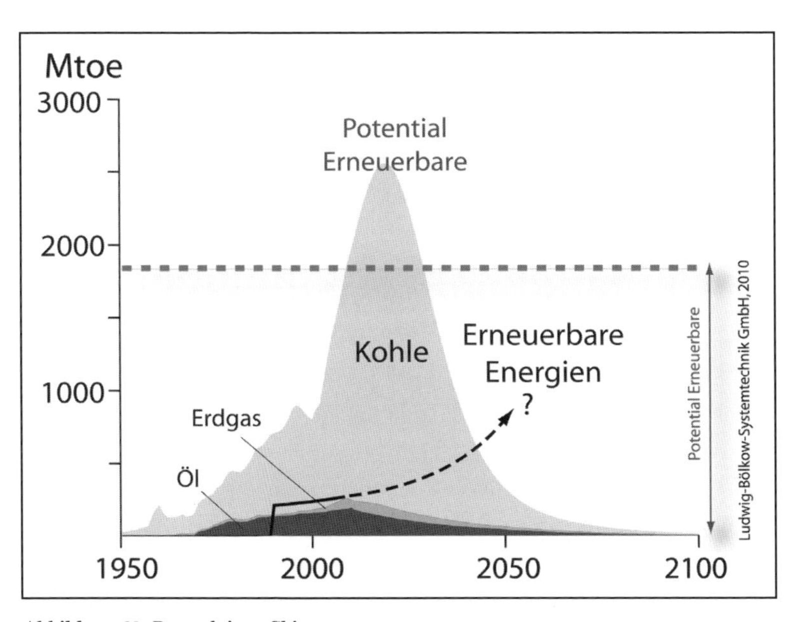

Abbildung 69: Perspektiven China

Übergangsphase

Nachdem das 20. Jahrhundert wirtschaftlich und politisch von den USA dominiert und geprägt wurde, so gilt das 21. als das »Asiatische Jahrhundert«. Vor allem China gilt als neues Symbol für Wirtschaftswachstum und Aufstieg zu Wohlstand. Der chinesische Automobilmarkt wächst so schnell wie kein anderer Markt. Dabei bevorzugen Chinesen größere Fahrzeuge als beispielsweise Europäer. Hersteller von Mittelklassewagen produzieren für China spezielle Varianten, die länger sind als die europäischen Versionen (zum Beispiel Mercedes E-Klasse, BMW 5er-Serie, VW Passat). Waren in der Vergangenheit billige Arbeitskräfte, niedrige oder nicht vorhandene Umweltstandards und der Zugang zu billigen Ressourcen günstige Voraussetzungen für Chinas Wachstum und Aufschwung, so werden in den nächsten Jahren und Jahrzehnten neue Rahmenbedingungen gelten.

Gleichzeitig ist China ein Land mit Problemen. Sinkende Grundwasserspiegel, verunreinigte Flüsse, steigende Luftverschmutzung in Städten, ungeregelte Abfallentsorgung, zunehmende Degradation der Landflächen, steigender Energiebedarf, steigende Lebenskosten führen zu größerer sozialer Ungleichheit in der Bevölkerung. China ist auch ein Land mit einem starren und sehr großen Beamtenapparat und mit Korruptionsproblemen auf allen Ebenen der Verwaltung.

China ist zum größten CO_2-Emittenten weltweit aufgestiegen und ist zunehmend auf Energie- und Rohstoffimporte angewiesen. Allein der rasante Wechsel von einem Nettoexporteur von Kohle zu einem -importeur wie auch die Spitzenposition beim Ölimport versanschaulichen die Dynamik, die das Land in den letzten Jahren geprägt hat. Der Versuch, diesen Wachstumspfad mit dem daran gebundenen Ressourcenverbrauch und Ausstoß von Emissionen unverändert weiterzugehen, würde China schmerzlich an die Grenzen des Möglichen führen und die ganze Welt in Mitleidenschaft ziehen. In den nächsten Jahren und Jahrzehnten wird China zum einen weiter versuchen, sich fossile und nicht-energetische Rohstoffe aus anderen Regionen der Welt zu sichern. Auf der anderen Seite zeigen auch die aktuellen Trends und neuen Gesetzgebungen, dass

China die effiziente Nutzung der Energie und den Anteil bei erneuerbaren Energien bei seiner Versorgung vorantreiben kann und auch muss.

Langzeitperspektive

Aufgrund zurückgehender Reserven bei fossilen und nuklearen Brennstoffen wird sich China in den kommenden Jahrzehnten vor allem auf den Zubau von erneuerbaren Energien konzentrieren müssen, sowohl für die stationäre Strom- und Wärmeerzeugung als auch für erneuerbaren Strom für den Verkehr. Im Gegensatz zu vielen OECD-Ländern hat China den großen Vorteil, noch nicht über eine ausgebaute und vollständig entwickelte Infrastruktur für fossile und nukleare Energieversorgung zu verfügen. China wird es leichter fallen, das fossile und nukleare Zeitalter zu »überspringen« und in nachhaltigere Lösungen zu investieren. China kann langfristig seinen gesamten Energiebedarf durch erneuerbare Energien decken. Schon heute ist China ein Marktführer bei erneuerbaren Technologien und kann dies ausbauen. Wassermangel wird für China ein zunehmendes Problem darstellen.

Indien (Südasien)

Indien ist nach China das zweitbevölkerungsreichste Land der Welt. Ähnlich wie sein asiatischer Nachbar hat Indien in den letzten Jahren ein starkes Wirtschaftswachstum erlebt – ein Wachstum, das allerdings nicht alle Bevölkerungsgruppen in gleicher Weise erreicht. Armut und Hunger (25 Prozent der Bevölkerung leben unterhalb der Armutsgrenze) sind nicht überwunden, Wasserknappheit und Dürre könnten sich durch den Klimawandel noch verschlimmern (im Wechsel mit Überschwemmungen in der Monsunzeit): Traditionelle Anbaumethoden und Saaten konnten darauf noch teilweise reagieren, moderne können es oft nicht; trotzdem gibt es aggressive Versuche, sie einzuführen. Neue große Herausforderungen sind zunehmender Ressourcenverbrauch, rasantes Bevölkerungswachstum, wachsende Arbeitslosigkeit, Luft- und Wasserverschmutzung und zunehmende Energie- und Infrastrukturprobleme. Eine neue Mittelschicht orientiert sich an westlichen Lebensstandards; das Problem der Kasten ist trotz politischem Bann im Alltag existent.

Indiens exportgetriebener Wachstumskurs ist vor allem durch die Abhängigkeit von ausländischen Investitionen und den zunehmenden Import von Rohstoffen gekennzeichnet. Während Indiens Wirtschaft noch von der Landwirtschaft dominiert wird, bieten die Industrie und der Dienstleistungssektor starke Wachstumsmärkte und bestimmen deutlich das indische Bruttosozialprodukt. Insgesamt profitiert das Land zunehmend von der steigenden Anzahl gut ausgebildeter Arbeitskräfte mit englischen Sprachkenntnissen, und dem Umstand, dass Indien im weltweiten Vergleich über eine relativ junge Bevölkerung verfügt: Im Jahr 2050 wird das Durchschnittsalter zwischen 30 und 39 Jahren liegen. Damit hat Indien im Vergleich zu den Industriestaaten, aber auch zu China (das 2050 ein durchschnittliches Bevölkerungsalter von 40 bis 49 Jahren haben wird) einen deutlichen Vorteil.

Der Geist von Kopenhagen: Vision einer nachhaltigen indisch-chinesischen Klima- und Energiepolitik ?

Aufmerksamkeit erregten die beiden großen Schwellenländer auf der Klimakonferenz in Kopenhagen im Dezember 2009, als sie sich gegen langfristig bindende Vereinbarungen zur Reduzierung der Treibhausgase – vorgeschlagen von den westlichen Industrienationen – stellten. Indien und China traten bei den Verhandlungen zusammen auf und demonstrierten eindrucksvoll Gemeinsamkeit und Durchsetzungsvermögen gegenüber den Industrienationen.

Auch wenn der Westen die beiden Nationen gerne für das Scheitern der Klimaverhandlungen verantwortlich macht, so ist doch aus Asien von einem »indisch-chinesischen Geist von Kopenhagen« zu hören, der Zeichen für eine nachhaltige gemeinsame Klima- und Energiepolitik setzt – nur eben nicht nach den Regeln des Westens. Indien wie China haben begonnen, nationale Programme zur Emissionsbegrenzung aufzulegen und den Ausbau erneuerbarer Energien zu fördern. Beispielsweise verkündete im Juni 2008 Indiens Premierminister Singh den **Nationalen Aktionsplan zum Klimaschutz (NAPCC - National Action Plan on Climate Change)**, in dem wichtige »nationale Programme« bis 2017 definiert werden; unter anderem das *Programm zur Energieeffizienzsteigerung* und das *Programm zur Förderung der Solarenergie* mit vielen Anreizen für die Industrie und Haushalte. Unter anderem wird dort die Ausweitung der Produktion von Fotovoltaik-Technik auf ein Gigawatt pro Jahr und die kumulierte Installation von einem GW thermischen Solaranlagen angestrebt.

Zu den wichtigsten Industriebereichen in Indien zählen Automobilbau, Unterhaltungselektronik und Telekommunikation sowie Informationstechnik (IT), Medizintechnik und die Energiebranche. Außerdem spielen Eisen- und Stahlerzeugung, Maschinen-, Kraftfahrzeug- und chemische Industrie eine wichtige Rolle. Zudem hat sich Indien zu einem der wichtigsten Exportländer für Computersoftware entwickelt und ist ein bedeutendes Herkunftsland von »human resources« im Bereich Software. Im rasanten Aufstieg befindet sich auch vor allem die Wind- und Solarenergie.

Ausblick

In Indien wird aufgrund des erwarteten fortgesetzten Wachstums der Energieverbrauch in nächsten Jahren weiter steigen. Da die Ölimporte in Zukunft wohl nicht mehr gesteigert werden können und nach 2020 auch

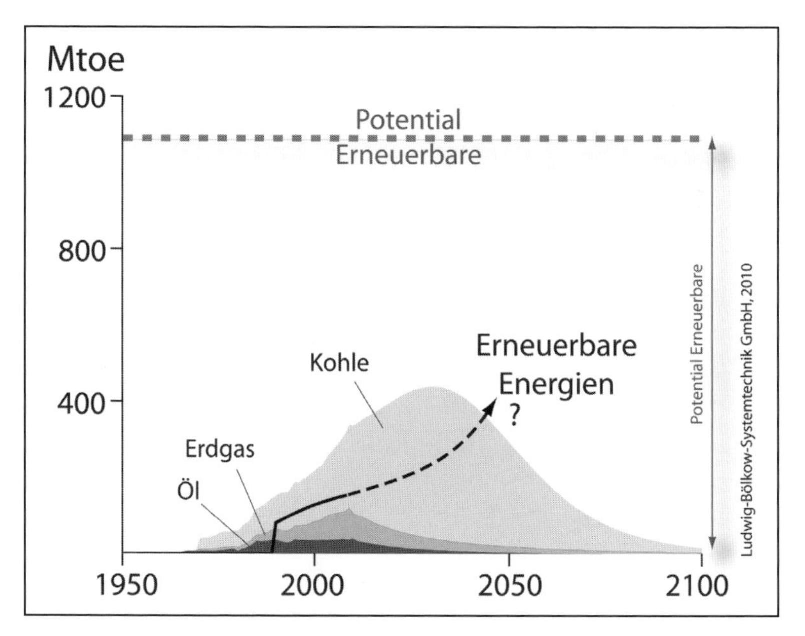

Abbildung 70: Perspektiven Südasien

die Verfügbarkeit von Erdgas sinken wird, ist zu erwarten, dass das Land in der Konsequenz vor allem auf die verstärkte Nutzung von Kohle und Biomasse setzen wird.

Hier befindet sich Indien, im Gegensatz zu manchen anderen Ländern und Weltregionen, in einer relativ günstigen Position: Obwohl es nicht über nennenswerte Reserven an Öl und Erdgas verfügt, kann es auf große Kohlereserven (deren uneingeschränkte Nutzung jedoch im direkten Konflikt mit den eigenen Klimaschutzzielen stünde) und hohe erneuerbare Energiepotentiale zurückgreifen. Indien könnte sich in den nächsten Jahren von fossilen Energien unabhängig machen und den Aufbau eines nachhaltigen Energiesystems vorantreiben. Die Nutzung von Windkraft, Solarenergie, Biomasse, Wasserkraft und die Erzeugung von erneuerbaren Kraftstoffen für den Verkehr wie Wasserstoff bieten gute Perspektiven für das Land.

Fossile Energieversorgung

In den letzten Jahren stellte Kohle in Indien ungefähr 40 Prozent der Primärenergie zur Verfügung und ist damit der wichtigste Energielieferant. Öl und Biomasse (inklusive Abfall) konnten jeweils 27 Prozent der Primärenergieversorgung übernehmen. Erdgas spielt mit knapp 6 Prozent in Indien eine untergeordnete Rolle. Insgesamt wurden im Jahr 2007 mit 150 Mtoe ungefähr 25 Prozent der Primärenergie importiert [IEA 2009]. Die Ölproduktion im eigenen Land erreichte bereits 2006 ihren Höhepunkt. Die indische Erdgasförderung wird in den nächsten Jahren beginnen zurückzugehen. Lediglich die Förderung heimischer Kohle und die von Uran könnten in den nächsten Jahrzehnten noch ausgeweitet werden.

Erneuerbare Energien

Mit 28 Prozent Anteil an der Primärenergie stellt die traditionelle Nutzung von Biomasse zum Kochen und Heizen in Indien den wichtigsten Energiekonsumenten dar [WEO 2008]. Jedoch ist eine Ausweitung der Biomassenutzung zur energetischen Verwendung nicht möglich, ohne dass eine ernsthafte Nutzungskonkurrenz mit der Nahrungsmittelproduktion entsteht. Auch ist Bodenerosion durch Entwaldung bereits jetzt ein Problem. Indien ist, neben China, bei der potentiellen Nutzung von Windenergie einer der wichtigsten Märkte auf dem asiatischen Kontinent. Das hier gegründete Unternehmen SUZLON zählt zu den wichtigsten Windradherstellern weltweit.

Die größten Potentiale zur Stromerzeugung sind für die Windkraftnutzung mit 4600 TWh pro Jahr, für Fotovoltaik mit 1560 TWh pro Jahr und für Wasserkraft mit 755 TWh pro Jahr gegeben. Indien verfügt auch über gute Möglichkeiten zum Bau solarthermischer Kraftwerke, vor allem im trockenen Nordwesten des Landes. Solche Anlagen sind bereits in Planung. Insgesamt könnten in Indien aus erneuerbaren Energien mindestens 1100 Mtoe erzeugt werden: Davon entfallen auf erneuerbaren Strom zirka 7700 TWh (673 Mtoe) und auf die Erzeugung von Wärme und Kraftstoffen 427 Mtoe. Bis 2030 könnte Indien zirka 485 Mtoe aus Erneuerbaren gewinnen und so mindestens 40 Prozent seines heutigen Primärenergiebedarfs abdecken.

Übergangsphase

Als Reaktion auf den wachsenden Energiebedarf und steigende Energieimportpreise könnte Indien versuchen, die heimische Kohle- und Biomassenutzung deutlich zu intensivieren. Jedoch wird das Land versuchen, aufgrund der schlechten Kohlequalität der heimischen Reserven weiter Kohle aus dem Ausland zu beziehen. Die Nutzung der Kohle wird die Emissionsprobleme im Land erhöhen und zu weiteren Problemen beim Klimaschutz führen. Schon heute wird erwartet, dass Indien durch den Klimawandel mit harten Konsequenzen zu kämpfen haben wird: unregelmäßigeres und extremeres Monsungeschehen, Dürre außerhalb der Monsunzeit (auch durch das Abschmelzen der Himalayagletscher), Landverluste im Tiefland bei einem Meeresspiegelanstieg. Weitere Versuche zur verstärkten energetischen Nutzung der Biomasse würden hier den Druck auf die Nahrungsmittelproduktion erhöhen.

Um in Zukunft wirtschaftliches Wachstum, Nahrungsmittel- und Wasserversorgung sowie Energiesicherheit zu gewährleisten, sollte Indien in den nächsten Jahrzehnten zielstrebig die Regionalisierung und die Dezentralisierung der Energiestrukturen sowie den Ausbau erneuerbarer Energiequellen vorantreiben. Für den Straßenverkehr muss Indien das »Ölzeitalter« überspringen und gleich mit dem Aufbau einer Infrastruktur für Elektrofahrzeuge beginnen (Batterie- und Wasserstoffbrennstoffzellenfahrzeuge).

Die Nutzung der Wind- und Solarenergie bietet Indien weitere große Wachstumsmärkte. Im Rahmen einer engeren Kooperation mit China bietet sich für beide Länder die Chance für den erfolgreichen Umstieg auf die regionale Erzeugung von erneuerbarem Strom. Auch bei der Elektromobilität wäre eine indisch-chinesische Kooperation möglich und vielversprechend. Zweiradmobilität wird in Indien noch lange eine Rolle spielen, wobei motorunterstützte Fahrräder eine Rolle als Zwischenglied zwischen Fahrrad und Moped übernehmen könnten. Indien hat ein enges, allerdings in großen Teilen veraltetes Eisenbahnnetz, dessen Modernisierung und Erweiterung verhindern könnte, dass der Trend zu privater Motorisierung allesbeherrschend wird.

Langzeitperspektive

Indien könnte zu einem führenden Land für Windkraft- und Solaranlagen (PV und Systeme zur Warmwassergewinnung) wie auch in der Elektromobilität werden. Der Ausbau von regionalen Strukturen begünstigt die Nutzung von Erneuerbaren, die Erzeugung von Nahrung und eine positive Entwicklung des heimischen Arbeitsmarktes. Im Vergleich mit anderen Weltregionen verfügt Indien über eine relativ junge Bevölkerung. Dieser demographische Aspekt könnte entscheidend für die zukünftige technologische Entwicklung und die wirtschaftlichen Wachstums- und Marktperspektiven sein.

Übergangsstaaten

Die Übergangsstaaten verfügen zusammen über enorme Energie- und Rohstoffressourcen. Russland ist unter ihnen der Rohstoffgigant: Das Land, das weltweit die größte Fläche besitzt, hat ein enormes Potential, in den nächsten Jahrzehnten den Handel mit fossilen und nuklearen Energieträgern wesentlich zu prägen, trotz zurückgehender Förderraten, die sich jetzt schon abzeichnen. Geopolitisch sind die Staaten der ehemaligen Sowjetunion für Europa und China unter den wichtigsten Lieferanten für Rohstoffe. Neben Öl, Erdgas, Kohle und Uran ist speziell Russland auch ein wichtiger Exporteur von Nahrungsmitteln und Holz. Es verfügt über Eisenerze, Mangan, Chrom, Nickel, Platin, Titan, Kupfer, Zinn, Blei, Wolfram, Diamanten, Phosphate und Gold. Einschränkend muss gesehen werden, dass einige der bekannten Ressourcen schwer zugänglich sind und die Förderung in abgelegenen Gegenden, wie die der Kohlevorkommen im Bodenfrost des Ural, aufwendig und mit Risiken verbunden ist.

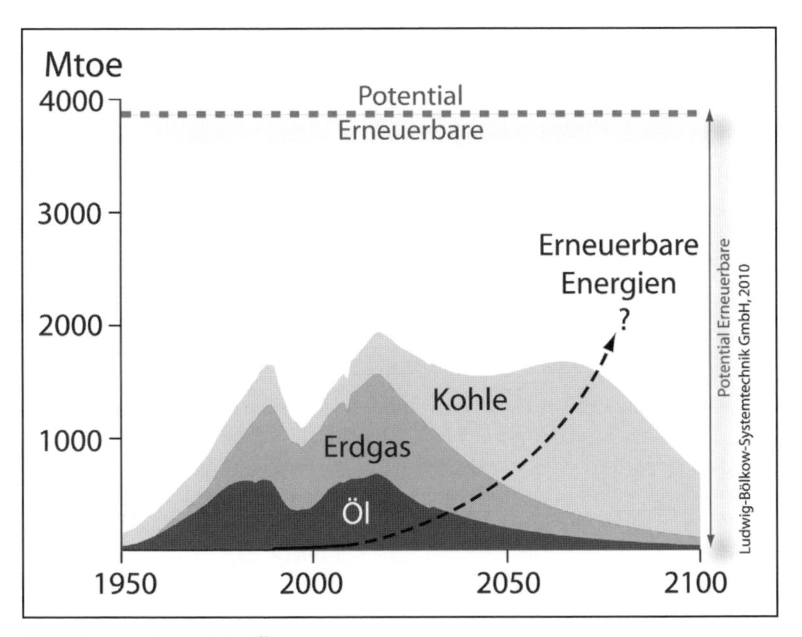

Abbildung 71: Perspektive Übergangsstaaten

Offshore-Öl und -gas müssen in periodisch zufrierenden Meeren erbohrt werden. Die Transportwege sind in manchen Fällen extrem lang.

Mittel- bis langfristig könnte Russland ein wichtiger Exporteur von wasserintensiven Produkten werden. Nach Brasilien verfügt das Land weltweit über die zweitgrößten Süßwasserreserven. Heute werden nur zwei Prozent dieser Reserven für den regionalen Bedarf benötigt. Die Zunahme der globalen Süßwasserknappheit in den nächsten Jahrzehnten und ein Anstieg der Transportkosten für Wasser – insbesondere über weite Strecken – macht Russland zu einem attraktiven Standort für »wasserintensive« Industrien wie Metallverarbeitung, Papiererzeugung, chemische Industrie, Agrarwirtschaft und die hydroelektrische Energieerzeugung [RIA 2006].

Russland – neue alte Supermacht im Pokerspiel um die Rohstoffe

In Russland kontrolliert eine einzige Gesellschaft – Gazprom, das führende und wichtigste Energieunternehmen – den Großteil der Energiereserven. 1992 wurde Gazprom verstaatlicht. Seitdem hat sich das Unternehmen zu einem Global Player entwickelt, der nicht mehr nur in Energie investiert (hier seit einiger Zeit auch in Elektrizität), sondern auch in Banken und Medienunternehmen. Aktuell ist ein beginnendes Engagement im Kohlebergbau. Heute steht Gazprom für ein Viertel der gesamten russischen Auslandseinnahmen.

Im November 2006 stimmte die russische Regierung einem Programm zu, das die Inlandspreise für Erdgas schrittweise auf Marktniveau anheben sollte – mit einer anfänglichen Erhöhung um zirka 15 Prozent im Jahr 2007. Unter diesem Programm wird die nationale Preisbehörde die Deckelung der Gazprom-Preise für Industrieabnehmer im Jahr 2011 beenden; im Jahr 2013 sollen auch die Preise für die Privathaushalte freigegeben werden.

Es gibt auch Pläne, elektrischen Strom für den Binnenbedarf mehr und mehr in Kohlekraftwerken zu erzeugen und den Anteil von Erdgas zurückzufahren. Auch ein Vertrag, den Russland in den letzten Jahren mit Turkmenistan über ausgedehnte Erdgaslieferungen geschlossen hat, deutet darauf hin, dass Russland seinen Eigenverbrauch an Erdgas scharf beobachten muss, wenn es seinen Exportverpflichtungen in vollem Umfang nachkommen will. Selbst mit reichen Vorräten kann also ein Land allein durch die technischen Beschränkungen der Förderung in Schwierigkeiten kommen, sowohl einen hohen heimischen Bedarf als auch die Vertragslieferungen ins Ausland abzudecken.

Ausblick

Fossile Energieversorgung

Im Vergleich der zehn Weltregionen verfügen die Übergangsstaaten, darunter vor allem Russland, über die meisten endlichen Ressourcen: Mit über 200 000 Mtoe übersteigen die geschätzten Ressourcen an Kohle, Gas, Öl und Uran sogar die Öl- und Gasvorkommen im Mittleren Osten mit knappen 160 000 Mtoe. Jedoch bleiben große Unsicherheiten, wie viel von diesen angegebenen Reserven tatsächlich wirtschaftlich nutzbar gemacht werden kann.

Seit dem Zusammenbruch der Sowjetunion in den frühen 1990er Jahren hat sich die wirtschaftliche Entwicklung in der Region wieder erholt: Seit 2000 wächst sie mit einer durchschnittlichen Rate von 7 Prozent pro Jahr. Das Wachstum des BIPs beträgt seit 2000 4 Prozent und die Energiebereitstellung legt um ungefähr 2 Prozent pro Jahr zu. 2007 förderten die Staaten der ehemaligen Sowjetunion 27 Prozent des weltweiten Erdgases und 16 Prozent des weltweiten Öls. Als führender Energieexporteur steigerte die Region ihre Förderung deutlich schneller als der eigene Verbrauch wachsen konnte: Zwischen 1990 und 2007 konnte der Exportanteil der erzeugten Energie beziehungsweise der geförderten Brennstoffe von 15 Prozent auf 37 Prozent anwachsen. Im Jahr 2007 war Russland weltweit der größte Exporteur von Erdgas, der zweitgrößte von Öl und der drittgrößte Kohlelieferant. In der Region werden heute ungefähr 31 Prozent Energie für den Eigenbedarf durch Erdgas abgedeckt. Öl liefert 23 Prozent und Kohle 4 Prozent [IEA 2009].

Die Ölförderung Russlands wird in den nächsten Jahren zurückgehen (siehe Kasten unten). Die Erdgasförderung könnte noch vor 2020 den Höhepunkt erreichen. Für Europa, das heute 33 Prozent seiner Ölimporte und 40 Prozent des eingeführten Erdgases aus Russland bezieht, wird das direkte Konsequenzen haben [Energy.EU 2010]. Obwohl die Kohleproduktion in den nächsten Jahren noch ausgeweitet werden kann, ist abzusehen, dass die Qualität der Kohle kontinuierlich schlechter werden wird. Der Peak in der Förderung und im Export von Uran wird nach 2020 erwartet.

Russische Ölförderung am Fördermaximum?

2008 warnte Leonid Fedun, Vizepräsident von Lukoil, Russlands größtem unabhängigen Ölproduzenten, dass in Russland der Höhepunkt der Ölförderung bei einem Niveau von 10 Megabarrel pro Tag erreicht werden würde. Nach einer rasanten Ausweitung der Ölförderung in Russland in den letzten zehn Jahren ist nun eine weitere deutliche Steigerung nicht mehr möglich. Für eine Stabilisierung der Ölförderung über die nächsten 20 Jahre würden Investitionen in Höhe von 1000 Milliarden US-Dollar benötigt, um neue Felder zu erschließen. Große Investitionen, wie etwa in schwer zugänglichen Regionen in Ostsibieren, dem Arktischen Meer und im Kaspischen Meer seien dringend notwendig, um den Rückgang aus den heute wichtigen Ölfeldern in Westsibirien zu kompensieren. In den Jahren 2009 und 2010 pendelte die russische Ölförderung um die Marke von 10 Megabarrel pro Tag.

Erneuerbare Energien

Beim Thema der momentanen Nutzung erneuerbarer Energien lassen sich in der Region vor allem Biomasse und Wasserkraft nennen. Russland gewinnt seit Jahren ungefähr 15 Mtoe/a Energie aus Wasserkraft. 2007 konnten damit 4 Prozent der Stromversorgung abgedeckt werden. Der Beitrag aus Biomasse und Abfall beträgt um die 7 Mtoe pro Jahr. Der Ertrag der Nutzung von Geothermie beläuft sich lediglich auf 0,42 Mtoe. Der Beitrag aus Solarenergie, Windenergie und anderen Erneuerbaren summiert sich auf 0,001 Mtoe.

Die Region weist jedoch wesentlich größere Potentiale zur Nutzung regenerativer Energien auf. Zur Stromerzeugung könnte vor allem die Windkraft mit mehr als 10 600 TWh pro Jahr (>910 Mtoe), aber auch die Fotovoltaik (>3525 TWh pro Jahr), Geothermie (>2600 TWh pro Jahr), Wasserkraft (>2200 TWh pro Jahr) und solarthermische Kraftwerke (>8 TWh pro Jahr) beitragen. Zur Wärme- beziehungsweise Kraftstofferzeugung stehen Geothermie (~2000 Mtoe pro Jahr), Biomasse (~230 Mtoe pro Jahr) und Biogas (~4 Mtoe pro Jahr) zur Verfügung.

Übergangsphase

Bei zunehmender weltweiter Ressourcenknappheit, wie sie sich für die nächsten Jahre abzeichnet, kann Russland neben dem Mittleren Osten ein wichtiger Exporteur von Energie und daneben von Rohstoffen, chemischen Produkten, Nahrungsmitteln und Wasser werden. Hier werden insbesondere Märkte wie China, Europa, Indien und Japan großes Interesse und hohen Bedarf anmelden – vor allem während der Übergangsphase in den nächsten Jahrzehnten. Ob jedoch mittelfristig, auch bei einer Ausweitung der Förderungen, die Nachfrage in Nachbarregionen wie China, Europa und Japan gleichermaßen befriedigt werden kann, wird hier deutlich angezweifelt. Es werden zunehmend höhere Investitionen und Risiken mit der Ausweitung der Rohstoffförderung verbunden sein und zu Investitionsunsicherheiten bezüglich der Wirtschaftlichkeit und Liefersicherheit führen.

Langzeitperspektive

Bei der zu erwartenden Knappheit von Energie und Rohstoffen auf den Weltmärkten kann Russland hier noch eine Zeitlang eine wichtige Rolle als Lieferant fossiler Energieträger spielen, ebenso von Eisen- und anderen Erzen und Metallen sowie Holz (Zellstoff). Tendenziell könnte Russland auch Exporteur von Nahrungsmitteln und wichtiger Lieferant für Wasser oder wasserintensive Produkte werden. Das Land verfügt nach Brasilien weltweit über die zweitgrößten Süßwasserreserven. Hier könnte nach 2030 Russland eine Führungsrolle übernehmen. Auch wasserintensive Industrien werden hier einen begünstigten Standort finden, wie zum Beispiel die Metall-, Papier- und Nahrungsmittelerzeugung sowie die chemische Industrie.

Mittlerer Osten

Der Mittlere Osten verfügt über die größten Erdöl- beziehungsweise Erdgasreserven der Welt: mit über 56 Prozent beim Öl und 40 Prozent beim

Gas. 2009 stellte die Region mehr als 30 Prozent des weltweit konsumierten Öls und 14 Prozent des Erdgases zur Verfügung.

Langfristig kann die Region durch die Erschließung der enormen Potentiale zur Nutzung von Solarenergie eine starke Rolle als Energielieferant einnehmen. In der sehr ariden Region könnte solarbetriebene Meerwasserentsalzung Bewässerungsmöglichkeiten schaffen. So könnten auch die jetzt schon massiven Investitionen der Golfscheichtümer in den Tourismus noch zunehmen.

Die Region steht in starken, sich überlagernden Spannungsfeldern zwischen Militärmächten wie USA, Russland und Iran, zwischen islamischen und nicht-islamischen Religionen, zwischen schiitischen und sunnitischen Glaubensrichtungen, zwischen archaischen und modernen Lebensformen; das Gefälle im Lebensstandard – oft auch zwischen angestammter Bevölkerung und Arbeitsmigranten – und damit das Potential für soziale Konflikte ist in einigen Ländern des Mittleren Ostens sehr groß.

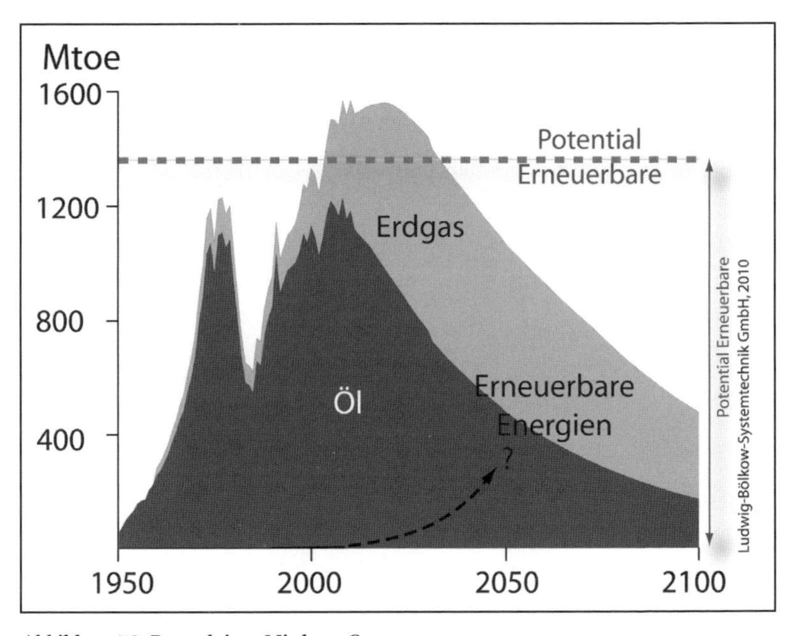

Abbildung 72: Perspektiven Mittlerer Osten

Ausblick

Fossile Energieversorgung

Zwischen 1980 und 2007 erhöhte sich die Förderung von Öl und Gas im Mittleren Osten um mehr als das Vierfache, wovon drei Viertel für den Export bestimmt sind. Größter Ölproduzenten der Region ist Saudi-Arabien (40 Prozent) gefolgt vom Iran (18 Prozent). Größter Gasförderer der Region ist der Iran. In den letzten zehn Jahren wuchs die Erdgasförderung in Qatar durchschnittlich um 18 Prozent [IEA 2009]. Es wird jedoch erwartet, dass auch der Mittlere Osten bereits den Höhepunkt der Ölförderung erreicht hat. Die Erdgasförderung dieser Region kann wohl noch ein bis zwei Jahrzehnte ausgeweitet werden. Im Gegensatz zu den Übergangsstaaten verfügt die Region weder über Kohlereserven noch über Nuklearenergie.

Erneuerbare Energien

Heute nutzt die Region fast keine erneuerbaren Energiequellen. Wasserkraft stellt 2 Prozent der Primärenergie und 3 Prozent des Stroms zur Verfügung – andere Erneuerbare noch weniger. Jedoch verfügt der Mittlere Osten aufgrund der guten Sonneneinstrahlung über exzellente und für manche Industriestaaten beneidenswerte Bedingungen zur Nutzung von Solarenergie: Solarthermische Großkraftwerke zur Stromerzeugung (SOT) und Fotovoltaik-Anlagen könnten mehr als 10 000 TWh pro Jahr an Strom erzeugen. Hier könnten insbesondere in Kombination mit Entsalzungsanlagen SOT-Kraftwerke auch zur Wassergewinnung aus Meerwasser genutzt werden.

Übergangsphase

Der Mittlere Osten wird weiterhin größter und wichtigster Exporteur von Rohöl und Erdgas bleiben – auch wenn die absolute Fördermenge wie in anderen Regionen weiter zurückgehen wird. Die Binnennutzung von Öl und Erdgas (zum Beispiel für den Straßenverkehr, die chemische Industrie und die Stromerzeugung) wird aus wirtschaftlichen und politischen Gründen schwieriger werden. Steigende Produktionskosten und zugleich anziehende Weltmarktpreise werden den Druck zum Export erhöhen. Der Trend, chemische Industrien und die Grundstoffindustrie aus den westlichen Industriestaaten in den Mittleren Osten zu verlagern, »an die Quelle«, wo sich die Konzerne ihre Versorgung mit dem notwendigen Öl und Gas sichern können, wird anhalten.

Der Mittlere Osten könnte die nächsten Jahre und Jahrzehnte nutzen, um mit den verbleibenden fossilen Reserven beziehungsweise aus den Einnahmen daraus den Übergang hin zu einer solarenergiedominierten Region zu gestalten. Neben den abnehmenden Lieferungen an fossilen Brennstoffen könnte die Region dann zunehmend Wasserstoff oder Strom aus Solarenergie nach Europa und Asien exportieren. Mit der zunehmenden Erzeugung von Wasser und Nahrungsmitteln aus Meerwasser und Solarenergie bieten sich für die Region exzellente Voraussetzungen.

Langzeitperspektive

Langfristig kann der Mittlere Osten zu einem der größten Erzeuger von erneuerbarem Strom und »grünen« Produkten werden: Die genutzte Solarenergie kann neben dem direkten Stromexport und der Herstellung von Wasserstoff auch zur Umwandlung von Meer- in Süßwasser durch Entsalzung, zur Erzeugung von Getreide und zur Tierhaltung genutzt werden. Energieintensive Produkte wie Solarsilizium können zu einem großen Geschäftsbereich in der Region anwachsen.

Ostasien

Die Länder im ASEAN-Staatenbund sind extrem verschieden. Das Pro-Kopf-Einkommen in Singapur oder Brunei ist über 100 mal so hoch wie das in Myanmar und fast 50 mal so hoch wie das in Kambodscha oder Laos. Länder wie Malaysia und Vietnam haben große arbeitskraftintensive Industrien, oft mit westlichen oder japanischen Mutterfirmen. Elektronik und Textilbranche dominieren. Kambodscha, Laos und Myanmar sind überwiegend agrarisch geprägt. Archipelstaaten wie Indonesien und die Philippinen zeigen ein starkes Technisierungs-Gefälle von den Metropolen bis zu Gebieten mit reiner Subsistenzwirtschaft. Singapur ist eine Handelsmetropole, der Stadtstaat hat den größten Hafen der Welt. Thailand hat eine starke Automobilindustrie mit japanischen Mutterkonzernen; auch der Tourismus trägt hier mit 10 Prozent zum BSP bei. Brunei ist ein kleines Sultanat im Norden von Borneo, das durch Öl- und Gasvorkommen wohlhabend geworden ist; die Exporte gehen vor allem nach Japan und Korea.

ASEAN - Association of South East Asian Nations

Zu dem Verband Südostasiatischer Nationen (ASEAN) zählen Brunei, Kambodscha, Indonesien, Laos, Malaysia, Myanmar, die Philippinen, Singapur, Thailand und Vietnam; der Staatenbund repräsentiert damit knapp 600 Millionen Menschen.

1967 wurde der Verband von den Gründungsländern mit dem Ziel, den wirtschaftlichen Aufschwung, den sozialen Fortschritt und die politische Stabilität in der Region zu fördern, gegründet. 2009 beschlossen die Staaten die Gründung eines gemeinsamen Wirtschaftsraumes.

Viele ASEAN-Länder exportieren Lebensmittel: Früchte, Fisch und Krustentiere aus Aquakultur, die in vielen Fällen als nichtnachhaltig bezeichnet werden muss, da für die Anlagen Mangrovenwälder zerstört werden. Auch bei der Produktion und beim Export von Palmöl ist die ASEAN-Region weltführend. Allein Indonesien und Malaysia decken 90 Prozent des weltweiten Palmölbedarfs. Aufgrund flächiger Abholzungen für Holzexporte und Brandrodungslandbau in den Regenwäldern zählen Indonesien und Malaysia aber auch zu den größten CO_2-Emittenten der Welt.

Palmöl – nachhaltiger Rohstoff?

Palmöl ist das meistverkaufte Pflanzenöl der Welt, noch vor Sojaöl. Es wird hauptsächlich in Südostasien, Afrika und Südamerika aus Ölpalmen gewonnen, deren Früchte besonders ergiebig unter den Ölsaaten sind. Jedoch benötigt die Ölpalme viel Wasser, und sie wächst nur in tropischen Regionen. Bei der Nutzung steht die Pflanze heute meist in direkter Konkurrenz zu anderen Kulturpflanzen – oder ihr Anbau bedroht Primärwald. Nach Informationen von Greenpeace werden allein in Indonesien, dem wichtigsten Anbauland für Palmöl, »im Minutentakt« Waldgebiete in der Größe von fünf Fußballfeldern zerstört, um Platz für Plantagen zum Anbau von Palmöl zu schaffen oder Holz für die Zellstoff- und Papierproduktion zu gewinnen.

Palmöl findet Verwendung in der Nahrungsmittelindustrie (ungefähr 75 Prozent), in Konsumgütern, vor allem Kosmetik und Haushaltschemie (ungefähr 20 Prozent) und als Biokraftstoff (fünf Prozent). Hauptabnehmer sind die EU, Indien, China, Pakistan, Japan, Singapur, Ägypten, Bangladesh und die USA. 2009 stieg die weltweite Erzeugung von Palmöl auf 46 Millionen Tonnen an. Weltweit wird eine Verdoppelung der Produktion innerhalb der nächsten zehn Jahre angenommen. Durch die Abholzung des Regenwalds und die infolge der veränderten Nutzung freigesetzten Mengen an CO_2 aus dem Boden (»land use change«) zählen die Anbauregionen von Palmöl weltweit zu den größten CO_2-Emittenten. Umweltverbände versuchen, auf die Missstände aufmerksam zu machen, und kämpfen gegen die Abholzung, den nichtnachhaltigen Anbau von Palmöl und den Anstieg der weltweiten CO_2-Emissionen durch Palmölplantagen. Mit erfolgreichen und medial wirksamen Aktionen wie beispielsweise von Greenpeace gegen Nestlé (»Kitkat-Schokoriegel aus Palmöl zerstören den Regenwald und töten Orang-Utans«) oder des WWF (»Palm Oil Scoring Board«, ein Versuch, Importeure von Palmöl zu sensibilisieren) wird die öffentliche Wahrnehmung hinsichtlich der Nichtnachhaltigkeit des Palmölanbaus in den meisten Anbaugebieten geschärft: Degradation der Böden, Raubbau am Regenwald, biologische Verarmung in Monokulturen.

Aufgrund mangelnder Transparenz und schwer durchführbaren Kontrollen ist die Einführung von zertifizierten Anbaumethoden bei Ölpalmen, wie sie der »Round Table on Sustainable Palm Oil« (RSPO) vorschlägt, noch umstritten.

Ausblick

Fossile Energieversorgung

In Ostasien ist Indonesien der wichtigste Energieproduzent und -exporteur. Heute ist das Land ein wichtiger Kohleexporteur; die Regierung hat

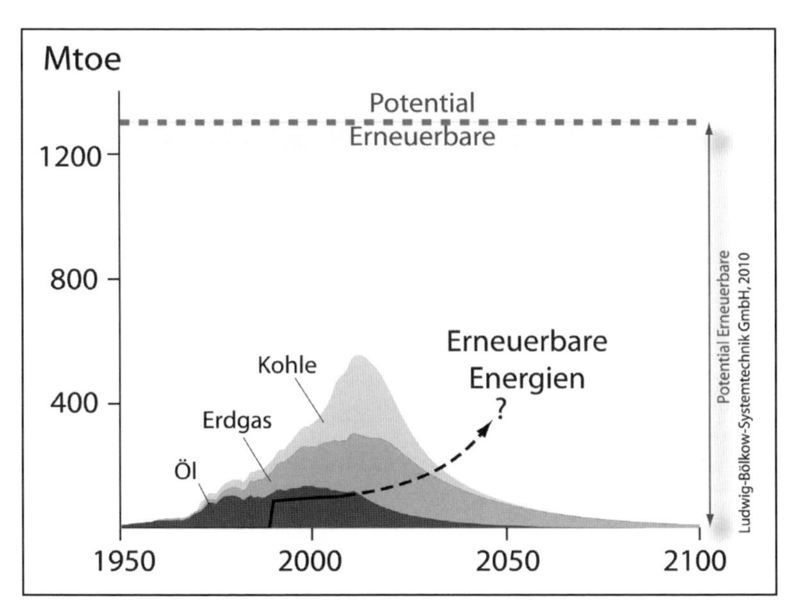

Abbildung 73: Perspektiven Ostasien

allerdings 2010 erklärt, die Exporte zurückfahren zu wollen, um für erhöhten Binnenbedarf vorzusorgen (35 Prozent der indonesischen Bevölkerung haben keinen Zugang zu Elektrizität). Das Land war auch lange Ölexporteur, ist aber 2004 zum Nettoimporteur geworden, mit steigender Tendenz. Der in Borneo liegende Kleinstaat Brunei kann noch Öl exportieren, die Förderung ist aber mit zirka 180 000 Barrel/Tag sinkend. Malaysia mit etwa 700 000 Barrel/Tag Produktion kann noch exportieren, allerdings steigt der Binnenkonsum stark an. Das Land ist einer der wichtigsten LNG-Exporteure weltweit.

Die Verfügbarkeit fossiler Brennstoffe in der ASEAN-Region wird in den nächsten Jahren abnehmen. Im besten Fall könnte eine mögliche Produktionssteigerung von Kohle und Erdgas dies für einige Jahre teilweise ausgleichen. Jedoch ist es sehr unwahrscheinlich, dass Ostasien seine Importe an fossilen Energien weiter erhöhen kann. Aufgrund steigender Preise und fallender Eigenförderung wird die Brennstoffverfügbarkeit in diesen Staaten ab ungefähr 2015 abnehmen.

Erneuerbare Energien

Bei der heutigen Nutzung von erneuerbaren Energien im ostasiatischen Raum steht Biomasse an erster Stelle, wobei hier vor allem von einer nichtnachhaltigen Nutzung gesprochen werden muss, die sehr viel CO_2 freisetzt und Natur zerstört. Heute verbrauchen die ASEAN-Staaten ungefähr 600 TWh Strom im Jahr, wovon weniger als 30 TWh aus erneuerbaren Energiequellen (hauptsächlich Geothermie) bereitgestellt werden.

Die abgeschätzten Potentiale zur Stromerzeugung aus Windkraft betragen 4600 TWh pro Jahr, aus Fotovoltaik 1100 TWh pro Jahr, aus Wasserkraft 940 TWh und aus Geothermie 750 TWh. Damit könnte die Region den Endenergiebedarf des Referenzjahrs 2007 in Höhe von 363 Mtoe (dies entspricht über 4200 TWh) theoretisch abdecken. Zu bedenken ist hier, dass Länder wie Indonesien, die Philippinen, Myanmar, Laos oder Kambodscha noch nicht über flächendeckende Stromnetze verfügen; dies macht große Initialanstrengungen nötig, ermöglicht aber, ein entstehendes Netz gleich von Anfang an an die Möglichkeiten der regenerativen Energien anzupassen.

Übergangsphase

Für die ASEAN-Länder geht die Internationale Energieagentur in ihrem WEO 2009 beinahe von einer Verdoppelung des Primärenergiebedarfs zwischen 2007 bis 2030 aus – beziehungsweise von einer jährlichen Zunahme des Verbrauchs um 2,5 Prozent. Im Referenzszenario soll sich der Stromverbrauch sogar fast verdreifachen. Gleichzeitig wird auch von der IEA eine abnehmende Ölförderung, im Mittel um die 3,7 Prozent pro Jahr, angenommen, das entspricht einem Rückgang um 55 Prozent bis 2030. Im WEO 2009 geht die IEA von einer massiven Ausweitung der Kohlenutzung in der Region aus: Im Referenzszenario sollen jährlich 4,7 Prozent mehr Kohle zur Energieerzeugung genutzt werden; das bedeutet eine Verdreifachung bis 2030. Vor allem Indonesien soll hier die Förderung massiv ausweiten und Kohle exportieren. Diese optimistischen

Annahmen bezüglich der Kohleförderung müssen aber kritisch gesehen werden. Die Region wird vom eigenen und vom weltweiten Förderrückgang bei fossilen Energien besonders hart getroffen. Die ASEAN-Länder werden nicht in der Lage sein, die regionale Förderung genügend auszuweiten; und sie werden im internationalen Wettlauf um die verbleibenden Ressourcen auch nicht so mitbieten können wie die großen Industrienationen, um ihre wachsende Importabhängigkeit von fossilen Energieträgern zu befriedigen. Als mögliche Entwicklung wird die weitere Intensivierung des Ölpalmenanbaus in der Region befürchtet. Wie bereits dargestellt, würde diese Nutzungsausweitung zu weiterer Abholzung von Regenwald und zur Zerstörung von Pflanzen- und Tierlebensräumen führen, und sie wird einen weiteren Anstieg der CO_2-Emissionen mit sich bringen.

Langzeitperspektive

Für die Region ist es vor allem wichtig, sich nicht weiter in die Abhängigkeit von fossilen Importen zu begeben. Investitionen müssen statt in den weiteren Ausbau von Kohle- und Gasförderung in Technologien zur

Indonesien investiert in Ökofonds

Einen Hoffnungsschimmer bietet die internationale Unterstützung zum Schutz der Regionen. Anfang des Jahres 2010 kündigte Indonesien an, »grüne« Investitionen im eigenen Land voranzutreiben, und wirbt um internationale Unterstützung und Investitionen. Dazu legt die Regierung einen Fonds für Beteiligungen an Geothermie- und Wasserkraftprojekten auf, um Potential für Wirtschaftswachstum zu erzeugen, aber auch, um Emissionen zu senken. Der Fonds soll eine Milliarde US-Dollar umfassen.

Norwegen stoppt vorläufig Regenwaldabholzung für Palmöl

Im Mai 2010 kündigte Indonesien ein Moratorium für die Umwandlung von Torfwäldern und Wäldern in Plantagenflächen an. Die norwegische Regierung will Indonesien eine Milliarde US-Dollar für den Urwaldschutz zur Verfügung stellen. Damit ist Norwegen das erste Land, das nach dem gescheiterten UN-Klimagipfel in Kopenhagen mit REDD (Reducing Emissions from Deforestation and Degradation) ernst macht – mit dem Ziel, durch Waldschutzprojekte in Entwicklungs- und Schwellenländern den Klimaschutz zu fördern. [Greenpeace 2010], [Klimaretter 2010]

Nutzung von Wind, Sonne und Wasserkraft erfolgen. Industrien in den ASEAN-Ländern sind jetzt schon meist eher arbeitskräfte- als energieintensiv; sie sind von sinkender Verfügbarkeit fossiler Energien weniger bedroht; Verteuerungen im weltweiten Güterverkehr können allerdings international orientierte Branchen wie Textilindustrie, Holzverarbeitung und Lebensmittelexporte stark betreffen. Das »Kapital« intakter Regenwälder und Küstennaturräume muss stärker als heute erkannt werden; Vorteile im internationalen Handel mit CO_2-Zertifikaten und gezielte Förderung von Ökotourismus könnten hier Anstöße geben.

Afrika

Afrika verfügt über knapp ein Viertel der weltweiten Landfläche; seine Bevölkerungszahl liegt bei einer Milliarde Menschen, von denen je nach Land ein Drittel bis die Hälfte unter 20 Jahre alt ist. Die 54 afrikanischen Länder unterscheiden sich sehr stark hinsichtlich ihrer Größe, Vegetation, Kultur, Sprache, und auch in ihren Potentialen bei Rohstoffen und zur Nutzung erneuerbarer Energien.

Insgesamt verfügt der Kontinent über große Mengen an Energie- und Rohstoffreserven. Dies machte den Kontinent schon immer interessant für die aufstrebenden Staaten in anderen Teilen der Erde: Waren es in der Vergangenheit Ressourcen wie Arbeitskräfte und Rohstoffe, die sich Kolonialstaaten hier aneigneten und damit ihr eigenes Wachstum sicherten, so sind es heute die fossilen und nuklearen Brennstoffe und Rohstoffe, die die Region weltweit so attraktiv machen. Beispielsweise bezieht noch heute Europa große Mengen an Energie (vor allem Öl und Erdgas) aus Afrika. Aber auch China verstärkt sein Engagement, investiert in den Aufbau von Infrastrukturen in afrikanischen Ländern wie etwa dem Sudan und sichert sich somit den Zugang zu wichtigen Rohstoffen. Frankreich verteidigt seine Vormachtstellung im nordwestlichen Afrika und tritt hier auch als militärische Schutzmacht auf. Amerikanische Investoren kaufen in großem Stil für den Ackerbau geeignete Landflächen. Die zunehmende Knappheit bei vielen Rohstoffen und die in der Folge steigenden Preise verschärfen die Situation in einigen Ländern beim Kampf um die Sicherung von Förderlizenzen und Lieferverträgen. Beispielsweise spielt die Vorherrschaft über die Coltan-Vorkommen im Kongo eine wichtige Rolle bei den dort anhaltenden Kriegen. Coltan, beziehungsweise Tantal, das daraus gewonnen wird, spielt in der Mikroelektronik eine wichtige Rolle und wird beispielsweise in Handys, der Unterhaltungselektronik und im Automobilbau benötigt.

Ausgewählte Rohstoffe und Förderländer

Afrikanische Staaten verfügen neben großen Vorkommen von beispielsweise Gold und Diamanten über wichtige Rohstoffe, die für die Versorgung mit konventionellen Energieträgern wie auch zur Nutzung erneuerbaren Stroms und zum Ausbau der Elektrotechnik wichtig sind (zum Beispiel Kupfer, Silber und Tantal).

Brennstoffe (und wichtige Förderregionen):

Öl (Libyen, Nigeria, Algerien, Angola, Sudan)
Erdgas (Ägypten, Algerien, Libyen, Südafrika)
Kohle (Südafrika, Botswana, Zimbabwe, Mozambique, Swaziland)
Uran (Namibia, Niger, Südafrika)

Auswahl strategisch wichtiger Rohstoffe:

Kobalt, Kupfer, Nickel, Phosphat, Platin, Silber, Tantal

Ausblick

Der Kontinent verfügt aber vor allem über gigantische noch nicht genutzte Potentiale zur Erzeugung von regenerativem Strom aus Solar- und Windenergie. Während beispielsweise der Norden über ideale Bedingungen zur Stromerzeugung aus Solarkraftwerken verfügt, weist die Westküste hohe Windenergiepotentiale auf. Obwohl der Kontinent große Mengen an fossilen Brennstoffen fördert, deckt Afrika den eigenen Energieverbrauch zur Hälfte durch erneuerbare Energien. Der dominierende Teil davon (knapp 28 Prozent des Primärenergieverbrauchs) ergibt sich jedoch durch das Verbrennen von Biomasse; die Erzeugung von Wärmeenergie durch das Verbrennen von Holz (zum Kochen und Heizen) dominiert den Energieverbrauch. In diesem Sinne muss das Wort »erneuerbar« zumindest in

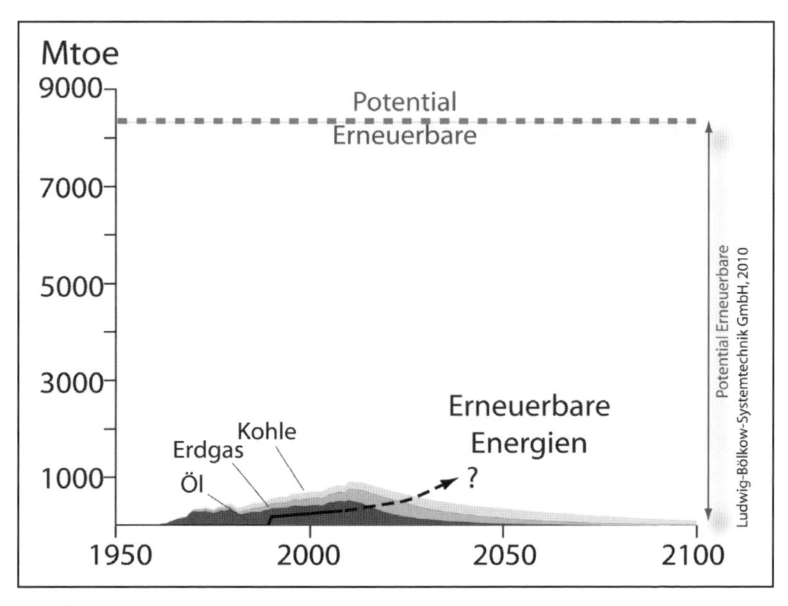

Abbildung 74: Perspektiven Afrika

Gebieten, wo es zu Totalentwaldung und Erosion kommt – wie in Madagaskar – mit großen Vorbehalten gebraucht werden.

Die Stromnutzung und Elektrifizierung stellt noch ein großes Problem dar; das Ungleichgewicht bei der Verfügbarkeit ist sehr groß: Der Norden Afrikas, in dem 21 Prozent der Bevölkerung leben, verbraucht knappe 80 Prozent des afrikanischen Stroms. In den Gebieten südlich der Sahara ist Strom Mangelware und die Elektrifizierung liegt oft unter 20 Prozent. Die Stromerzeugung wird durch die Nutzung fossiler Brennstoffe dominiert. 2007 wurde der Strom zu 44 Prozent aus Kohle, zu knappen 28 Prozent aus Erdgas, zu 15 Prozent aus Wasserkraft und zu 11 Prozent aus Öl gewonnen [IEA 2010].

Bis 2030 könnte Afrika zu einem sehr wichtigen Exporteur von Erdgas aufsteigen. Vor allem Europa, Nordamerika und China werden auf den Import von fossilen und nuklearen Brennstoffen von diesem Kontinent weiter angewiesen sein.

Fossile und nukleare Energieversorgung

Afrika erzeugt mehr Energie als es selbst verbraucht. Heute ist der wichtigste Energieträger **Öl**: 45 Prozent der gewonnenen Energie werden durch diesen Brennstoff bereitgestellt, wobei jedoch über 80 Prozent nicht selbst genutzt, sondern exportiert werden. Im letzten Jahr lieferte Afrika 37 Prozent des geförderten Öls nach Europa, 30 Prozent in die USA und 14 Prozent nach China. Wichtigste Ölförderstaaten sind Nigeria, Algerien, Angola, Libyen, Ägypten und der Sudan [BP 2010], [IEA 2010]. 15 Prozent der Primärenergieerzeugung kamen aus **Erdgas**, wobei auch hier die Hälfte per Pipeline oder als LNG (verflüssigtes Erdgas) exportiert wurde. Hauptabnehmer ist auch hier Europa. Wichtigste Erdgasförderstaaten sind – ähnlich wie bei Öl – Algerien, Ägypten, Nigeria und Libyen. Der Anteil der **Kohle** an der afrikanischen Energiebereitstellung betrug 2007 um die 13 Prozent. 98 Prozent der afrikanischen Kohle wurden in Südafrika abgebaut; ein Drittel davon wurde exportiert. Weltweit wurden 2008 knapp 50 000 Tonnen **Uran** abgebaut, wovon 16 Prozent von afrikanischen Staaten (Niger – 3575 Tonnen, Namibia – 3529 Tonnen und Südafrika – 771 Tonnen) bereitgestellt wurden [Weber 2010].

Die Produktion von fossilen und nuklearen Brennstoffen wird bereits in den nächsten Jahren zurückgehen. Die Ölproduktion dürfte bei einer Fördermenge von ungefähr 11 Megabarrel pro Tag in den nächsten Jahren ihren Höhepunkt erreichen. Obwohl Afrika ein immer wichtigerer Exporteur von Erdgas werden wird, ist ein Rückgang der Förderung ab 2020 nicht abwendbar. Südafrika verfügt über die sechstgrößten Kohlereserven der Welt und könnte in den nächsten Jahrzehnten seine Kohleförderung gegebenenfalls noch ausdehnen. Unter günstigsten Annahmen kann die Uranförderung noch bis 2030 gesteigert werden, unter ungünstigen noch bis 2015.

Was andere Rohstoffe und die Produktion von Nahrungsmitteln angeht, wird Afrika auch in Zukunft immer wichtiger werden, verfügt der Kontinent doch über große Landflächen, ein großes Potential an Arbeitskräften und viele Rohstoffe. Die größten Limitierungen liegen noch in teilweise schlechten Verkehrsverbindungen, Wassermangel (der sich durch die globale Erwärmung partiell noch verstärken könnte) und politischer Instabilität bis hin zu Bürgerkriegen. Die Agrarmethoden sind oft nichtnachhaltig; Slash-and-Burn-Anbau zerstört in großen Flächen Urwald.

Erneuerbare Energien

Heute wird vor allem Biomasse zur Wärmeerzeugung und Wasserkraft zur Stromerzeugung genutzt. Solarenergie spielt in vielen Low-Tech-Anwendungen eine Rolle: Trocknen von Ernten und Pflanzenfasern, Fermentieren, Darren. Windenergie treibt Boote in der Küsten- und Flussschifffahrt an. Andere regenerative Energien werden so gut wie nicht genutzt.

Dabei weist Afrika gigantische Potentiale zur Nutzung direkter und diffuser Solareinstrahlung sowie zur Windenergienutzung auf. Nordafrika könnte, wie beispielsweise im Desertec-Projekt angedacht, zu einem Exporteur von Überkapazitäten bei erneuerbarem Strom nach Europa werden. Zur Stromerzeugung betragen die technischen Potentiale mindestens 40 200 TWh pro Jahr bei solarthermischen Kraftwerken, zirka 10 600 TWh/a bei Windkraftanlagen, mindestens 6400 TWh/a bei der Fotovoltaiknutzung, 3200 TWh/a bei der Nutzung der Tiefengeothermie und etwa 1900 TWh/a bei Wasserkraftwerken.

Auch für dezentrale Anlagen zur Nutzung von Solarwärme sind riesige Potentiale vorhanden. (Da noch heute in Afrika vor allem Biomasse zum Heizen und Kochen verwendet wird, droht in vielen Gebieten Entwaldung mit ihren Folgen für den Wasserhaushalt und die Stabilität der Böden. Das Brennen von Holzkohle für die Städte zerstört in weiten Radien um die Siedlungen Primärwald.) Ebenso kann dezentrale Fotovoltaik in Regionen ohne Stromnetze für eine Basisversorgung an Strom dienen: ausreichend für Licht und Telekommunikation.

Übergangsphase

Afrikas Rolle als Exporteur von fossilen Brennstoffen und strategisch wichtigen Rohstoffen wird weiter an Bedeutung zunehmen. Vor allem Europa, die USA und China werden versuchen, sich den Zugang zu den Fördergebieten und günstige Lieferverträge zu sichern. Für die Region besteht die Gefahr, dass aufgrund zunehmenden internationalen Drucks (steigende Rohstoffpreise, Wettbewerb) die Ausbeutung der vorhandenen Reserven und Ressourcen rigoroser wird. Investitionen könnten somit, kurzfristig orientiert, auf den schnellen und kostengünstigen Abbau von Ressourcen und den Ausbau von Infrastrukturen zielen (Kraftwerke zur Stromversorgung von Minen, Straßen, Schienen, Flughäfen und Häfen, die nur dem schnellen Abtransport dienen, statt den Aufbau von nachhaltigen Strukturen für die jeweilige Region einzuleiten). Im Extremfall geschieht das in Kooperation mit lokalen Bürgerkriegsparteien (»warlords«).

Der Klimawandel wird Afrika voraussichtlich zunehmende Probleme bei der Wasserversorgung und Nahrungsmittelproduktion bringen. In den nächsten Jahrzehnten könnte eine weitere Landflucht hin zu Megastädten, der Raubbau an vorhandenen Bodenressourcen (Umleitung von Wasserläufen, Chemieeinsatz) durch internationale Interessengruppen die Probleme auf dem Kontinent weiter verschärfen.

Es ist deshalb wichtig, dass in dieser Region ein nachhaltiger Weg eingeschlagen wird. Der Ausbau erneuerbarer Energien – speziell die Nutzung der Solarenergie – kann hier die Richtung anzeigen.

Langzeitperspektive

Afrika könnte sich zu einem führenden Erzeuger von erneuerbaren Energien entwickeln und seine riesigen Potentiale zur Sonnenenergienutzung, die großen Landflächen, seine junge Bevölkerung und die noch nicht einseitig auf fossile Energien ausgerichtete Infrastruktur zu einem Vorteil gegenüber den Industriestaaten des Nordens und Westens machen.

Steigende Preise für fossile und nukleare Energien, der Kampf um die immer knapper werdenden Rohstoffe: All das wird Afrika weniger treffen können als Europa, Nordamerika, Japan oder selbst China. Die Nutzung von Sonnenenergie kann zur wichtigsten Säule der afrikanischen Entwicklung werden: einmal durch die dezentrale Nutzung und autarke Erzeugung von Wärme und Strom – zum anderen aber auch durch die großtechnische Erzeugung von Strom in solarthermischen Kraftwerken. Hier kann Strom direkt exportiert oder zur Wasserstofferzeugung verwendet werden. Eine besondere Rolle könnte vor allem die Kopplung von solarthermischen Kraftwerken mit Meerwasserentsalzungsanlagen spielen: Mit der Erzeugung eines Überschusses an Wärme und Strom kann nicht nur Süßwasser erzeugt werden, sondern damit können in einem nächsten Schritt auch agrikulturelle Güter hergestellt werden. Daneben bietet die Nutzung der hohen Solareinstrahlung die Möglichkeit, energieintensive Industriegüter in Afrika einfacher und kostengünstiger herzustellen als beispielsweise in Europa, Japan oder China.

Afrika hat gute Voraussetzungen, den Übergang weg von fossilen hin zu einem erneuerbaren Energiesystem gut zu meistern: von lokaler Autarkie bis hin zur Rolle eines Lieferanten von regenerativer Energie (Stromfernleitungen nach Europa, Wasserstoffexport), von Wasser für aride Gebiete, von Lebensmitteln oder energieintensiven Produkten (zum Beispiel Hochtemperaturprozesse in Solaröfen) können sich für die verschiedenen Regionen gute Perspektiven ergeben. Beispielsweise könnte Afrika schon bald enge Kooperationen zu Indien und China aufbauen – wenn es gelingt, langfristig nachhaltige Perspektiven für den Kontinent einzufordern. Beide asiatischen Länder verfügen über Bevölkerungen so groß wie ganz Afrika sie hat, nicht aber über die Flächen. So werden sie die Zusammenarbeit mit Afrika in Hinblick auf Ressourcen und Nahrungsmittel immer stärker brauchen. (Ein Beginn solcher Beziehungen kann auch etwa darin gesehen werden, dass sowohl China wie auch Indien Länder extrem billige Automobile entwickeln – unter anderem eben auch in Hinblick auf afrikanische Märkte.)

Damit der Kontinent seine Chancen ergreifen kann, muss er sehr große Hemmnisse überwinden. Massive Armut, Analphabetismusraten von über 40 Prozent im südlichen Afrika, von Korruption und Bürgerkriegsgewalt geprägte politische Zustände in vielen Ländern, von AIDS zerstörte Altersstrukturen, religiös motivierte Gewalt wie im Sudan und Somalia – das sind einige der Punkte, die bisher verhindert haben, dass Afrika »mit einer Stimme spricht« und seine Interessen selbstbewusst vertritt.

Afrika ist schließlich ein Kontinent mit riesigen Wildnisgebieten und so eine »Arche Noah« für viele bedrohte Tier- und Pflanzenarten, deren Bedeutung für das Naturgefüge des Planeten sehr hoch eingeschätzt werden muss. Der Kontinent darf und muss fordern, dass die Gemeinschaft der Länder es honoriert, wenn solche Gebiete vor der Zerstörung bewahrt bleiben.

Lateinamerika

Lateinamerika, der viertgrößte Kontinent, verfügt über große Rohstoffreserven und vor allem über strategisch wichtige Materialien (zum Beispiel Kupfer, Eisenerz, Lithium, Phosphate), die diese Region für ausländische Investitionen, vor allem aus den OECD-Staaten und China, sehr interessant machen. Parallel zum wachsenden Wettlauf dieser Staaten, sich Rohstoffe in Südamerika zu sichern, ist in den letzten Jahren und Jahrzehnten in einigen südamerikanischen Ländern ein Trend zu beobachten, der sich gegen den Ausverkauf der Ressourcen wendet: Länder wie Venezuela, Bolivien, Argentinien oder Brasilien planen und schmieden »Energieallianzen« für die gemeinsame Nutzung von Erdgas, Kohle und Öl und orientieren sich zunehmend auch nach Asien (China), um neue Lieferverträge zu schmieden. Beispielsweise verstaatlichten die Präsidenten Venezuelas und Boliviens, Hugo Chávez und Evo Morales, die heimische Öl- und Erdgasindustrie, enteigneten US-amerikanische und europäische Unternehmen und postulierten Energiebündnisse zwischen den südamerikanischen Staaten, um etwa den Bau eines gemeinsamen Erdgas-Pipelinenetzes in Angriff zu nehmen. Im Mai 2006 verkündete Präsident Evo Morales die »Nationalisierung« der Öl- und Gasindustrie Boliviens:

»Die Plünderung der natürlichen Ressourcen durch die transnationalen Konzerne ist vorbei.« [BPB 2007]

Jedoch ist auch eine wachsende Kooperation zwischen südamerikanischen Staaten und China zu beobachten. Das asiatische Land, das bereits zum größten Ölimporteur der Welt aufgestiegen ist, bezieht immer mehr Öl und andere Rohstoffe aus Lateinamerika. Im April 2010 verkündeten China und Venezuela die Vertiefung ihrer Kooperation. China investiert dazu weitere 20 Milliarden US-Dollar (unter anderem in den Bau von Ölförderanlagen und Raffinerien) und sichert sich somit steigende Öllieferungen. In den nächsten Jahren soll, nach Plänen aus Caracas, China den heute wichtigsten Ölabnehmer Venezuelas, die USA, ablösen. Aber auch Russland möchte sich zunehmend Zugang zu den Ölreserven Südamerikas verschaffen. Im Februar 2010 wurde vom russischen Energieminister verkündet, dass Investitionen von mehr als zehn Milliarden US-Dollar in venezolanischen Ölförderanlagen vorgesehen sind.

Weitere strategisch wichtige Ölfördergebiete liegen vor der Küste Brasiliens. Hier engagiert sich das halbstaatliche Ölunternehmen Petrobras, Öl aus Tiefen von mehr als 2000 bis 3000 Metern unter der Meeresober-

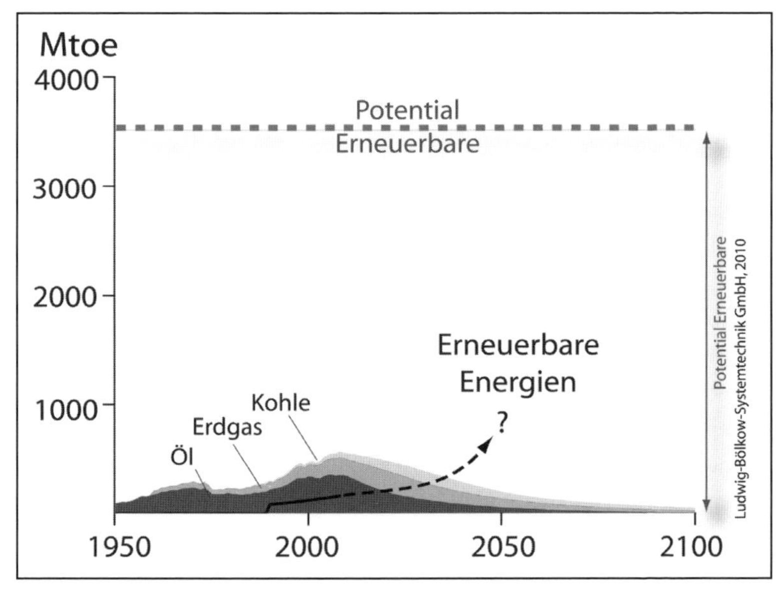

Abbildung 75: Perspektive Lateinamerika

fläche zu fördern (im Vergleich dazu liegt das Bohrloch der *Deepwater Horizon* im Golf von Mexiko in 1500 Metern Meerestiefe). Im Juni 2010 wurde der Grundstein für ein ambitioniertes brasilianisches Erkundungs- und Förderprogramm von Tiefseeöl gelegt: Bis 2014 sollen dafür 224 Milliarden US-Dollar investiert werden. Durch Konjunkturprogramme der brasilianischen Regierung sollen zahlreiche Industrien wie die Petrochemie, die Werftindustrie und Zulieferbetriebe einen gewaltigen Aufschwung erfahren und Zehntausende Arbeitsplätze geschaffen werden. Durch die Erkundung und Erschließung neuer Tiefseeölfelder hofft Brasilien zu einem führenden Ölproduzenten und -exporteur aufzusteigen. Jedoch muss dieser ambitionierte Plan in Frage gestellt werden, befinden sich die Ölvorkommen doch teilweise noch einige tausend Meter unter dem Meeresboden der Tiefsee. Mit dem steigenden Anteil der Ölförderung aus der Tiefsee erhöhen sich auch auch die Förderkosten. Seit 2000 sind sie um den Faktor Sechs gestiegen.

Einen eigenen Weg versucht Ecuador zu gehen. Das Land, das über Ölreserven in Regenwaldgebieten östlich der Andenkette verfügt, bietet der Weltgemeinschaft an, die Ölreserven unangetastet zu lassen, wenn dem Land eine Entschädigung in Höhe des halben Weltmarktpreises für das Öl gezahlt wird. Zum Redaktionsschluss dieses Buches war noch nicht entschieden, ob ein solcher Vertrag zustandekommt.

Ausblick

Lateinamerika verfügt über wichtige Rohstoffe wie Kupfer und Lithium, die zunehmend von Interesse für die erneuerbare Energieversorgung sind. Südamerika verfügt über ungefähr 15 Prozent der gesicherten weltweiten Ölreserven (davon der Großteil in Venezuela), über 4,3 Prozent der Erdgasreserven (davon befinden sich 70 Prozent in Venezuela und 9 Prozent in Bolivien) und ungefähr 1,8 Prozent der weltweit gesicherten Kohlereserven (47 Prozent davon befinden sich in Kolumbien und 45 Prozent in Brasilien). Lateinamerika verfügt über genügende erneuerbare Energiepotentiale. Diese könnten in den nächsten Jahrzehnten erschlossen werden und die Verwendung von fossilen Brennstoffen überflüssig machen.

Brasilien ist in Lateinamerika das Land mit dem am stärksten wachsenden Öl- und Gasbedarf. Die Produktion von Biotreibstoff (Ethanol) stellt hier einen wachsenden Industriezweig da. In den nächsten Jahrzehnten wird Brasilien noch in der Lage sein, die fallende Produktion von Rohöl durch Biotreibstoffe zu kompensieren. Jedoch gerät diese Nutzung – neben dem grundsätzlichen Konflikt mit Naturschützern und mit der Nahrungsmittelerzeugung – zunehmend in Konkurrenz zur Verwendung von Biomasse für stationäre Wärme und Stromerzeugung sowie als Grundstoff für die chemische Industrie (zum Beispiel Bioethanol für Polyäthylenherstellung) und für die Pharmaindustrie.

Fossile und nukleare Energieversorgung

2008 wurden 68 Prozent der Primärenergie in Lateinamerika aus fossilen Energieträgern bereitgestellt (44 Prozent Öl, 20 Prozent Erdgas, 4 Prozent Kohle). Seit den 70er Jahren hat sich der Anteil des Erdgases am deutlichsten verändert; es legte von 9 Prozent auf 20 Prozent zu [BP 2010].

Die regionale Ölförderung in Lateinamerika dürfte bereits nahe dem Höhepunkt liegen und in den nächsten Jahren beginnen zurückzugehen. Während die Förderraten in Venezuela, dem größten Ölproduzenten der Region, rückläufig sind, konnten sie beispielsweise in den letzten Jahren in Brasilien (dem zweitgrößten Förderland) noch ausgeweitet werden. Jedoch wird eine weitere Erhöhung der brasilianischen Ölförderung aus Tiefseeöl zunehmend schwieriger, riskanter und teurer.

Ein Förderrückgang beim Erdgas wird nach 2020 erwartet. Durch die hohe Erdgas-Importabhängigkeit Brasiliens und Argentiniens von Bolivien könnte bereits in den nächsten Jahren die Versorgung in diesen Ländern schwierig werden. Die Erdgasförderung in Argentinien, dem bisher größten Erdgasproduzenten in der Region, befindet sich bereits seit einigen Jahren im Rückgang. Fast 90 Prozent der Kohleförderung finden in Kolumbien statt. Ein Großteil der abgebauten Kohle wird exportiert, vor allem nach Asien. Der Anteil der Nuklearenergie an der Primärenergieversorgung beträgt in Lateinamerika ein Prozent und an der Stromerzeugung zwei Prozent. Lediglich Argentinien und Brasilien verfügen über nukleare Kraftwerke.

Erneuerbare Energien

2008 lieferten erneuerbare Energien in Lateinamerika über 30 Prozent der Primärenergie und erzeugten 63 Prozent des Stroms. Wichtigste erneuerbare Energiequelle ist die Wasserkraft. In Kolumbien, Brasilien, Costa Rica, Venezuela erzeugen Wasserkraftwerke zwischen 70 und 83 Prozent des Stroms, in Paraguay durch das Itaipu-Kraftwerk, das größte der Welt, sogar 100 Prozent.

Im Straßenverkehr hat Lateinamerika mit neun Prozent Biokraftstoff weltweit den größten Anteil an alternativen Kraftstoffen. Hier ist Brasilien führend; das Land hat bereits einen Anteil von 19 Prozent Bioethanol im Straßenverkehr erreicht.

Das ungenutzte Potential zur Stromerzeugung aus Wind- und Sonnenenergie in Lateinamerika ist noch groß: So wird das Potential aus Windkraftanlagen auf ungefähr 5400 TWh pro Jahr, aus Fotovoltaik-Anlagen auf 3700 TWh pro Jahr und aus solarthermischen Kraftwerken auf über 240 TWh pro Jahr geschätzt.

Übergangsphase

Viele Bodenschätze in den lateinamerikanischen Ländern, Kupfer, Lithium, Bauxit, Eisenerze, werden auch in einer Zeit zurückgehender fossiler Energien große Bedeutung behalten. Vor allem bei Lithium wird in den nächsten Jahren der Druck zunehmen, Lagerstätten zu erschließen. Die Vorkommen an Kupfer und Lithium können, wie am Beispiel Chile und Bolivien bereits zu sehen ist, eine Chance sein, ausländische Technologie auf dem Kontinent anzusiedeln. Anstatt sich aber nur auf die Rolle des Rohstofflieferanten zu beschränken, könnten die Länder auch in eigene Industrien investieren und so etwa, statt Lithium nur zu fördern und zu verkaufen, selber nach chinesischem Beispiel Batteriewerke aufbauen. Lateinamerika könnte so in einer Übergangsphase zu einem wichtigen Technologiestandort aufsteigen.

Gleichzeitig wird erwartet, dass auch in dieser Region, insbesondere im südlichen Teil Südamerikas, regionale und unregelmäßige Versorgungsengpässe bei Energien, verursacht durch Öl- und Erdgasdefizite, auftreten werden. Hier liegt allerdings gleichzeitig das größte Windenergiepotential des Kontinents.

Südamerika hat eine in der Kolonialzeit beginnende Tradition von Raubbau an Bodenschätzen und an der Natur. Gold, Silber und Zinn wurden – so etwa in den Bergwerken von Potosi in Bolivien – unter unmenschlichen Bedingungen gefördert. Heute vergiften Goldsucher in den Siedlungsgebieten der Ureinwohner Flüsse und Erdreich mit dem zur Goldabtrennung notwendigen Quecksilber. Vor allem steht in unserer Zeit der Raubbau an den Regenwäldern in Brasilien, Ecuador oder Peru im Fokus. Der Landgewinn aus Brandrodungen soll zur Rinderzucht oder zum Sojaanbau dienen. Hier wird eine mögliche Intensivierung der Biokraftstoffproduktion immer stärker in Konkurrenz mit der Nahrungsmittelproduktion und dem Klimaschutz stehen – da ja weltweit nicht nur zunehmend Energieträger, sondern auch Nahrungs- und Futtermittel nachgefragt werden, und die Schaffung von neuen Anbauflächen fast immer durch die Zerstörung von Primärwäldern erfolgt.

Deshalb wird Lateinamerikas energetische Perspektive noch stärker als in anderen Weltteilen von der politischen abhängen. Viele Staaten des Kontinents haben im 20. Jahrhundert sehr eng mit westlichen Wirtschaftsinteressen kooperiert, was oft nur der politischen Kaste im Lande zugute kam. Es könnte somit entscheidend werden, ob Bündnisse innerhalb des Kontinents es ermöglichen, dass Lateinamerika »mit einer Stimme spricht«.

Langzeitperspektive

Für Lateinamerika wird es wichtig sein seine Energieversorgung stark zu diversifizieren und zu regionalisieren, und so einen Übergang zu nachhaltiger Energie- und Rohstoffnutzung zu vollziehen. Langfristig kann sich die Region selbst versorgen; Lateinamerika verfügt über genügend Potential bei den erneuerbaren Energien. Lokale Überschüsse an Energie können zur Erzeugung von Wasserstoff (Energieexport) oder energieintensiven Produkten, der Wasserreichtum zur Erzeugung von Nahrungsmitteln genutzt werden.

Was Südamerika tut oder unterlässt, hat großen Einfluss auf die CO_2-Bilanz der Erde, da die riesigen Regenwälder Amazoniens in ihrer Biomasse Kohlenstoff binden. Das Ökosystem ist nicht robust, da es auf eigentlich kargen Böden existiert, die bei Entblößung sofort erodieren. Gleichzeitig sind die Regenwälder Lebensraum für viele Tiere und Pflanzen, deren Bedeutung für die gesamte Biosphäre noch kaum bekannt ist. Der Kontinent hat ein Recht auf Ausgleich aus der Gemeinschaft der Länder, wenn er diese Naturräume beschützt, und er muss diesen Ausgleich einfordern.

OECD-Region Pazifik

Zu dieser Region zählen Japan und Korea auf der einen Seite und Australien, Neuseeland und die Inselstaaten der Südsee auf der anderen. Während Japan und Korea Technologieführer sind (und so auch beispielsweise zu den Nettoimporteuren von Energieträgern und Rohstoffen gehören) zählt Australien zu den führenden Nationen für Bergbau und mineralische Rohstoffe und ist ein wichtiger Exporteur von Kohle, Uran und Flüssiggas.

Ausblick

Die Region ist auf Ölimporte angewiesen, da die eigene Ölförderung bei weitem nicht ausreicht. In den nächsten Jahren werden diese Ölimporte allerdings zurückgehen. Japan und Korea, die auf den Import von fossilen und nuklearen Brennstoffen angewiesen sind, da sie nicht über ausreichende eigene Förderung verfügen, werden mit steigenden Energiepreisen kämpfen. Die Rolle Australiens als wichtiger Lieferant von Erdgas, Kohle und Uran wird an Bedeutung zunehmen. Schon heute dominieren australische Bergbauunternehmen und Rohstofflieferanten wie BHP Billiton und RioTinto den Markt.

»Sondersteuer« statt »Supersteuer« für Bergbauunternehmen

Der Rohstoffboom wurde auch von der Regierung Australiens erkannt. Im Mai 2010 verkündete der damalige Premierminister Australiens, Kevin Rudd, entgegen dem Widerstand der Industrie, den Plan, ab 2012 eine Supersteuer für den Bergbau (»Resource Super Tax«) in Höhe von 40 Prozent einzuführen. Ziel dieser Steuer sollten zusätzliche Steuereinnahmen sein, die zur Konsolidierung des Haushaltes beitragen sollten.

Nach dem Rücktritt Rudds wird nun stattdessen eine andere Sondersteuer, die »Mineral Resource Rent Tax« in Höhe von 30 Prozent eingeführt. Diese neue Steuer betrifft nur große Unternehmen ab einem Nettogewinn von 50 Millionen australischen Dollar pro Jahr und fällt auf Eisenerz und Kohle an. Andere Rohstoffe und Metalle wie Gold, Silber und Kupfer bleiben davon ausgenommen.

Die australischen Bergbaukonzerne hatten zuvor damit gedroht, Investitionen in Höhe von 20 Milliarden australischen Dollar zu streichen.

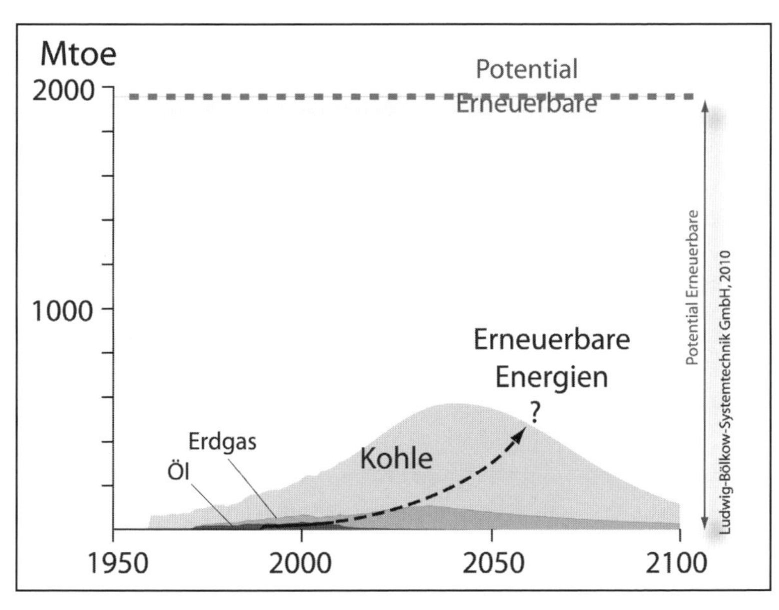

Abbildung 76: Förderung und Perspektive OECD-Pazifik

Fossile und nukleare Energieversorgung

Es ist zu erwarten, dass in den kommenden Jahrzehnten die Importe von fossilen Energieträgern nach Japan stark und schnell abnehmen werden. Dies wird für das Land enorme Herausforderungen darstellen, da vor allem Öl fast die Hälfte der Primärenergie deckt. Als Konsequenz wird Japan seinen Energiebedarf weiter deutlich reduzieren müssen und auf eine energieimportunabhängige Struktur auf Basis regionaler, erneuerbarer Energien umstellen müssen. Japan deckt 15 Prozent seines Primärenergiebedarfs durch Nuklearenergie und ist von Uranimporten stark abhängig. Der Anteil der nuklearen Energieversorgung wird sich in dieser Region aufgrund alternder Reaktoren und zurückgehender Uranimporte verringern.

Für Australien gilt, dass es auf der einen Seite über riesige Reserven von Erdgas, Kohle und Uran verfügt, die es zu einem wichtigen Energieexporteur machen. Auf der anderen Seite muss der Kontinent fast die Hälfte des verbrauchten Öls importieren. Nach einem weltweiten Rückgang der Ölförderung wird deshalb auch Australien schon in den nächsten Jahren weniger Öl importieren können. Bis 2030 muss das Land deshalb versuchen, Öl durch Alternativen zu ersetzen, insbesondere im Verkehrssektor.

Erneuerbare Energien

Japan ist ein führender Hersteller von PV-Systemen. In den nächsten Jahren könnte das Land auch den Anteil der Stromzeugung im eigenen Land aus Fotovoltaik, Windenergie, Wasserkraft und Geothermie weiter ausbauen.

Australien verfügt über riesige Potentiale zur Nutzung erneuerbarer Energien, insbesondere für Solarenergie und Windkraftanlagen. Aufgrund der idealen solaren Einstrahlungsbedingungen könnte Australien große Mengen an Strom aus solarthermischen Kraftwerken (zum Beispiel Parabolrinnen- und Turmkraftwerken) erzeugen. Neuseeland könnte sich insbesondere auf die Nutzung von Biomasse zur Strom- und Wärmeerzeugung fokussieren.

Übergangsphase

In den nächsten Jahrzehnten werden Japan große Probleme und Herausforderungen bevorstehen: Sowohl Primär- als auch Endenergieverbrauch müssen deutlich gesenkt werden und erneuerbare Energien sowie alternative Kraftstoffe mit großen Anstrengungen in den Markt eingeführt werden. Insbesondere regenerativ erzeugter Strom und Wasserstoff werden für Japan von zentraler Bedeutung sein. In Zukunft könnte sich Japan unabhängig von Energie- und Rohstoffimporten machen. Hinsichtlich Recycling und Kreislaufwirtschaft von wichtigen Materialien und Rohstoffen könnte Japan weltweit Standards setzen.

Die größte Herausforderung für Australien ist das Zuendegehen von Öl, da hier die Importabhängigkeit fast total ist. Hier können jedoch die riesigen Potentiale zur Nutzung von erneuerbarem Strom Abhilfe bieten: Australien eignet sich insbesondere für die Nutzung von Wasserstoffbrennstoffzellenfahrzeugen mit ihrer im Vergleich zu Batteriefahrzeugen höheren Reichweite. Australien hat die Chance, in den nächsten Jahren als Exporteur von wichtigen energetischen Rohstoffen vom Zurückgehen der weltweiten Ölverfügbarkeit zu profitieren, muss aber auch im eigenen Land den Wandel hin zu einer nachhaltigen Energieversorgung und Siedlungsstruktur vollziehen. Aufgrund der niedrigen Bevölkerungsdichte und des hohen Niveaus der Industrialisierung bieten sich für Australien gute Voraussetzungen, den Wandel zu einer »post-fossilen« Gesellschaft zu vollziehen.

Langzeitperspektive

Langfristig muss Japan vollständig auf eine erneuerbare Energieversorgung umstellen und auf fossile Energie verzichten. Japan wird aufgrund fehlender eigener Rohstoffe gezwungen sein, aggressiver als andere Regionen den Übergang zu einem neuen, nachhaltigen Energiesystem zu beginnen. Australien kann auf reichlich vorhandene erneuerbare Energiepotentiale zurückgreifen und sie langfristig erschließen. Überschüssige Energieernten aus erneuerbaren Energiequellen könnten in Australien langfristig den Export von fossilen/nuklearen Rohstoffen ablösen.

5. Die grosse Transition

»Fossiles Denken schadet noch mehr als fossile Brennstoffe«

Bank Sarasin

Eine kurze Geschichte der Energienutzung

Die menschliche Geschichte wird meistens als eine lange Folge von Großtaten, Verwerfungen, Kriegen, genialen Erfindungen und jedenfalls bedeutenden Ereignissen beschrieben. Hier soll der weniger spektakuläre Versuch gemacht werden, sie als eine Energiegeschichte darzustellen – und zu zeigen, wie die Menschen sich mit zunehmendem Erfolg von den Energieformen in ihrer Umwelt haben »helfen lassen«, bis zu dem heute absehbaren Punkt, wo die immer neu gefundenen Möglichkeiten sich als Danaergeschenk entpuppen könnten. Wir stützen uns in diesem Kapitel unter anderem stark auf Arbeiten von Rolf Peter Sieferle, die er in seinem 2006 erschienenen Buch »Das Ende der Fläche – zum gesellschaftlichen Stoffwechsel der Industrialisierung« geleistet hat [Sieferle 2006]. Es geht bei ihm um Energie- und Stoffbalancen; wir konzentrieren uns auf den energetischen Teil und charakterisieren die drei sozialen Hauptregimes – zwei abgeschlossene und ein noch andauerndes – nach dem Muster ihrer Energieflüsse. Die Strukturierung in präfossiles, fossiles und postfossiles Zeitalter lehnt sich an die Darstellung in dem 2009 erschienenen Buch »Postfossile Mobilität – Wegweiser für die Zeit nach dem Peak Oil« an [Schindler et al. 2009].

Präfossiles Zeitalter

Jäger- und Sammler-Gesellschaften

Die hauptsächliche Energiequelle dieser Gesellschaften war das Feuer. Seine Kontrolle war die Voraussetzung für kulturelle Entwicklung, es war der Kern paläolithischer Lebensweise. Jagende Menschengruppen lernten schon früh, selbstgelegte Buschbrände zur Jagd auszunutzen, da auf abgebrannten Flächen das Gras kräftiger wuchs. Dadurch wurden jagdbare Tiere angelockt. Es wurde aber auch die Selektion bestimmter Pflanzen begünstigt.

Jäger-Sammler-Gesellschaften bildeten mehr oder weniger stabile Gruppen. Sie besetzten, eingebettet in die Tier- und Pflanzenwelt ihrer Zeit, relativ enge ökologische Nischen. Wollte man ihren Energieverbrauch aus Ernährung, Feuern zum Kochen und Feuern zum Erwärmen des Lagerplatzes quantifizieren, so käme man auf einen sehr niedrigen Wert. Zählt man zum Energiekonsum der frühen Menschen allerdings auch das Legen von Buschfeuern hinzu, kann sich der Wert so weit erhöhen, dass er den Verbrauch in modernen Gesellschaften übersteigt.

Ackerbaugesellschaften

Der Übergang von den Jägern und Sammlern zu den frühen Ackerbauern war gleitend. Er begann vor etwa 10 000 Jahren mit der sogenannten Neolithischen Revolution. Möglicherweise war die Beobachtung, wie stark sich auf abgebranntem Land Neuwuchs entwickelte, die Initialzündung für das selektive Anpflanzen nutzbarer Pflanzen.

Außer der Vorbereitung und Pflege der Böden gehörte zu den notwendigen Tätigkeiten der Ackerbauern der Handel mit düngenden Mineralien, mit Salz und anderen Rohstoffen, die nur lokal verfügbar waren, und Maßnahmen zur Bewässerung. Alle Aktivitäten basierten auf erneuerbaren Energieflüssen. Abgesehen vom Holz aber war keine von diesen Energien speicherbar. Deswegen wurden die Zeitmuster, in denen die Energien zur Verfügung standen, auch limitierend für die Materialflüsse in diesen Gesellschaften. Zwei Grundvektoren der Energieverwandlung können in Ackerbaugesellschaften identifiziert werden: die biotische und die mechanische Umwandlung. Biotische Konverter, also lebende Substanzen, nutzen die Sonnenstrahlung direkt: Die Photosynthese lässt in Wäldern, auf Weide- und Ackerland Pflanzenmaterial wachsen. Damit entsteht die Grundlage für thermische Energie (durch die Verbrennung von Holz) und mechanische Energie (in der Muskelleistung von Tieren und Menschen).

Mechanische Energiekonverter, also Wasser- oder Windräder, nutzen letztlich die Energien des irdischen Wasserkreislaufs. Ein Hauptcharakteristikum war, dass außer Biomasse in dieser Energiewirtschaft kaum Speichermöglichkeiten existierten. Der wichtigste nichtnachhaltige Aspekt beim frühen Wirtschaften war die Auslaugung der Böden, und Böden waren eine begrenzte Ressource. Beispiele für die Missachtung von Nachhaltigkeitsprinzipien in der frühen Landwirtschaft gibt es genug: Man war sich lange nicht bewusst, dass große Abholzungen Bodenerosion auslösen können und dass lang anhaltende künstliche Bewässerung das Erdreich übersalzen kann. Ein berühmtes Beispiel für letztere Gefahr ist der Kollaps des Ackerbaus im Zweistromland schon in antiker Zeit, der die ganze mesopotamische Kultur mit sich zog [Yoffee und Cowgill 1988], [Tainter 1988]. Dass auch nachhaltige Bodenbewirtschaftung möglich war, zeigt der chinesische Nassreisanbau, der teilweise seit über 1500 Jahren auf denselben Flächen durchgeführt wird.

In Nord- und Mitteleuropa mussten sich die Ackerbauern mit strengen Wintern und langen Wachstumspausen bei ihren Kulturpflanzen abfinden. Die Erträge gingen nicht über reine Subsistenz hinaus; ein »Überschuss« konnte nicht erwirtschaftet werden. Das mag einer der Gründe gewesen sein, warum in Antike und frühem Mittelalter nördlich der Alpen keine großen Städte entstanden. Der Innovationsdruck, die Ernten zu erhöhen, war groß. Erst um das Jahr 1000, viel später als in anderen Weltregionen, waren auch in Nordeuropa die Anbaumethoden so verfeinert, dass große Städte gegründet und vom Überschuss der Ernte miternährt werden konnten.

Der *Raumwiderstand* war in den alten Agrargesellschaften sehr hoch, weil die Transportkosten, für Güter wie auch für Menschen, oft eine unüberwindliche Barriere darstellten. Im 18. Jahrhundert kostete der Landtransport einer Tonne Waren über einen Kilometer den Gegenwert von 4 Kilogramm Getreide – das im Verhältnis dazu gesehen, dass etwa eine Tonne Holz überhaupt nur dem Wert von 10 kg Getreide entsprach. Relativ erhöhte also zum Beispiel ein Transportweg von nur einem Kilometer den Preis von Holz beim Landweg um 40 Prozent, bei Flussverschiffung um 10 Prozent und auf dem Seeweg um 4 Prozent. In der Konsequenz blieb der Material- (und auch Informations-)austausch zwischen verschiedenen Bevölkerungsgruppen lange niedrig und oft auf Luxusgüter wie Stoffe, Gewürze und Kunsthandwerk beschränkt.

Die wichtigste energietechnische Erfindung in der präfossilen Epoche waren das Wasserrad und die Wassermühle, anfangs zum Bewässern der Felder eingesetzt, später zum Mahlen von Getreide und Ölsaaten und zum Schmieden von Metallen (Hammerwerke). Windmühlen mit ihrer geringeren Kapazität dienten vor allem als Mahlwerke. Pumpen in Bergwerken wurden durch Wasserräder angetrieben, deren Wasserversorgung schon früh über Stauweiher zeitunabhängig gemacht werden konnte. Fossile Kohle, Öl und in China sogar Gas wurden, wo sie an die Erdoberfläche traten, marginal genutzt; die Metallverarbeitung arbeitete mit Holzkohle, die Töpferei mit Holz. Zur Beleuchtung diente harzreiches Holz oder Tierfett, zum Heizen und Kochen Holz oder Tierdung. Das war im Grunde das ganze energetische Repertoire der vorindustriellen Gesellschaften.

Fossiles Zeitalter

Die eingeschränkte Verfügbarkeit der bisher genutzten natürlichen Energiequellen begrenzte das Wachstumspotential der Agrargesellschaften. So unterschieden sich die Lebensverhältnisse der Landbevölkerung des 15. Jahrhunderts, gleich welcher Region, kaum von denen tausend Jahre früher. Nur mit dem Zugang zu neuen Rohstoff- oder Energiequellen konnte man diese Grenze überschreiten. Nachdem das Holz in Mitteleuropa und England knapp geworden war, fügte es sich gut, dass man nun den »unterirdischen Wald« – die **Kohle** – entdeckte. Der Übergang von den aus der Sonne gespeisten regenerativen Energieflüssen zu fossilen Brennstoffen war der Beginn einer neuen Ära. Die alten Beschränkungen waren überwunden, wesentlich größere Energiemengen in wesentlich konzentrierterer Form waren jetzt verfügbar. Die teure menschliche und tierische Arbeitskraft konnte durch billigere, mit fossiler Energie erzeugte Antriebskräfte ersetzt werden. Der Weg war jetzt frei für ein lang anhaltendes, in bestimmten Phasen sogar exponentielles, Wachstum. Doch gleichzeitig trug die neue Zeit den Keim ihres Endes bereits in sich: nämlich die prinzipielle Endlichkeit der neu entdeckten fossilen Energievorräte.

Der erfolgreiche Übergang zur Nutzung der neuen Energiequellen hatte mehrere Voraussetzungen: neben der materiellen Grundlage, dem Vorhandensein der Ressourcen, auch das Entstehen von innovativen Techniken, die fossilen Energievorkommen zu finden, zu erschließen und zu bergen, und Techniken, um sie schließlich für alte und vor allem neue Verwendungen nutzbringend einsetzen zu können. Kohle und Öl waren ja auch in vorindustrieller Zeit nicht völlig unbekannt. Innovationen können jedoch nur entstehen, wenn das soziale und ökonomische Umfeld neue Kräfte mobilisieren kann. Den Boden dafür bereiteten die sich ändernden politischen und sozialen Verhältnisse in Großbritannien an der Wende vom 18. zum 19. Jahrhundert. Die Ausbeutung der Kolonien und der Handel mit ihren Waren hatten in England zur Bildung von großen Kapitalvermögen geführt. Es entstand eine erste Form des modernen Kapitalismus (»Manchester-Kapitalismus«), die der wirtschaftliche Motor der industriellen Revolution war.

So konnten die neu erschlossenen Kohlevorkommen in Verbindung mit entsprechenden technischen Innovationen und einem förderlichen sozialen und wirtschaftlichen Umfeld ein anhaltendes Wachstum anstoßen. Die mit Kohle befeuerten Dampfmaschinen ermöglichten zuerst zwei grundlegende Neuerungen: erstens, Kohlegruben bis in große Tiefe von Grundwasser leerzupumpen und dadurch Kohle aus größerer Tiefe zu fördern; zweitens, durch die Hochöfen der Stahlkochereien einen starken Luftstrom zu blasen. Damit war es zum ersten Mal möglich, die sowieso knapp werdende Holzkohle hier durch Koks zu ersetzen. Stahl wurde billiger.

Die Verbesserung der Dampfmaschinenkonstruktion durch James Watt setzte einen weiteren Innovationsschub frei. Jetzt konnten auch Dampflokomotiven gebaut werden. Alle diese Neuerungen verstärkten sich gegenseitig und lösten eine dynamische Entwicklung aus. Die ersten Eisenbahnen entstanden, gleichzeitig wurden Walzwerke für Eisenbahnschienen sowie eine ganz neue Infrastruktur für ein schnelles industrielles Wachstum aufgebaut.

Mineralöl, Erdöl, »Stein«-Öl (Petr-Oleum) – schon Herodot und Marco Polo berichteten von Völkerschaften, die mit einer schwarzen Flüssigkeit, die aus Erdspalten sickerte, ihre Lampen füllten. In der ersten Hälfte des 19. Jahrhunderts stieß man in Amerika bei Brunnenbohrungen durch ölführende Schichten; man sammelte und verkaufte die Flüssigkeit in Fässern (es war die Zeit des Waltrans, der aber absehbar den steigenden Bedarf an Lampenöl nicht mehr lange würde decken können), aber man bohrte nicht gezielt nach. Erst Mitte des Jahrhunderts begann am Kaspischen Meer die systematische Suche nach Öl, und es begann das Jahrhundert der Funde: Pennsylvania, Texas, Venezuela, Persien, Borneo, Arabien. Zuerst wurde Erdöl fast nur zur Beleuchtung eingesetzt. Mit der Erfindung von Ottomotor und Dieselmotor war eine neue Verwendung für das Öl gefunden: Kraftstoffe für die neuen motorisierten Verkehrsmittel, die seit Beginn des 20. Jahrhunderts die Welt in einer vorher nie erlebten Dynamik veränderten. Die Petrochemie entstand. In ersten Raffinerien wurde aus dem Rohöl Leichtbenzin und Kerosin destilliert, passende Kraftstoffe für Straßenfahrzeuge und Flugzeuge. Zurück blieb das Bunkeröl, der Kraftstoff für Motorschiffe. Die Ölindustrie nahm einen steilen Aufschwung. Weltkonzerne entstanden, Standard Oil, Gulf Oil, BP, Texaco. Geschichten von sagenhaften Reichtümern haben Namen: Rockefeller, Gulbenkian, Ibn Saud. Länder wurden auf die politische Weltkarte katapultiert: Kuwait, Libyen, Brunei, Qatar. Billiges Öl war die Voraussetzung für die Massenmotorisierung in den Industrieländern. Die globale Ölförderung ist bis Mitte dieses Jahrzehnts, abgesehen von wenigen politisch bedingten Unterbrechungen, ständig gewachsen. Erdöl ist heute weltweit der wichtigste Primärenergieträger, gefolgt von Kohle und Erdgas.

Erdgas wurde, wo es an die Oberfläche trat, in China schon in der Zeit der Antike genutzt: In Bambus»pipelines« führte man es zu den Feuerstellen. Zur gleichen Zeit waren in Europa »brennende Felsen« noch Orte der Anbetung oder des Orakels. In Nordamerika folgte die Nutzbarmachung des Gases der des Öls mit wenigen Jahrzehnten Abstand. Man hatte, wie in Pennsylvania und später in Texas, beides ja gleichzeitig gefunden, man betrachtete aber das Erdgas zunächst als lästiges Beiprodukt, für das man keine Verwendung hatte. Es begann die große Zeit des Abfackelns, die in vielen anderen Teilen der Welt bis zum Ende des 20. Jahrhunderts dauern sollte und längst noch nicht überall beendet ist. Nigeria bietet hierfür ein trauriges Beispiel. Als in Amerika Walzwerke für die kontinuierliche Herstellung von nahtlosen Rohren gebaut wurden, begann die Konkurrenz zwischen Erdgas und dem aus Kohle gewonnenen Kokereigas, in Europa Stadtgas genannt. Für die Nutzung des Erdgases mussten Rohrleitungen für den Langstreckentransport und für die Feinverteilung gebaut werden, ein Prozess, der sich über Jahrzehnte hinzog und immer noch andauert. Erdgas diente anfangs nur zur Beleuchtung und zum Kochen, später auch zur Gewinnung von Prozesswärme und noch später zur Verstromung in Kraftwerken. In der europäischen Energiewirtschaft spielt Erdgas erst ab 1960 eine große Rolle: seit den Funden in den Niederlanden, in der britischen Nordsee und Norwegen bildete sich ein Netz von Pipelines. Nach der Entdeckung der riesigen westsibirischen Gasvorkommen und dem technisch anspruchsvollen Bau von Fernpipelines nach Westen verzwanzigfachten sich dann die europäischen Gasimporte aus Russland innerhalb von nur zwei Jahrzehnten von 1970 bis 1990. Heute deckt Erdgas etwa 25 Prozent des europäischen Primärenergiebedarfs ab. Erdgas ist auch die wichtigste Quelle für die Herstellung von Wasserstoff, hauptsächlich zur Hydrierung von Kraftstoffen in Raffinerien und zur Herstellung von synthetischem Rohöl aus Schwerölen und Teersanden.

Die in der präfossilen Ära genutzten erneuerbaren Wasser- und Windkräfte sind im Laufe der Zeit nahezu vollständig durch wesentlich leistungsfähigere fossil getriebene Maschinen ersetzt worden. Die Nutzung von

Biomasse für Heizzwecke ist in den Industrieländern deutlich zurückgegangen, besteht aber weiter, in vielen Entwicklungsländern ist sie immer noch essentiell.

Die wichtigste energietechnische Innovation gegen Ende der industriellen Revolution war die Entdeckung der Nutzbarkeit der **Elektrizität**. Dies hat in der Folge die Energieversorgung grundlegend verändert. Am Anfang der Nutzung des elektrischen Stroms stand bemerkenswerterweise die erneuerbare Wasserkraft. Ihre bleibende Bedeutung verdankt sie einigen Eigenschaften: Wasserkraft kann an vielen Stellen der Welt genutzt werden. Sie steht, von jahreszeitlichen Schwankungen abgesehen, gleichmäßig zur Verfügung und kann darüber hinaus in Stauseen gespeichert werden. Das hat Wassermühlen schon in vorindustrieller Zeit einen Vorsprung vor Windmühlen verschafft. Das erste Wasserkraftwerk zur Stromerzeugung wurde um 1880 in Nordengland gebaut. Ziemlich zur gleichen Zeit entstanden die ersten Wasserkraftwerke in den USA. 1891 wurde am Neckar das erste größere Wasserkraftwerk in Deutschland gebaut. Dies war der Beginn der Elektrifizierung, die dann um die Jahrhundertwende einen großen Aufschwung erlebte.

Wasserkraftwerke zur Stromerzeugung waren in der Industrialisierung auch ein entscheidender Standortfaktor, insbesondere für die chemische Industrie. Im späteren Verlauf sind dann Kraftwerke zur Stromerzeugung mit fossilen und nuklearen Brennstoffen hinzugekommen und haben die Wasserkraft in ihrer Bedeutung überholt und zu größerer Standortunabhängigkeit beigetragen. Dennoch sind die bestehenden Wasserkraftwerke immer noch die billigste Stromquelle.

Industrielle Revolution und fossiles Zeitalter

Industrialisierung

Die fossile Prägung der Industrialisierung

Die industrielle Revolution war fossil geprägt. Trotzdem ist es nicht richtig, von einer fossilen industriellen Revolution zu sprechen, denn die Industrialisierung hat, bildlich gesprochen, »in der Luft gelegen«. Mechanische Geräte vielfältiger Art erlebten eine Blüte schon vor dieser Zeit: Uhren, Webstühle, Messgeräte und optische Feinmechanik. Fortschritte im physikalischen und chemischen Wissen, die zu Basisinnovationen führten, wie die Nutzung der Elektrizität, erzeugten ein enormes Potential für sich selbst verstärkende Innovationsprozesse.

Ohne die Nutzbarmachung der fossilen Energien wäre die Entwicklung anders, wahrscheinlich auch deutlich langsamer verlaufen; der Schwerpunkt wäre auf anderen Technologien gelegen. Später in diesem Kapitel werden wir auf Innovationen aus der Epoche der Industrialisierung eingehen, die nicht an fossile Energien gekettet sind und die deren Zuendegehen überdauern werden.

Die industrielle Revolution war eng verknüpft mit der Herausbildung einer kapitalistischen Wirtschaftsweise. Beide waren bald untrennbar miteinander verbunden. Nach dem Patentrecht, das den Urheberschutz bei Innovationen sicherte, war die Erfindung der Aktiengesellschaft zur Finanzierung großer Infrastrukturvorhaben ein wichtiger Schritt; sie erst machte überregionale Vorhaben beim Eisenbahnbau möglich.

Die Herausbildung einer Arbeiterklasse, oft aus »überflüssigen« Landarbeitern, setzte die Ablösung der agrarisch geprägten ständischen Gesellschaften fort. Fabriken entstanden, ein allgemeiner Verstädterungsprozess setzte ein. In der tatsächlichen Entwicklung war damit auch der Siegeszug des Kapitalismus sehr stark durch die Nutzung fossiler Energien geprägt.

Die alten agrarischen Kreislaufwirtschaften wurden durch industrielle Wirtschaften abgelöst, in denen jetzt auch Wachstum (lange Zeit auch nichtlineares Wachstum) möglich war. Dieses Wachstum führte in den Industriegesellschaften zur Vermehrung des Kapitalstocks. Auch die Konsumgüterindustrien entwickelten Strukturen, in denen Wachstum erzielt werden konnte. Schließlich wurde (und wird) Wachstum als ein notwendiger Bestandteil der modernen Wirtschaftsweise angesehen. Gleichzeitig ist diese Art von Wirtschaftswachstum untrennbar mit einem steigenden Ressourcenverbrauch verbunden. Bisher ist eine von manchen für möglich gehaltene Entkopplung von Wirtschaftswachstum und Energie- und Ressourcenverbrauch nicht beobachtbar gewesen.

Die Spaltung in arme und reiche Welt

Vor der industriellen Revolution waren über Jahrtausende das durchschnittliche Einkommen, der Konsum und die Lebensverhältnisse weltweit annähernd auf demselben Niveau. Unterschiede ergaben sich im Wesentlichen nur aus den naturräumlichen Voraussetzungen oder aus der Hegemonie eines Landes über ein anderes in kolonialen Strukturen.

Erst mit der Industrialisierung änderte sich das. Einkommen und Ressourcenverbrauch nahmen in den industrialisierten Ländern stetig zu. Die übrigen Länder blieben mehr oder weniger auf dem althergebrachten Niveau oder sie wurden sogar ärmer: durch die Ausbeutung ihrer Rohstoffe durch andere Länder und durch die Umstellung ihrer Agrarstrukturen auf »cash crops« für die Industrieländer. Dies wiederum ging einher mit einer weitgehenden Zerstörung der gewachsenen gesellschaftlichen Strukturen. Man denke nur an die Verschleppung von Sklaven aus Afrika nach Amerika, die bewusste Vermischung afrikanischer Volksgruppen im südafrikanischen Bergbau und an die willkürlichen, von imperialen Interessen geleiteten Grenzziehungen beispielsweise zwischen Indien und Pakistan oder dem heutigen Irak und seinen Nachbarländern. Die von den Industrienationen fremdbestimmten Strukturen in den Entwicklungsländern sind die historischen Wurzeln der heutigen Spannungen bis hin zu den Gefahren des internationalen Terrorismus. So ist es in unserem Sprachgebrauch zu einer zunehmenden Spaltung in »entwickelte« und reiche sowie »unterentwickelte« und arme Regionen gekommen.

Gegenwärtig verstärkt sich diese Entwicklung immer noch. Armut und Hunger sind in großen Teilen der Welt allgegenwärtig. Der Wille in den reichen Ländern, dies zu ändern, beschränkt sich auf kleine gesellschaftliche Gruppen. Die Bereitschaft zum Teilen ist marginal. Vielmehr wird die Flucht von Menschen, die in ihren Heimatländern keine Lebensgrundlage mehr haben, als große Bedrohung empfunden. Allein die Identifizierung kritischer Entwicklungen mit der erklärten Absicht, diese bessern zu wollen, kann oft genug als Zeichen dafür gewertet werden, dass diese Probleme erst dann wahrgenommen werden, wenn sie fast schon unumkehrbar sind. Das Millenniumsziel der Bekämpfung des weltweiten Hungers ist hierfür ein Beleg. Trotz allem guten Willen hat sich seit seiner Formulierung die Situation entgegen der Zielsetzung nochmals wesentlich verschlechtert.

Gleichzeitig ist aber klar, dass das aus vielen Gründen kein haltbarer Zustand ist. Informationstechnologien erreichen inzwischen auch ferne Winkel der Erde; die Ungleichheit beim Zugang zu den Ressourcen ist für jeden sichtbar. Das erhöht die Spannungen in der Welt. Diese Konflikte spiegeln sich nicht nur in der Konkurrenz um fossile Energieträger und andere Rohstoffe, sondern zeigen sich auch in den unterschiedlichen Positionen der jeweiligen Länder zum Klimaproblem. Die globale Erwärmung ist die Kehrseite des Ressourcenverbrauchs. Die Forderung nach gleichen Emissionsrechten für alle Menschen auf der Welt bedeutet im Umkehrschluss ein Recht auf den gleichen Ressourcenverbrauch. In der politischen Wirklichkeit ist man meilenweit von der Erfüllung dieses Anspruchs entfernt. Eine nachhaltige Entwicklungspolitik muss die Beseitigung dieser Ungleichheiten zum Ausgangspunkt haben.

Der Aufstieg des modernen Verkehrs

In vorindustrieller Zeit waren die Verkehrsverhältnisse über viele Jahrhunderte unverändert. Verkehrswege über größere Entfernungen waren zuerst vornehmlich die Wasserwege auf Meeren und Flüssen, später auch auf Kanälen. Straßen im heutigen Sinne gab es wenige, und diese waren von schlechter Qualität. Menschen bewegten sich überwiegend zu Fuß (auch über weite Entfernungen), auf Booten und Schiffen sowie auf Pferden, Eseln, Maultieren und Kamelen. Kutschen gab es erst gegen Ende des 17. Jahrhunderts. Der Gütertransport erfolgte, wann immer möglich, auf Wasserwegen, zu Lande auf Tieren und mit von Tieren gezogenen Fuhrwerken. Rudern, Treideln, Windkräfte und Strömungen sorgten für das Fortkommen auf dem Wasser, Menschen bewegten sich selbst oder nutzten die Kräfte von Tieren. Entsprechend mühsam und langsam war das Überwinden von Entfernungen; der Transport mit Tieren und Schiffen war zudem teuer.

Das änderte sich erst am Ende des 18. Jahrhunderts mit der Erfindung zuerst des Dampfschiffs und wenig später der Dampflokomotive, den ersten fossil angetriebenen Verkehrsmitteln. Die Entwicklung der Dampfschiffe erfolgte eher langsam, sie ersetzten erst Ende des 19. Jahrhunderts die Segelschiffe im Überseeverkehr. Viel schneller dagegen war die Verbreitung der Eisenbahn. Schienenwege konnten in einer viel besseren Qualität gebaut werden als Straßen. Die von Dampflokomotiven gezogenen Züge erreichten auf den Schienen vorher unvorstellbare Geschwindigkeiten. 1840 war das Schienennetz in Großbritannien bereits 2400 Kilometer lang, 1860 schon 14 600 Kilometer. Die Züge transportierten Menschen und Güter in großen Mengen und über große Entfernungen; die Eisenbahn war damit Produkt und Motor der Industrialisierung. Die Eisenbahn bewirkte auch Veränderungen in den Siedlungsstrukturen: Der Bahnhof war auf einmal ein wichtigerer Knotenpunkt als die Posthalterei. Fabriken entstanden in Bahnnähe, und Arbeitersiedlungen in der Nähe der Fabriken. In der gleichen Zeit, in der Eisenbahnen das Festland eroberten, gewannen mit Kohle befeuerte Dampfschiffe auf See die Vorherrschaft über die Segelschiffe.

Der Verkehr auf der Straße blieb währenddessen auf einem Stand wie in präfossiler Zeit. Fußgänger, Pferde und Fuhrwerke bestimmten immer noch das Bild, denn die Dampfmaschine war, anders als auf der Schiene, für den Antrieb von Straßenfahrzeugen denkbar ungeeignet. Eine Änderung brachte erst die Erfindung von Motoren mit interner Verbrennung Ende des 19. Jahrhunderts durch Nicolaus Otto, Carl Benz und Rudolf Diesel, alles Motoren, die einen flüssigen Kraftstoff benutzten. Dieser flüssige Kraftstoff wurde schon bald aus Erdöl gewonnen. Mit der Kombination von Verbrennungsmotor und Erdöl begann eine epochale Erfolgsgeschichte, die die Welt noch stärker verändern sollte als die Eisenbahn und das Dampfschiff.

Der Bau von funktionstüchtigen Automobilen wäre nicht möglich gewesen ohne eine Reihe von weiteren Erfindungen, die schon vorher für das Fahrrad gemacht wurden. Dazu gehört das Kugellager, der Kettenantrieb und der Luftreifen. Es waren aber noch viele Jahre technischer Verbesserungen notwendig, bis das Auto am Anfang des 20. Jahrhunderts von einem Luxusgegenstand langsam zu seiner neuen Funktion als Verkehrsmittel fand.

Der mit Benzin oder Diesel angetriebene Motor mit der Verbrennung des Kraftstoffs im Zylinder hat gegenüber der Dampfmaschine mit der Dampferzeugung außerhalb des Zylinders viele entscheidende technische Vorteile: Er hat einen deutlich höheren Wirkungsgrad, er ist besser skalierbar für die verschiedenen Leistungsanforderungen, er ist einfacher zu starten und besser zu regeln, und der flüssige Kraftstoff kann besser im Fahrzeug mitgeführt werden und ist einfacher zu betanken.

Die Vorteile von Öl gegenüber Kohle als Energieträger für motorisierte Verkehrsmittel wurden früh erkannt, sie galten auch für Dampfschiffe. Churchill ließ daher schon vor dem Ersten Weltkrieg die britische Marine von Kohle auf Öl umrüsten. Er war einer der ersten, die die strategische Bedeutung des Zugangs zu Ölquellen gesehen haben. Mit der zunehmenden Verbreitung der Verbrennungsmotoren wuchs auch die Ölindustrie. Man hatte reichlich Ölquellen entdeckt, und die Förderung konnte mit der Nachfrage wachsen.

Den entscheidenden Schub bekam die Entwicklung des Automobils durch die Innovationen von Henry Ford, sowohl was die industrielle Massenfertigung angeht wie auch durch sein wirtschaftliches Konzept, das die Fabrikarbeiter in die Lage versetzen sollte, ihre eigenen Produkte zu kaufen.

Dafür, dass sich das Auto als Verkehrsmittel durchsetzen konnte, waren allerdings auch noch Fortschritte im Straßenbau nötig. In den USA begann die Massenmotorisierung zwischen den beiden Weltkriegen, in den übrigen Industrieländern erst ab Anfang der 1950er Jahre. In Deutschland wurde im Jahre 1960 noch weniger als die Hälfte aller Wege mit privaten motorisierten Verkehrsmitteln zurückgelegt. Es sollte aber nicht vergessen werden, dass das Motorrad in der Frühphase der Motorisierung eine wichtige Rolle gespielt hat, da es deutlich erschwinglicher war als ein Auto.

Der neue mit Öl betriebene Verbrennungsmotor hat auch den Bau von Lastkraftwagen möglich gemacht. Vor allem hat dieser Motor und sein Kraftstoff den alten Menschheitstraum vom Fliegen Wirklichkeit werden lassen (man versuche einmal, sich ein Flugzeug mit Dampfmaschinenantrieb vorzustellen …) Doch die ersten Lastkraftwagen und Flugzeuge waren weit davon entfernt, alltagstauglich zu sein. Die Entwicklung von LKW und Flugzeug ist vom Militär im Ersten Weltkrieg entscheidend vorangetrieben worden, die des Flugzeugs noch einmal im Zweiten Weltkrieg.

Die zivile Luftfahrt als Verkehrsform hatte ihre Anfänge erst in den 1930er Jahren. Die parallele Entwicklungslinie der Personenbeförderung mit Luftschiffen fand mit dem Unglück in Lakehurst ein jähes Ende. Der Aufstieg der Verkehrsflugzeuge begann dann in den 1950er Jahren. Aus einem elitären Verkehrsmittel (»Jet Set«) ist mittlerweile in den reichen Ländern ein Verkehrsmittel für jedermann geworden.

Nach dem Zweiten Weltkrieg begann auch der Siegeszug des Lastkraftwagens, der inzwischen die Eisenbahn in ihrer Bedeutung für den Güterverkehr weit hinter sich gelassen hat. Die Gravitation des modernen ölgetriebenen Verkehrs wurde immer stärker. Der motorisierte Verkehr auf der Straße bestimmte zunehmend die Raum- und Siedlungsstrukturen und schuf damit weiteren Bedarf für die Motorisierung. Die Folge war eine fortschreitende Zersiedelung und ein Funktionsverlust der Innenstädte – in extremer Ausprägung in den USA zu beobachten. Die Senkung des Raumwiderstands war das Ziel. Die Denkstrukturen wurden vom modernen motorisierten Verkehr geprägt: *motorisiert* ist besser als *nichtmotorisiert*, *schneller* ist besser als *langsamer*, *weiter* ist besser als *näher* …

Das alles hat sich so entwickelt, weil es attraktiv war und weil der Treibstoff des modernen Verkehrs reichlich und billig verfügbar war. Die Nachteile für diejenigen Bevölkerungsgruppen, die nicht über ein Auto verfügten, nahm man mehr oder weniger billigend in Kauf. Das westliche Vorbild ist so zum dominanten Modell der nachholenden Entwicklung für Schwellen- und Entwicklungsländer geworden. Der moderne, fossil getriebene Verkehr in all seinen Formen hat den Raumwiderstand gegenüber der vorindustriellen Zeit in unglaublicher Weise reduziert und war so eine notwendige Voraussetzung für den fortschreitenden Prozess der Globalisierung der Wirtschaft.

Die Basisinnovationen der fossilen Ära

In der fossilen Ära wurden einige Basisinnovationen gemacht, deren Nutzung von der Verfügbarkeit von fossilen Energien unabhängig ist. Diese Basisinnovationen werden die postfossile Ära entscheidend prägen und dafür sorgen, dass es keinen »Rückfall« in die präfossilen Verhältnisse geben wird.

Elektrizität

Ganz grundlegend ist die Fähigkeit, die Elektrizität nutzen zu können. Dies ist, wie jeder weiß, eine Voraussetzung für praktisch alle modernen Technologien. Alessandro Volta hatte schon um 1800 Prototypen von Batterien gebaut. Im weiteren Verlauf des Jahrhunderts wurden durch Ampères elektromagnetische Studien, durch Faradays Vorarbeiten zu Elektromotor und Generator, durch Siemens mit der dynamoelektrischen Maschine und viele andere weitere Grundlagen gelegt.

Die Elektrizität hat insbesondere bei der Energienutzung die räumliche Trennung des Ortes der Erzeugung von dem des Verbrauchs ermöglicht. Jetzt konnte mechanische Energie nicht mehr nur direkt am Ort der Wasserkraft genutzt werden, wie bei den alten Mühlen und Sägewerken, sondern der erzeugte elektrische Strom konnte über Leitungen an entfernte

Orte transportiert werden, wo er für verschiedene Maschinen und andere Anwendungen zur Verfügung stand.

Die Erfindung und Nutzung des elektrischen Lichts war ein grundlegender Umbruch. Licht und westliche Zivilisation bilden eine Einheit. Nun war es möglich, die natürlichen Rhythmen von Tag und Nacht und von hellen und dunklen Jahreszeiten zu überwinden. Für große Lebensbereiche war damit die Natur nicht mehr der Rhythmusgeber. Das war eine Befreiung von Einschränkungen, die die Menschheitsgeschichte durch alle Zeiten bestimmt hatten. Andererseits konnten jetzt Arbeitszeiten fast unbegrenzt verlängert werden, Maschinen im Schichtbetrieb durcharbeiten. So sind auch neue Abhängigkeiten und neue Probleme für den Lebensrhythmus der Menschen entstanden.

In Ländern, die keine flächendeckenden elektrischen Netze haben, ist die Situation abgelegener Siedlungen auch heute oft noch vorindustriell. Die Beleuchtung erfolgt immer noch mit Petroleumlampen. Für diese Regionen der Welt können einfache solar betriebene Leuchten schon eine erhebliche Verbesserung der Lebensqualität bewirken.

Die Elektrizität ist gleichzeitig Voraussetzung für spätere Basisinnovationen wie Datenverarbeitung, elektronische Kommunikation und Medien sowie für die Nutzung wichtiger erneuerbarer Energiequellen – Punkte, auf die wir in den folgenden Abschnitten eingehen.

Elektronische Kommunikation

Am Anfang elektrischer Fernkommunikation stand die Erfindung des Schreibtelegrafen durch Samuel Morse. Schon ab 1851 konnte die Firma Siemens in Russland für den Zaren ein Telegrafienetz aufbauen. In Westeuropa entstanden eisenbahnbegleitende Telegrafenleitungen. Um die Wende zum 19. Jahrhundert kam nach Guglielmo Marconis Erfindung die drahtlose Telegrafie mit Radiowellen hinzu. Das ermöglichte die Kommunikation zwischen Kontinenten und mit Schiffen auf hoher See.

Der nächste Schritt war die Telefonie, eine Technologie mit einer beispiellosen Erfolgsgeschichte: von einer nur für wenige zugänglichen Dienstleistung über eine weite Verbreitung in ausgewählten Industrieländern bis hin zum drahtlosen mobilen Telefon heute, mit einer Verbreitung praktisch überall auf der Welt – auch in den ärmsten Ländern.

Als erstes elektronisches Massenmedium entstand in den 1920er Jahren das Radio, nach dem Zweiten Weltkrieg folgte das Fernsehen. Seit den späten 1970er Jahren nutzen erst Faxgeräte, seit den 1990er Jahren auch das Internet die vorhandenen Telefonleitungen. Immer höhere Übertragungsgeschwindigkeiten, später mit Lichtsignalen durch Glasfaserkabel, machten die Kommunikation von Texten, Bildern und Videos möglich. Elektronische Navigationssysteme empfangen Satellitensignale und berechnen daraus ihre Position auf der Erdoberfläche in Metergenauigkeit. Waren diese Technologien Teil der Globalisierung und Mitursache exponentiell steigenden Energieverbrauchs, so können gerade sie in der postfossilen Ära eine wichtiges Instrument zur effizienten, das heißt energiesparenden Gestaltung menschlicher Beziehungsgeflechte auch über weite Entfernungen sein.

Datenverarbeitung

Mit der Einführung der Binärsprache in elektronischen Schaltungen durch Konrad Zuse war der Entwicklung des Computers der Boden bereitet. Als Informationen auch gespeichert werden konnten – zuerst auf Magnetplatten, dann auf Bändern – und ab 1946 Transistoren die Rolle der Röhren übernehmen konnten, begann die lange Periode der Miniaturisierung und Beschleunigung der Rechner. »Siliziumzeitalter« nennt man diese Zeit, weil hochreines Silizium als Matrix für die Schaltkreise dient. Rechengeschwindigkeit und Speichergrößen wuchsen exponentiell, die Preise fielen. PCs, Personal Computers, tauchten auf, dann tragbare Computer. Elektronische Bibliotheken ersetzten gedruckte. Über das Internet begannen die Rechner miteinander zu kommunizieren. Mittlerweile gibt es kaum noch einen kommerziellen oder privaten Lebensbereich, wo Computer nicht eine wichtige Rolle spielen. In der Energieversorgung, der modernen Kommunikation, im Verkehr und in den Verkehrsmitteln (vom Flugzeug über das Auto bis zum Pedelec) sind Computer nicht mehr wegzudenken. Und sie werden in den »intelligent grids«, den intelligenten Stromnetzen der Zukunft, die fluktuierenden erneuerbaren Energien in Abhängigkeit von Angebot und Nachfrage disponieren, transportieren und verteilen.

Erneuerbare Energietechnologien

Zunehmende Kenntnisse im Umgang mit Elektrizität waren Grundvoraussetzung für Basisinnovationen zur besseren energetischen Nutzung der Naturkräfte. Seit der Erfindung des elektrodynamischen Generators durch Werner von Siemens 1866 war auch die Verwandlung von mechanischer Energie in Strom prinzipiell möglich. Als naheliegende Energiequelle bot sich die Wasserkraft an. Um 1880 wurden die ersten Wasserkraftwerke zur Stromerzeugung gebaut. Dies war der Beginn der ersten postfossilen Energietechnologie, einer Technologie von bleibender Bedeutung.

Die Entwicklung der Windkraftnutzung zur Stromerzeugung hat, wie die Wasserkraft, schon Ende des 19. Jahrhunderts begonnen, hatte aber lange keine Bedeutung. Erst verbesserte aerodynamische Kenntnisse und Innovationen auf anderen Gebieten (wie Rotorblätter aus Faserverbundwerkstoffen) führten ab etwa 1980 zu einem Aufschwung. Seitdem hat die Windkraftnutzung enorme Fortschritte gemacht, die Anlagen wurden immer größer und leistungsfähiger. Inzwischen ist Windkraft die bedeutendste neue Energietechnologie mit möglichem Einsatz sowohl onshore wie offshore. Windkraft mit ihrer unregelmäßigen Leistungsabgabe wird in Zukunft noch stärker rechnerunterstützt arbeiten. Überschussstrom aus ihr kann künftig zur Erzeugung von Wasserstoff als Kraftstoff für Brennstoffzellenfahrzeuge genutzt werden.

Ebenfalls grundlegend für die erneuerbaren Energietechniken war Einsteins Erklärung des fotovoltaischen Effektes als direkter Umwandlung von Lichtquanten in elektrischen Strom. Dafür hat er 1921 den Nobelpreis erhalten. Damit wurde die technische und kommerzielle Nutzung dieses Effektes möglich. Allerdings war es noch ein weiter Weg; Fortschritte in der Forschung, in der Siliziumtechnik und in anderen Fertigungstechnologien waren notwendig. Neue Zelltechnologien sind dazugekommen. Heute ist Fotovoltaik neben Windkraft die wichtigste neue Technologie zur Erzeugung von erneuerbarem Strom.

Solarthermische Kraftwerke eröffnen ein großes Stromerzeugungspotential in ariden Gebieten der Erde mit direkter Sonneneinstrahlung. Bei diesen Kraftwerken wird die Sonnenstrahlung in Parabolspiegeln gebündelt und auf ein Rohr konzentriert, in dem eine Flüssigkeit auf mehrere hundert Grad erhitzt wird, die dann in einem Wärmetauscher Dampf erzeugt, der einen konventionellen Stromgenerator antreibt. Erste Kraftwerke dieses Typs wurden in den 1980er Jahre in Kalifornien gebaut. Mit verbesserter Technik erleben diese Kraftwerke gegenwärtig eine Renaissance. Zwei neue Kraftwerke wurden jetzt in Südspanien gebaut, weitere sind in Planung. Auch in den USA ist eine neue Generation von solarthermischen Kraftwerken geplant.

Eine große Herausforderung stellt zunehmend die Speicherung von elektrischer Energie dar, je mehr regenerative Energien und je weniger fossile Brennstoffe unser Energiesystem bestimmen. Konventionelle Speicher

Stromspeicher
Pumpspeicherkraftwerke – etablierte Technologie, jedoch aufgrund der topografischen Potentiale (Höhenunterschied!) und Naturschutzinteressen begrenzt
Batterien – eignen sich als Kurzzeitspeicher, sehr teuer
Druckluftkavernenspeicher – begrenzt aufgrund geologischer Gegebenheiten zum Bau von Kavernen, geringere Energiedichte als Wasserstoff, eignen sich als Kurzzeitspeicher, in Entwicklung
Wasserstoffspeicherung – begrenzt aufgrund geologischer Gegebenheiten zum Bau von Kavernen, eignet sich als Mittel- und Langzeitspeicher, in Entwicklung
Schwungmassenspeicher – etablierte Technologie, eignet sich als Kurzzeitspeicher
Kondensatoren – etablierte Technologie, eignet sich als Kurzzeitspeicher

Tabelle 17: Übersicht möglicher Stromspeicher

wie Pumpspeicherkraftwerke werden in Zukunft die zusätzlich erzeugten Strommengen nicht ausreichend speichern und regeln können. Neue Energiespeicher wie die Wasserstoffspeicherung in Kavernen zur Rückverstromung oder vor allem zur Kraftstofferzeugung gewinnen hier an Attraktivität.

Es gibt noch viele energetische Errungenschaften der fossilen Ära, die in der postfossilen Ära von Bedeutung sein werden. Zu nennen sind beispielsweise: die Dämmtechniken für Gebäude mit Mineralwolle; die selektive Beschichtung von Glas, um es für bestimmte Strahlungsanteile durchlässig zu machen (etwa auf Solarkollektoren); Wärmepumpen und integrierte Systeme zur Kühlung und Klimatisierung. Ein eigenes Feld sind alle Leichtbautechniken für Konstruktionen, die bewegt werden müssen: wie die Verwendung von Kohlefasern und Kevlar, von Metallschäumen und Wabenstrukturen und vieles mehr.

Moderne Technologien zur besseren direkten Nutzung der Sonnenwärme sind inzwischen verfügbar. Solarthermische Anlagen zur Warmwasserbereitung und zur Bereitstellung von Raumwärme sind Stand der Technik.

Das Fahrrad

Das Fahrrad ist das erste postfossile Verkehrsmittel, das in der fossilen Ära entwickelt wurde. Das erste Laufrad des Freiherrn Drais, mit dem er 1817 durch Mannheim fuhr, entstand in einer Mangelsituation, als Mitteleuropa mehrere Jahre von Missernten heimgesucht wurde und dies dazu geführt hatte, dass ein Großteil der Zugtiere und Pferde nicht mehr ernährt werden konnte.

Das Fahrrad – damals schon Velociped genannt – war also lange vor dem Automobil da. Wesentliche Basisinnovationen, die vom hölzernen Laufrad des Freiherrn Drais zum modernen Fahrrad mit Stahl- oder Kohlefaserrahmen geführt haben, wurden für das Fahrrad entwickelt. Dazu gehören insbesondere Luftreifen (John Boyd Dunlop 1888), die Erfindung des Kugellagers und der Kettenantrieb. Ohne diese Neuerungen wäre der Bau von Automobilen nicht möglich gewesen.

Das Fahrrad wäre vielleicht schon früher entwickelt worden, wenn die Menschen es für möglich gehalten hätten, dass sich ein labiles zweirädriges Gefährt überhaupt in so etwas wie dynamischer Stabilität fortbewegen kann. Was heute schon Dreijährige mit ihren Kleinlaufrädern spielerisch »erfahren« können, hatte man vorher nie ausprobiert. Auch lag wohl der Gedanke fern, dass man selber den Antrieb liefert, wo es doch Tiere gab. Drittens spielte wohl auch der meist schlechte Zustand der Wege und Straßen eine Rolle.

Die Entwicklung des Fahrrads ist noch lange nicht am Ende. Eine Vielfalt von Bauformen, Materialien und Verwendungszwecken ist noch zu erschließen. Die Hybridisierung (Kombination von Muskelkraft und Motor) ist bei Pedelecs Realität, seit Lithium-Ionen-Akkus es erlauben, große Energiemengen »mitzunehmen«. Momentan sind Kapazitäten von 150 bis 500 Wh möglich, für 30 bis 120 Kilometer Reichweite. In China gibt es heute bereits zig Millionen Elektrozweiräder, in Deutschland und Europa erobern sie gerade den Markt. Das Fahrrad in all seinen Formen wird in der postfossilen Ära im Kontext einer postfossilen Mobilität zu neuer Bedeutung gelangen.

Innovation Fahrrad

Die Entwicklung des Fahrrads ist keineswegs abgeschlossen, sondern passt sich den regionalen Bedürfnissen und Anforderungen an. Die Verwendung von neuen Materialien aus dem Leichtbau, zum Beispiel aus Kohlefaser, Titan, Magnesium und legiertem Aluminium, ermöglicht nicht nur Gewichtsreduzierung, sondern auch neue Konstruktionen und Bauweisen: Lastendreiräder, Rikschas und Liegeräder eröffnen ein breiteres Nutzungsfeld. Hinzu kommt der »Hybridantrieb«, die Unterstützung der Körperkraft durch einen kleinen batteriegespeisten Elektromotor, der den Aktionsradius dieser »Nullemissionsfahrzeuge« deutlich vergrößert. Neben den Verbesserungen der Fahrradtechnik (gekapselte Ketten und Lager, High-Tech-Nabenschaltungen) steuert auch die Textilbranche wichtige Verbesserungen bei: wie wetterfeste Taschen und (wie beim Bergsport) wasserdichte und atmungsaktive Funktionsbekleidung.

Die Transition in die postfossile Ära

Peak Oil – der Anfang vom Ende des fossilen Zeitalters

Peak Oil ist jetzt, Peak Gas wird innerhalb der nächsten 15 Jahre und Peak Coal wird innerhalb der nächsten 30 Jahre erreicht sein. Praktisch bedeutet das jedoch, dass bei allen fossilen Energieträgern die Knappheiten fast gleichzeitig spürbar werden. Das Erreichen des Fördermaximums beim Öl leitet die Plateaus bei *allen* fossilen Energien ein. Eine verstärkte Nutzung von Gas und Kohle kann den Rückgang beim Öl *nicht* ausgleichen. Nuklearenergie ist *keine* Option für einen substantiellen Beitrag zur Energieversorgung der Menschheit. Wenn der Peak für die einzelnen Energieträger sich durch unerwartete Funde oder noch nicht absehbare neue Fördertechniken etwas nach hinten verschieben sollte – um so besser. Aber die grundsätzliche Aufgabe bleibt, nämlich auf den anstehenden Strukturbruch vorbereitet zu sein. Die Grafiken im Kapitel 2 zeigen die erwarteten Verläufe des künftigen Energieangebotes. Sie legen die energetischen Rahmenbedingungen für das 21. Jahrhundert fest.

Manche Bereiche unseres Lebens und manche Industrien werden von den beginnenden Verknappungen stärker betroffen sein als andere. Der moderne Verkehr ist vom Erdöl getrieben und daher zuerst und unmittelbar betroffen: Autos und Güterverkehr auf der Straße, Flug- und Schiffsverkehr, aber auch die vielen mit Diesellokomotiven angetriebenen Eisenbahnen überall auf der Welt. Nur die elektrischen Bahnen sind unabhängig vom Öl. Ein vollständiger Ersatz des abnehmenden Kraftstoffangebots durch Biokraftstoffe oder Wasserstoff und Strom in den nächsten zwei Jahrzehnten wird nicht möglich sein.

Die Bauindustrie wird ebenfalls betroffen sein. In einer Tonne Zement stecken über 800 Kilowattstunden Energie, vor allem für das Brennen. Für eine Tonne Beton ergeben sich damit 100 bis 120 Kilowattstunden. Die Energie wird momentan fast ausschließlich fossil bereitgestellt. Beton ist nicht recyclierbar; der Kalkanteil muss neu gebrannt werden. Die chemische und kunststoffverarbeitende Industrie ist ebenfalls stark von fossilen Grundstoffen abhängig, heute vorwiegend von Öl und Erdgas.

Viele Entwicklungen, Turbulenzen und Verwerfungen in der Weltwirtschaft, die um das Jahr 2000 eingesetzt haben, lassen sich als Folgen der Entwicklungen auf den Ölmärkten deuten, ausgelöst durch ein immer schwieriger auszuweitendes und zunehmend eingebremstes Wachstum des globalen Ölangebots. Ab Mitte 2004 wurde schließlich ein Plateau erreicht, das jetzt schon bis 2010 angehalten hat.

Mit dem Überschreiten des Ölfördermaximums in der Nordsee wurde das Geschäft der internationalen Ölgesellschaften immer schwieriger. Dies zeigt sich in einer Welle von Fusionen, die im Laufe dieser Jahre stattgefunden haben. Diese Fusionen waren keine Stärkung der Ölindustrie, sondern ein Zeichen für die zunehmenden Probleme; sie waren daher eine Strukturbereinigung. Ein weiteres Indiz ist die Tatsache, dass die größten börsennotierten Ölgesellschaften ihre gemeinsamen Fördermengen nur noch bis 2004 ausweiten konnten, seitdem sinken sie mehr oder weniger kontinuierlich. Auch das Downstream-Geschäft wird immer schwieriger. Die großen Konzerne verkaufen einen Teil ihrer Raffinerien; einige Anlagen in den USA und Europa werden auch schon stillgelegt.

Zufall oder nicht – gleichzeitig mit dem Erreichen des Ölförderplateaus hat der damals weltgrößte Automobilhersteller General Motors im Jahre 2005 erstmals in seiner Geschichte rote Zahlen geschrieben und ist seither in der Krise. Wenige Jahre später sind fast alle Automobilfirmen außerhalb Chinas ebenfalls in Krisensituationen gekommen. Ähnliches lässt sich bei den Airlines beobachten. Ein Großteil der Fluglinien ist seit Jahren defizitär, obwohl der Luftverkehr in vielfältiger Weise gegenüber anderen Verkehrsarten steuerlich bevorzugt und gefördert wird. Die steigenden Ölpreise und ihre Volatilität haben die Airlines hart getroffen. Es gibt eine Welle von Fusionen, und insbesondere in den USA musste eine Reihe kleinerer Fluggesellschaften aufgeben.

Es ist kein Zufall, dass der Ölpreis erst seit 2004 nach oben geschnellt ist. Ab diesem Zeitpunkt konnte das Angebot auch bei steigenden Preisen nicht mehr ausgeweitet werden, und das über viele Jahre hinweg. Dies ist erstmalig in der Geschichte der Ölindustrie. Inwieweit die hohen Ölpreise dann Auslöser für den Ausbruch der Wirtschaftskrise im Jahr 2008 waren, ist noch offen. Aber es gibt durchaus begründete Vermutungen, dass insbesondere in den USA ein enger Zusammenhang bestand, weil ab einem gewissen Benzinpreis den Haushalten das Geld für die Bedienung ihrer Hypotheken gefehlt hat.

Üblicherweise werden die beschriebenen Entwicklungen mit allen möglichen Faktoren und Sonderfaktoren erklärt. Peak Oil ist jedenfalls nicht dabei. Für uns zeigen diese Entwicklungen jedoch, dass die vom weltweiten Fördermaximum verursachten Umbrüche nicht in einer unbestimmt fernen Zukunft liegen, sondern bereits begonnen haben. Der Anfang vom Ende des fossilen Zeitalters hat mit dem Erreichen von Peak Oil begonnen.

Peak Oil – die Folgen des Erfolgs und das Ende von BAU (business as usual)

Öl ist, wie bereits dargestellt, der Treiber des fossil angetriebenen modernen Verkehrs. Dieses Entwicklungsmodell ist zuerst von den USA und von Europa vorgemacht worden und hat dort eine enorme Entwicklungsdynamik ausgelöst. Diese Dynamik zeigt sich im Aufstieg der Autoindustrie, der Luftfahrtindustrie, der Massenmotorisierung und des Straßenbaus.

Weil das Modell des fossil angetriebenen Verkehrs so attraktiv war und ist, ist es sukzessive von anderen Regionen der Welt übernommen worden. Prominent in dieser Reihe ist zunächst Japan, gefolgt von Südkorea, Taiwan und in jüngster Zeit Brasilien, China und Indien. Je später die Motorisierung in einer Region eingesetzt hat, um so schneller und dynamischer war die Entwicklung. Dies hat dazu geführt, dass seit kurzem der Ölverbrauch der Nicht-OECD-Länder den Ölverbrauch der OECD-Länder insgesamt übersteigt.

»Leapfrogging« und »sunk costs«

Leapfrogging bezeichnet das Überspringen von Entwicklungsphasen. Im Gegensatz zu den Industriestaaten werden sogenannte Entwicklungs- oder Schwellenländer manche technologische Entwicklungsschritte auslassen können und auch müssen. Ein prominentes Beispiel ist hier der Weg zur Massenmotorisierung, den China eingeschlagen hat. Auf der einen Seite kann das Ziel eines mit westlichen Ländern vergleichbaren Motorisierungsgrades mit konventionellen Fahrzeugen mit Verbrennungsmotoren nicht erreicht werden, da dies am mangelnden Erdölangebot scheitern muss. Auf der anderen Seite ist China bereits heute mit führend in der Herstellung von Batterien und Elektrofahrzeugen. Das Land verfügt beispielsweise über 95 Prozent der weltweiten Vorkommen seltener Erden und hat große Lithiumreserven – damit hat China gegenüber ausländischen Automobilherstellern einen großen Vorteil.

Mit *sunk costs* bezeichnet man Investitionen, die in der Vergangenheit getätigt wurden und wegen veränderter Rahmenbedingungen obsolet werden. In Zukunft kann dies zum Beispiel der Fall sein für konventionelle Kraftwerke, für Fabriken für Verbrennungsmotoren oder für Infrastrukturen für fossile Energieträger. In der Realität beeinflussen die in der Vergangenheit angefallenen Kosten unsere heutigen Entscheidungen. Der Umstieg auf regenerative Energien und Antriebe kann so den Gewinn aus den früheren Investitionen in Atom- oder Kohlekraftwerke beziehungsweise von Mineralölunternehmen schmälern. Auch hier haben die sogenannten Entwicklungsländer oder Schwellenländer einen Vorteil gegenüber den entwickelten Staaten: Der Aufbau einer regenerativen Energieversorgung und eines neuen Verkehrssystems muss sich nicht mit den »Beharrungskräften« und den kalkulierten Erträgen aus früher getätigten Investitionen aufhalten. *Es ist in diesem Fall einfacher, etwas neu aufzubauen als etwas Vorhandenes zu ersetzen.*

Was wir gerade erleben, sind die Folgen des Erfolgs. Weil das westliche Entwicklungsmodell so attraktiv war und jetzt von einem größeren Teil der Welt kopiert wird, kommt es um so schneller an sein Ende. Es war zwar grundsätzlich schon immer klar, dass dieses Entwicklungsmodell nicht nachhaltig sein kann, weil es auf der Nutzung von endlichen fossilen Energiequellen beruht. Diese Endlichkeit wurde prinzipiell anerkannt, aber für praktisch irrelevant erachtet. Es zeigt sich jetzt, dass mit Peak Oil die Grenzen des Wachstums des fossilen Verkehrs tatsächlich erreicht werden. Angesichts der Tatsache, dass Erdöl die wichtigste fossile Energiequelle ist, der moderne Verkehr fast vollständig auf ihr beruht und dieser Verkehr wiederum Grundlage der westlichen Wirtschaftsweise und Lebensstile ist, wird damit auch das Ende von *business as usual* (BAU) eingeläutet.

Nur zwei zielführende Reaktionsmöglichkeiten stehen angesichts dieser Lage offen: ein effizienterer Umgang mit Energie und eine zunehmende Nutzung erneuerbarer Energien. Eine zukunftsfähige Strategie kann nur darin bestehen, die Abhängigkeiten von den fossilen Energien schrittweise zu reduzieren – das aber so schnell wie möglich. Es kann keine zukunftsfähige Strategie sein, zu versuchen, die bestehenden Strukturen zu erhalten und zur Erreichung dieses Ziels die eigene Versorgung mit Erdöl und Gas mit hohem Aufwand militärisch zu sichern. Die weltpolitischen Ereignisse der letzten zwei Jahrzehnte im Nahen Osten sollten dies hinreichend deutlich gemacht haben. Auf eine Fortsetzung von »business as usual« zu setzen, wird mit einer harten Landung enden.

Die lange vorhergesagten und immer geleugneten Grenzen des Wachstums werden jetzt spürbar, auch wenn immer wieder eine Ausweitung dieser Grenzen beschworen wird. Das Ende von »BAU« bedeutet, dass wir am Beginn eines epochalen Strukturbruchs stehen, nämlich der Transition von der fossilen Ära in eine postfossile Zukunft.

Fossile Energie ist nicht die einzige Begrenzung

Klimawandel

Es bedarf in diesem Kontext keiner weiteren Begründung, dass die Fortsetzung des bisherigen Verbrennens fossiler Energien auch aus Klimagründen nicht nachhaltig ist. Die in diesem Buch dargestellten Szenarien einer künftigen Verfügbarkeit fossiler Energien liegen deutlich niedriger als die Annahmen, die in den Szenarien des IPCC, des »Intergovernmental Panel on Climate Change«, für möglich gehalten werden. Dieses Ergebnis sollte aber nicht dahingehend missverstanden werden, als käme dem Klimaargument keine Bedeutung mehr zu, da das Angebot fossiler Energien aus Gründen der Ressourcenbegrenzung sowieso zurückgehen wird – denn es stellt sich zunehmend heraus, dass die bisherigen Prognosen zur globalen Erwärmung eher konservativ waren. Somit ist es durchaus unklar, wie nah wir bereits an dem sogenannten »Tipping point« sind, ab dem der Klimawandel eine unumkehrbare selbstverstärkende Dynamik entfaltet. Das heißt, ein möglichst schneller Ausstieg aus der Nutzung fossiler Energiequellen bleibt auch aus Klimaschutzgründen weiterhin geboten. Nur gibt es eben zusätzliche Gründe, warum der Wandel notwendig und unvermeidbar ist.

Engpass Mineralien

Die Wirtschafts- und Lebensweise in den traditionellen Industriestaaten ist gekennzeichnet durch einen hohen Verbrauch von nicht-energetischen Rohstoffen. Nachholende Entwicklung in den Schwellenländern wird wie bei Öl, Gas und Kohle auch bei wichtigen Rohstoffen deren Verfügbarkeitsgrenzen sehr bald spürbar werden lassen. So nahm mit der beginnenden Industrialisierung Chinas und Indiens die Nachfrage nach allen wichtigen Rohstoffen seit etwa 1995 sprunghaft zu. Einige wichtige Metalle konzentrieren sich heute auf nur noch wenige Länder. Beispielsweise haben die USA, Europa und Japan bei fast allen metallischen Rohstoffen das Fördermaximum längst hinter sich. Auch in Südafrika sind die leicht erschließbaren Minen weitgehend erschöpft, die Förderung von Gold, Uran und anderen Mineralien geht seit Jahrzehnten zurück. Selbst bei Gold sieht es so aus, als ob die meisten Länder das Fördermaximum überschritten haben.

Damit konzentriert sich die Verfügbarkeit von Erzen und Metallen auf immer weniger Staaten. Hatten beispielsweise im Jahr 1990 bei einer Kupferförderung von 9 Millionen Tonnen die USA (1,6 Millionen Tonnen) und Chile (1,6 Millionen Tonnen) einen Marktanteil von zusammen 35 Prozent, so stieg ihr Anteil im Jahr 2009 auf über 40 Prozent (Chile 5,3 Millionen Tonnen; USA 1,2 Millionen Tonnen).

Die Optimierung industrieller Produkte bei zunehmender Komplexität benötigt neben Kupfer, Eisen oder Aluminium auch zunehmend seltene Materialien wie Indium, Germanium, Tantal oder Wismut. Kupfer wird beim Übergang zu erneuerbaren Energien insbesondere für elektrische Generatoren (etwa in Windrädern) und für neue Kabeltrassen gebraucht. Indium und Germanium sind notwendig für die Produktion von Flachbildschirmen. Von den seltenen Erdmetallen kommen heute über 95 Prozent aus China. 2009 wurde Wismut zu über 60 Prozent in China gefördert, Indium zu 50 Prozent und Germanium zu über 70 Prozent.

Besondere Aufmerksamkeit verdient auch Lithium, das für Hochleistungsbatterien gebraucht wird, insbesondere auch für künftige Batteriefahrzeuge. Das Angebot an Lithium für Straßenverkehrsfahrzeuge ist begrenzt. Auch wenn das Wissen über diese Grenzen noch unvollständig ist, so zeichnet sich doch ab, dass eine denkbare weltweite Massenmotorisierung mit Batteriefahrzeugen schon aus Ressourcengründen kaum zu realisieren sein wird.

In all diesen Fällen wird man versuchen, auf andere Materialien auszuweichen, aber es ist noch nicht abzusehen, wie erfolgreich das sein kann.

Stoffströme begrenzen und Materialien recyclieren

Neben der Endlichkeit von fossilen Energieträgern und Mineralien gibt es auch ökologische Gründe für eine Begrenzung der Stoffströme. Dabei geht es darum, die Tragfähigkeit des Systems Erde zu erhalten: die Atmosphäre, die Ozeane, den Boden und die Wälder. Der gewaltige Anstieg des Ressourcenverbrauchs und damit der Stoffströme führt zu tiefen Eingriffen in die Natur – mit zerstörerischen Wirkungen. Aus diesen Gründen ist es notwendig, die Stoffströme erst zu begrenzen und dann zu reduzieren. Entsprechende Konzepte sind bekannt unter dem Namen »Faktor X«: Reduzierung der Stoffströme um den Faktor X durch intelligentere Nutzung.

Die begrenzte Verfügbarkeit von Rohstoffen und der energetische Aufwand für ihre Gewinnung und Umwandlung machen die Recyclierbarkeit von Rohstoffen zu einer Notwendigkeit. Die heutige Wirtschaftsweise und Produktgestaltung trägt dem erst in Ansätzen Rechnung. In wesentlichen Teilen, insbesondere was sehr seltene Rohstoffe betrifft, die zum

Beispiel in Mobiltelefonen und Computern eingesetzt werden, findet im Augenblick eher das Gegenteil statt: Die Geräte und ihre Abfälle werden weltweit fein verteilt und sind augenblicklich kaum recyclierbar.

Das heutige Wirtschaftswachstum basiert weitgehend auf dem Wachstum des Ressourcenverbrauchs, insbesondere auch dem Verbrauch von Metallen. Hier gibt es einen wesentlichen Unterschied zu den fossilen Energieträgern. Mineralien werden in geringerer Konzentration gefördert und dann in den Produkten konzentriert. Daher können diese Produkte am Ende ihres Gebrauchs als Sekundärrohstoffquellen dienen. So kann der Verbrauch der Mineralien bei zunehmender Recyclingrate noch einige Zeit zunehmen, aber nicht auf Dauer. Selbst bei einer Recyclingrate von 100 Prozent begrenzt dann die Entsorgungsrate die weitere Verfügbarkeit. Eine Steigerung der Nutzung ist allenfalls durch einen effizienteren Einsatz in den neuen Produkten möglich.

Es könnte sein, dass die bevorstehende regenerative Energiewende nur ein Vorspiel zu der viel schwierigeren Aufgabe eines vollständigen Recyclings aller Mineralien ist.

Umweltveränderungen wirken auf die Energieversorgung

Die Vereinten Nationen warnen vor einer Zunahme der Naturkatastrophen aufgrund des Klimawandels – und das nicht erst in der Zukunft. Schon zwischen 1980 und 2000 lebten 75 Prozent der weltweiten Bevölkerung in Regionen, die von schweren Naturkatastrophen bedroht waren – speziell in Großstädten.

Der Klimawandel verschärft die Situation des weltweiten und regionalen Wassermangels. Die Veränderung des Klimas führt zu einer Abnahme des Regenfalls in einigen Regionen. Dadurch sinken Fluss- und Grundwasserspiegel noch weiter ab – mit Konsequenzen für die Verfügbarkeit von Süßwasser. Die Degradation der Landflächen sowie zunehmende Ernteeinbußen sind einige der Konsequenzen. Der steigende Bedarf nach künstlicher Bewässerung (verbunden mit steigendem Energieaufwand für das Fördern von Grundwasser aus immer größeren Tiefen) und eine zunehmende Konkurrenz um die verbleibenden Anbauflächen zur Nahrungsmittelerzeugung und energetischen Nutzung werden zu immer größeren Problemen und Unruhen führen.

Direkte Einflüsse des Klimawandels auf die Energieversorgung

Trockenperioden und fallende Wasserstände in den Flüssen verursachen große Probleme bei der Kühlung von fossilen und nuklearen Kraftwerken, aber auch für den Betrieb von Wasserkraftwerken. Beispielsweise blieb im Hitzerekordsommer 2003 Europa von einem großen Stromausfall nur knapp verschont, da die Flusspegel einen zu niedrigen Stand erreichten und das Wasser zu warm war. Besonders betroffen war die Kühlung von Kernkraftwerken in Frankreich. Auch der Anbau von Biomasse war betroffen.

Hitze- und Kältewellen erhöhen die kurzfristige Energienachfrage und gefährden damit zusätzlich die Stabilität der Energieversorgung.

Die zerstörerische Kraft der zunehmenden Naturkatastrophen gefährdet ebenfalls die Energiesysteme (wie etwa der Sturm Lothar im Dezember 1999).

Abschmelzende Polkappen und veränderte Wetterverhältnisse werden Überschwemmungen durch vermehrt auftretendes Hochwasser und einen steigenden Meeresspiegel zur Folge haben. Heute leben mehr als 60 Prozent der weltweiten Bevölkerung weniger als 100 Kilometer von der nächsten Küste entfernt. Die UN schätzt, dass bei dem gegenwärtig anhaltenden Trend in den nächsten 15 Jahren bis zu sechs Milliarden Menschen in Küstennähe leben werden [GEO-4 2007].

Aber nicht nur Überschwemmungen sind Gründe für die Migration großer Teile der weltweiten Bevölkerung, sondern vor allem Hungersnöte, Wassermangel, Kriege und Unruhen, politische Verfolgung, Krankheiten, Arbeitslosigkeit und Armut. Die Degradation der Landflächen (Wüstenbildung, Erosion, Bodenversiegelung) hält weiter an und zwingt die Menschen, sich auf die verbleibenden Landflächen und Siedlungsräume zu konzentrieren.

Bedrohte Nahrungsmittelversorgung

Zurückgehende Regenfälle in Nord- und Südafrika, Südeuropa, dem Mittleren Osten, Mexiko, dem Süden der USA, dem südlichen Teil Australiens, Neuseeland, Ostasien, China, Indien, Russland, Argentinien und Brasilien werden in diesen Regionen zu sinkenden Ernteerträgen und einer Bedrohung der Waldbestände, auch durch Brände, führen. Die Produktion von Getreide und auch die energie- und wasserintensive Tierhaltung zur Fleischproduktion wird zunehmend schwieriger und anfälliger werden. Die Vereinten Nationen warnen davor, dass auch in Europa ein Drittel der Mittelmeerregion von der Wüstenbildung betroffen sein kann und in den USA 85 Prozent der Weideflächen einer zunehmenden Wasserknappheit entgegensehen.

Die künstliche Bewässerung und das Aufstauen und Ableiten von Flüssen wird in vielen Regionen zu einer zunehmenden Notwendigkeit. Jedoch wird dadurch auch die Verdunstung (zum Beispiel durch falsches Bewässern mittels Sprühdüsen) ansteigen und der Wassermangel verschärft, vor allem dann, wenn das verdunstete Wasser in anderen Regionen abregnet.

Nur 2,5 Prozent der globalen Wasserreserven sind Süßwasser, der größere Teil des Wassers auf der Erde, nämlich 97,5 Prozent, befindet sich in den Ozeanen. Das weltweite Süßwasser ist zu zwei Dritteln in Gletschern und Eiskappen gebunden, deren Schmelzwasser bei zunehmender Temperatur nicht nutzbar in die Ozeane abfließen wird, und ein knappes Drittel ist Grundwasser. Der Rest des Süßwassers, weniger als ein halbes Prozent, ist Oberflächenwasser etwa in Flüssen und Seen.

Es wird deutlich, dass künftig »Süßwasser-Management« eine größere Rolle spielen wird – Stichpunkte sind Bewaldung oder Terrassierung – um dem zunehmenden Wassermangel in manchen ariden Regionen entgegenzuwirken, und dass das Grundwasser, das eine der wichtigsten und wertvollsten Wasserressourcen darstellt, nachhaltig genutzt werden muss. Verschmutzung (wie beispielsweise durch Überdüngung), Kontaminierung mit Chemikalien (wie bei der Förderung von unkonventionellen Öl- und Gasvorkommen etwa in Kanada und USA) und eine irreversible

Ausbeutung und Verschwendung (wie bei den ineffektiven Methoden künstlicher Bewässerung) muss daher unterbunden werden. Oberflächenerosion, die ein Auffüllen der Aquifere verhindert, muss vermieden oder durch Bepflanzung oder Terrassierung rückgängig gemacht werden.

Der Energiebedarf für die Nahrungsmittelproduktion und Wasserbereitstellung wird in den nächsten Jahren und Jahrzehnten weiter steigen. Wesentliche Gründe sind:

- Die weltweite Kapazität der konventionellen Landwirtschaft wird aufgrund von Klimawandel, Degradation der Landflächen, Wassermangel sowie Migration und demographischen Faktoren sinken. In der Folge wird eine konzentrierte und energieintensive Landwirtschaft mit erhöhtem Bewässerungs- und Düngerbedarf notwendig werden.
- Aufgrund zunehmender Dürreperioden und Wasserverunreinigungen wird der Energiebedarf zur Wasserversorgung weiter steigen (zum Beispiel für Pumpen, Entsalzungsanlagen, Wasseraufbereitungsanlagen).
- Die weltweite Nachfrage nach flächen- und energieintensiven Nahrungsmitteln (zum Beispiel Fleisch, Milchprodukten oder alkoholischen Getränken wie Bier) wird steigen, da bei steigendem Lebensstandard die Ernährungsgewohnheiten der Europäer und Nordamerikaner zunehmend auch in Asien und anderen Ländern übernommen werden.
- Wegen der Überfischung der Meere wird der Anteil der energieintensiven Fischfarmen weiter zunehmen.

Begrenzte Landflächen

An die begrenzten Landflächen auf der Erde gibt es viele konkurrierende Ansprüche. Bei landwirtschaftlich nutzbaren Flächen gibt es die Nutzungskonkurrenz zwischen der Nahrungsmittelproduktion, der energetischen Verwendung von Biomasse oder ihrer stofflichen Verwendung. Ebenso sind die Waldflächen begrenzt. Wälder werden heute schon weitgehend für energetische und stoffliche Nutzungen abgeholzt. Außerdem gibt es Nutzungsbegrenzungen sowohl für landwirtschaftlich genutzte Flächen als auch für Waldflächen aus Gründen des Natur- und Artenschutzes. Erneuerbare Energien zur Stromerzeugung brauchen für ihre Gewinnung spezifisch um eine Größenordnung weniger Fläche als der Biomasseanbau, dennoch sind die Flächenanforderungen bei der Fotovoltaik und auch bei der Windkraft durchaus beträchtlich. Im Falle der Windkraft reduziert der Bau von Anlagen andere Nutzungsmöglichkeiten nur in sehr geringem Maße, es können aber pro Fläche nur relativ geringe Energiemengen geerntet werden. Windkraft kann jedoch auch im Offshore-Bereich genutzt werden, wodurch sich die Begrenzungen des Binnenlandes umgehen lassen.

Demographie

Die Weltbevölkerung hat sich in der Zeit der Industrialisierung auf knapp sieben Milliarden Menschen versechsfacht und wird sich bis 2050 nach heutigem Trend noch einmal um 25 Prozent vermehren. Dabei verläuft die demographische Entwicklung in den verschiedenen Regionen der Erde sehr unterschiedlich. Während in Europa, Japan und Nordamerika, aber auch in China wegen der Ein-Kind-Politik, die Gesellschaften altern, werden im Jahr 2050 Indien, Afrika südlich der Sahara, die mittelamerikanischen Länder und der Mittlere Osten eine deutlich jüngere Bevölkerung haben.

Bedeutsam sind auch die Wanderungsbewegungen, die aus vielerlei Gründen in Zukunft noch zunehmen können. In Notsituationen oder bei Bürgerkriegen in Ländern mit einer *jungen* Bevölkerung versuchen viele Menschen ihr Land zu verlassen. Beispiele sind die illegalen Immigrationswellen von Westafrika nach Europa und nach Nordamerika über die mexikanische Grenze.

An den Lebensbedingungen, die diesen Bevölkerungszuwachs ermöglicht haben – verbesserte Ernährungsmöglichkeiten, medizinische Versorgung, Arbeitsmigration – haben die fossilen Energien großen Anteil gehabt. Das bedeutet jedoch nicht automatisch, dass ein Zuendegehen dieser Energien eine Welt hinterlassen muss, die die inzwischen auf ihr lebenden Menschen nicht mehr ernähren kann.

Die postfossile Ära: keine Regression zu einem präfossilen Zustand

Von Vielen wird ein Zuendegehen der fossilen Ära als große Bedrohung empfunden. Oft wird damit die Vorstellung verbunden, dass dies einen Rückfall in präfossile Zeiten bedeuten würde (»Zurück in die Steinzeit«). Diese Wahrnehmung ist aus einer Vielzahl von Gründen falsch. Ein wesentlicher Grund, warum die postfossile Ära sich von der präfossilen Ära grundlegend unterscheiden wird, sind die Basisinnovationen, die in der fossilen Ära gemacht wurden und die unabhängig vom Vorhandensein fossiler Energien die Zukunft prägen werden.

Basisinnovationen und Begrenzungen führen zu anderen Systemen

Die Basisinnovationen des fossilen Zeitalters (von der Nutzung der Elektrizität über Datenverarbeitung und elektronische Kommunikation bis hin zu den Technologien für die erneuerbaren Energien) führen zu völlig anderen künftigen Energieversorgungsstrukturen als in der präfossilen Ära. Es ist jetzt möglich, die erneuerbaren Naturkräfte (Biomasse und mechanische Kräfte von Wind und Wasser) weit über das präfossile Niveau hinaus zu nutzen. Damit steht ein Energiepotential zur Verfügung, das, wenn es fantasievoll und intelligent genutzt wird, schier unerschöpflich ist. Dennoch wachsen auch in dieser Welt die Bäume nicht in den Himmel. Die Nutzung jeder erneuerbaren Energiequelle erfordert Anlagen für Umwandlung, Verteilung und gegebenenfalls Speicherung der Energie. All das erfordert Kapital, physische Ressourcen (Rohstoffe wie Materialien), Flächen und menschliche Arbeitskraft für die Erstellung und Wartung der Anlagen und Systeme. Anders gesagt: Auch in Zukunft wird der alte Menschheitstraum von einem Schlaraffenland mit unbegrenztem und billigem Energieangebot nicht in Erfüllung gehen – und das ist auch gut so.

Ein reduziertes und strukturell geändertes Energieangebot, das im Wesentlichen auf erneuerbarem Strom beruht, wird in Verbindung mit reduzierten Stoffströmen im Bereich der Mobilität, in der Wirtschaft, in den Lebensstilen und in den Siedlungs- und Raumstrukturen tiefgreifende Änderungen zur Folge haben. Man kann jetzt noch nicht wissen, wie schnell und in welcher Form sich diese Änderungen in den verschiedenen Bereichen entfalten werden. Sicher ist beispielsweise, dass im Bereich der Mobilität die motorisierten Verkehrsmittel langfristig nur noch mit erneuerbarer Energie betrieben werden können. Andererseits bedeutet dies aber auch, dass es keine strukturelle Fortsetzung des gegenwärtigen »business as usual« geben kann mit eben nur der einzigen Änderung, dass erneuerbare Energie die fossilen Energieträger ersetzt.

Der irreführende Gegensatz von High-Tech und Low-Tech

In unserem Sprachgebrauch hat sich eine unselige Einteilung von Technologien in »High-Tech« und »Low-Tech« eingeschlichen. Mit High-Tech werden eher Technologien beschrieben, die kompliziert, schwierig und aufwendig sind. Mit Low-Tech werden Technologien bezeichnet, die einfach, wenn nicht primitiv, sind. Dies führt dazu dass zum Beispiel ein Hybrid-SUV »High-Tech« ist, aber ein modernes Fahrrad »Low-Tech«.

Die Unterscheidung in High-Tech und Low-Tech verstellt den Blick auf eine sinnvolle Beurteilung von Technologien. Technologien sollten danach beurteilt werden, ob sie effizient, einfach, ressourcenschonend, auf den sozialen Kontext und die wirklichen Bedürfnisse des Menschen abgestellt und damit menschenfreundlich sind. Technologien sollten nach der Art, wie sie die vorgenannten Ziele erfüllen, beurteilt werden, und nicht nach ihrem Schwierigkeitsgrad. Es geht darum, dass sie ihrem jeweiligen Anwendungszweck angemessen sind. In diesem Zusammenhang spielen natürlich auch Gesichtspunkte der Produktinnovation, der optimalen Dauer von Lebenszyklen, der Recyclierbarkeit und ähnliches eine Rolle.

Noch haben wir in unserem Sprachgebrauch keine geeigneten und gängigen Begriffe, um Technologien nach diesen Kriterien zu bewerten. Der britische Ökonom Ernst Friedrich Schumacher hat dafür den Begriff »angepasste Technologien« (intermediate technologies) vorgeschlagen. Dieser Begriff wird jedoch praktisch nur in der Entwicklungspolitik verwendet. Damit ist gemeint, dass arme Entwicklungsländer nicht »unsere« Technologien verwenden sollten, sondern einfachere und an ihre Möglichkeiten und Bedürfnisse besser angepasste. Abgesehen davon, dass dieses Konzept in der Entwicklungspolitik nicht besonders erfolgreich war, geht es ja gerade darum, auszudrücken, dass auch »unsere« Technologien bei uns in vielen Fällen alles andere als angepasst sind. Das wird aber so nicht gesehen.

Zur Verdeutlichung: Ein Produkt mit nach heutiger Sicht einfacher Technik, das wenig Material und Energie verbraucht und fast vollständig recycliert werden kann, ist einem »High-Tech«-Produkt vorzuziehen, das aufwendig herzustellen ist, viel knappe Rohstoffe verbraucht und nur mit großem Aufwand oder gar nicht recyclierbar ist. Ist ein Stuhl aus Holz Low-Tech und ein Stuhl aus Plastik und Stahl High-Tech? Ist die Wasserversorgung einer Stadt, die zum Transport des Wassers die Schwerkraft benutzt, Low-Tech und eine Wasserversorgung mit elektrischen Pumpen High-Tech?

Einige Leitplanken für die Transition

Abkehr von nichtnachhaltigen Strukturen

Die Zukunft ist prinzipiell offen und in vielfältiger Weise gestaltbar. »In vielfältiger Weise« heißt nicht: beliebig. Es gibt naturgesetzliche Schranken, und es gibt Schranken, die durch nichtnachhaltige Strukturen gesetzt werden. Ein nichtnachhaltiges Verhalten ist dadurch gekennzeichnet, dass es auch mit noch so viel Aufwand nicht auf Dauer aufrechterhalten werden kann. Die bisherigen Ausführungen haben gezeigt, dass die Nutzung von fossilen und nuklearen Energien definitiv nichtnachhaltig ist und damit auch nicht zukunftsfähig. Damit ist für die anstehende Transition eine klare Richtung vorgegeben.

Das Prinzip der Verallgemeinerbarkeit

Vielleicht die grundlegendste und weitreichendste Leitplanke für eine zukunftsfähige postfossile Welt findet sich im Prinzip der Verallgemeinerbarkeit. Damit ist gemeint, dass nur solche Strukturen zukunftsfähig sind, die im Prinzip von allen Menschen auf der Welt heute und in Zukunft gleichermaßen gelebt werden können. Das gilt vor allem für den Energieverbrauch, den Flächen- und Wasserverbrauch und den Zugang zu Rohstoffen und Materialien. Dieses Prinzip der Verallgemeinerbarkeit ist eine wesentliche Bedingung für Nachhaltigkeit. Nimmt man das Konzept der Tragfähigkeit der Erde hinzu, so lassen sich für verschiedene Bereiche konkrete Grenzen und Ziele ableiten.

Hier gibt es eine Reihe von Ansätzen, die den von den Menschen verursachten Energieumsatz und seine Auswirkungen auf die Biosphäre im Blick haben. Danach gibt es eine Obergrenze für die Belastungen, die durch das »Herumtrampeln« auf der Erde verursacht werden. Diese Überlegungen haben in Konzepte wie die »1,5 kW- Gesellschaft« (Hans-Peter Dürr) oder die Vision einer »2000-Watt-Gesellschaft« (ETH Zürich) eingemündet. Das Schweizer Modell strebt als vorläufiges Ziel einen fossilen Pro-Kopf-Energieverbrauch von 500 Watt und einen erneuerbaren Energieverbrauch von 1500 Watt an. Diese Ziele beschreiben den für jeden Erdenbürger langfristig zulässigen Energiekonsum, ausgedrückt als Dauerleistung. Zum Vergleich die Zahlen des Jahres 2009: In Deutschland beträgt der Pro-Kopf-Energieverbrauch 5,1 kW, in den USA 9,3 kW, in China 2,3 kW und in Indien 0,7 kW.

Energieeffizienz

Unausgesprochene und ausgesprochene Voraussetzung der Wirtschafts- und Lebensweise in den Industriestaaten ist das Verfügen über reichliche und billige Energie. Es ist geradezu ein Dogma, dass die Wirtschaft nur mit billiger Energie funktionieren kann. In Zukunft wird es die billige und reichliche Energie nicht mehr geben. Es ist jedoch auch fraglich, ob die Erfüllung dieser Voraussetzung in der Vergangenheit tatsächlich immer ein Vorteil war. Der Staatswirtschaft in der früheren Sowjetunion stand billige Energie fast unbeschränkt zur Verfügung. Dies hat zu einer »Tonnenideologie« geführt – mit der Folge, dass die Güterproduktion der Volkswirtschaft schließlich nur noch in Tonnen gemessen wurde. Das Ergebnis war eine gigantische Verschwendung von Energie und Rohstoffen, an der die Übergangsstaaten heute noch leiden. In vielerlei Hinsicht war der Effekt von billiger und reichlicher Energie in den USA ähnlich. Der Benzinverbrauch der Automobile spielte keine Rolle. Der Energieverbrauch der Gebäude für Heizen und Kühlung ist enorm. Insgesamt führte das dazu, dass der spezifische Energieverbrauch eines Amerikaners heute mehr als doppelt so hoch ist wie der eines Europäers. Billige Energie führt somit zu einer Verschwendungswirtschaft.

Entgegen der Behauptung, dass unser Wirtschaftssystem effizient sei, wird mit Energie eben gerade nicht gewirtschaftet (dass sie billig ist, wird ja zur Grundvoraussetzung erklärt). In Zukunft muss mit dem knappen Energieangebot im ursprünglichen Wortsinn »gewirtschaftet« werden. Knappheitspreise sind eine wesentliche Voraussetzung, dass Energie effizient verwendet wird. Energieeffizienz und niedrige Energiepreise passen nicht zusammen. Energiepreise müssen ihre Steuerungsfunktion erfüllen. Vergleichsweise hohe Energiekosten, wie es sie über Jahrzehnte in Japan gegeben hat, haben eben gerade nicht zu einer schwachen und international wenig wettbewerbsfähigen Volkswirtschaft geführt, sondern haben ganz im Gegenteil innovative Produktionsweisen und Produkte hervorgebracht.

Für den Strombereich gilt, dass ein wesentlich effizienterer Umgang mit elektrischer Energie notwendig ist. Davon sind wir gegenwärtig noch sehr weit entfernt. Die Einsparpotentiale sind in praktisch allen Bereichen sehr groß: durch bessere Technologien bei der Kühlung und Klimatisierung, bei der Beleuchtung, bei elektrischen Maschinen und ihrer Ansteuerung, bei elektronischen Geräten – und auch durch den intelligenten Betrieb von stromverbrauchenden Anwendungen, etwa durch Zeitschaltungen.

Im Bereich der Raumwärme, die einen erheblichen Anteil am Energieverbrauch der Länder in den gemäßigten und nördlichen Breiten hat, sind erhebliche Einsparungen allein durch angepasste Bauformen und durch bessere Wärmedämmung möglich.

Ganz generell muss mit Energie wesentlich effizienter umgegangen werden als bisher. Da der jetzige fossile Energieverbrauch der industrialisierten Länder heute weder auf die ganze Welt übertragbar noch auch für kommende Generationen möglich ist, muss der Übergang zu nachhaltigeren Strukturen so schnell wie möglich eingeleitet werden. Das verbleibende fossile Energieangebot sollte also dazu eingesetzt werden, die Transition zu erneuerbaren Energien zu bewerkstelligen, zu beschleunigen und möglichst verträglich zu gestalten.

Erneuerbare Energien

Das Angebot an erneuerbaren Energien sollte daher so schnell wie möglich ausgeweitet werden; diese Energien sollten auch frühzeitig in allen ihren Anwendungsbereichen eingesetzt werden. Die Kombination von effizienter Energienutzung und erneuerbaren Energien ist relevant für alle Bereiche unserer gegenwärtigen Energienutzung – unterteilt in die Bereiche Strom, Wärme und Kraftstoffe für den Verkehr.

Die Stromerzeugung ist vollständig auf erneuerbare Energien umzustellen, wegen des Zuendegehens der fossilen und nuklearen Brennstoffe und wegen der Klimawirkungen und übrigen Umweltbelastungen. Im Bereich der Raumwärme ist die passive Nutzung der Sonneneinstrahlung möglich. Hinzu kommen die Möglichkeiten, mit solarthermischen Kollektoren zu heizen und Warmwasser zu bereiten. Mit saisonalen Speichern kann die sommerliche Wärme in den Winter gerettet werden (Wassertanks oder Erdspeicher). Nicht zu vergessen ist auch ein verändertes Nutzerverhalten, das dafür sorgt, dass Energie nur dann und dort eingesetzt wird, wo sie auch tatsächlich gebraucht wird. Mit vergleichsweise geringem Aufwand lassen sich schon erhebliche Einsparungen am Beginn der Transition zu einer Welt ohne fossile Energien erzielen.

All das gilt auch für Treibstoffe für den motorisierten Verkehr, die vollkommen auf erneuerbare Quellen umgestellt werden müssen.

Auswirkungen auf Mobilität und Verkehr

Steigender Raumwiderstand

In den kommenden Jahrzehnten wird sich die Versorgung mit Kraftstoffen für den fossilen Verkehr deutlich verschlechtern. Das Einphasen von erneuerbarer Energie in den motorisierten Verkehr wird nicht in der Geschwindigkeit möglich sein, dass die entstehenden Lücken vollständig gefüllt werden können. Damit sind die Kraftstoffe für den Verkehr in Zukunft nicht mehr billig und reichlich, sondern knapp und teuer. Dies führt, abstrakt gesprochen, zu einer Erhöhung des Raumwiderstandes. Transporte kosten mehr Geld. Viele Verkehrsmittel werden aus Gründen der Energieersparnis auch langsamer betrieben werden. Ein Beispiel ist das jetzt schon praktizierte »slow-steaming« im internationalen Seeverkehr.

Die Erhöhung des Raumwiderstandes wird sich insbesondere auch auf den Wirtschaftsverkehr und da, neben dem erwähnten Seeverkehr, besonders auf die Ferntransporte mit LKWs auf der Straße auswirken, aber auch auf den Luftverkehr. Dies wird für die regionalen Austauschbeziehungen Konsequenzen haben. Siedlungsstrukturen werden wieder kompakter werden. Es wird eine neue Balance zwischen Nähe und Ferne geben.

Transition vom fossilen Verkehr zur postfossilen Mobilität

Der Aufstieg des modernen Verkehrs, seine Erfolgsgeschichte und seine Dominanz, haben auch die allgemeine Wahrnehmung geprägt. Vielfach wird Mobilität gleichgesetzt mit Verkehr, und Verkehr wiederum wird im wesentlichen mit motorisiertem Verkehr gleichgesetzt. Wenn man von Verkehr spricht, dann ist der Blick auf (motorisierte) Verkehrsmittel und die dazugehörigen Infrastrukturen gerichtet: auf Automobile und Straßen, auf Züge und Schienenwege, auf Flugzeuge und Flughäfen sowie auf Schiffe und Häfen. So wie der moderne Verkehr fossil geprägt ist, so ist auch die Wahrnehmung von Verkehr fossil geprägt.

Ziel war es in dieser Entwicklung immer, den Raumwiderstand zu reduzieren. Entfernte Orte sollten schneller und leichter erreichbar sein. Dadurch hat sich eine durchgängige Wertung herausgebildet: Schneller ist besser (wichtiger) als langsamer, weiter ist wichtiger als näher, motorisiert ist besser (wichtiger) als nichtmotorisiert. Dies hat auch zu entsprechenden Planungsrichtlinien und dadurch zu einer Priorisierung mancher Verkehrsarten und Infrastrukturen geführt. Ausgehend davon, dass das wichtigste Beurteilungskriterium für neue Straßen die »Zeitersparnis« ist, die für die Autofahrer gegenüber dem vorherigen Zustand resultiert, erscheinen Autobahnen wichtiger als Bundesstraßen, Bundesstraßen wichtiger als Landstraßen und so weiter. Gleiches gilt für die Eisenbahnen: Fernverbindungen sind wichtiger als die Bedienung in der Fläche oder der Nahverkehr. Übrig bleibt der nichtmotorisierte »Restverkehr«, nämlich Fußgänger und Radfahrer.

Die »eingesparte« Zeit ist jedoch eine Illusion: Sie wird von den Menschen dazu genutzt, weiter entfernte Orte zu erreichen. Das Zeitbudget für Ortsveränderungen bleibt weitgehend konstant. Das ist der Mechanismus, der die Zersiedelung antreibt. Der motorisierte Verkehr hat in den letzten Jahrzehnten die Raum- und Siedlungsstrukturen schneller und tiefgreifender verändert als irgendetwas anderes in der Geschichte der Menschheit. Damit verbunden haben sich die räumlichen Strukturen der Arbeitsteilung verändert, die nationalen und internationalen Austauschbeziehungen in der Wirtschaft. Die Ferne ist gegenüber der Nähe wichtiger geworden. Aus dem öffentlichen Raum der Straße sind Fahrbahnen geworden, umgestaltet für die Zwecke motorisierter Verkehrsmittel, aber keine Bewegungsräume und Aufenthaltsräume für Fußgänger und Radfahrer.

Diese Entwicklung konnte nur funktionieren, so lange der Kraftstoff für den motorisierten Verkehr billig und reichlich war – und damit kommt sie jetzt an ihr Ende, denn es kann keinen nahtlosen Übergang von fossilen Kraftstoffen zu erneuerbaren Antriebsmitteln geben, bei dem die jetzigen Strukturen im wesentlichen unverändert weiterbestehen können. Das Kraftstoffangebot nimmt ab und der Raumwiderstand steigt. Aus dem Blickwinkel des fossilen Verkehrs ist das ein rein negatives Szenario, das keine positive Perspektive bietet.

Aber ist diese Sicht auch richtig? Sie ist geprägt vom fossilen Verkehr und der Gleichsetzung von Verkehr und Mobilität. Mobilität ist aber mehr als Verkehr und insbesondere mehr als motorisierter Verkehr. Mobilität geht vom Menschen aus und nicht von Verkehrsmitteln. Mobilität meint die Bedürfnisse der Menschen nach Aktivitäten an anderen Orten, und umfasst so mehrere Dimensionen. Zuallererst ist Mobilität ein Potentialbegriff, der mögliche Aktivitäten und Ortsveränderungen umfasst: Was könnte jemand woanders machen? Welche Bedürfnisse hat er und welche Orte sind dafür für ihn wie erreichbar? Zweitens meint Mobilität natürlich auch die tatsächliche Ortsveränderung von A nach B, also den Verkehr als realisierte Mobilität. Drittens meint Mobilität nicht nur die Bewegung, sondern auch das Ankommen und Verweilen der Menschen (in der Verkehrsterminologie hat man für parkende Autos den paradoxen Begriff des »ruhenden Verkehrs« eingeführt). Und Mobilität meint auch das emotional Bewegende, also alle Emotionen, die mit den möglichen Ortsveränderungen sowie den tatsächlichen Ortsveränderungen und der Qualität des Reisens, Ankommens und Verweilens verbunden sind. Positive und negative Gefühle können mit allen Formen der Ortsveränderung verbunden sein, sie sind konstitutiv für die Mobilität der Menschen.

Das »mental framing« der Mobilität führt zu einer viel umfassenderen Sicht. Dabei zeigt sich nämlich, dass die Dominanz des motorisierten Verkehrs keineswegs für alle Menschen ein Fortschritt war. Die Mobilitätschancen für diejenigen, die nicht über ein Auto verfügen, sind häufig schlechter geworden. Insbesondere gilt das für alte und bewegungseingeschränkte Menschen sowie für Kinder. Da die öffentlichen Räume und die Erreichbarkeiten (Einkaufsmöglichkeiten, öffentliche Einrichtungen, Schulen) auf den motorisierten Verkehr abgestimmt sind, sind die Verbindungen für Fußgänger und Radfahrer oft ungenügend. Kinder können nicht mehr alleine oder unbewacht in die Schule gehen, sondern müssen von den Eltern gefahren werden. Hinzu kommt, dass die Aufenthaltsqualität der öffentlichen Räume entsprechend schlecht ist. Der motorisierte Verkehr ist eine Gefahr. Auf der Straße können und dürfen Kinder nicht mehr spielen, Fußgänger werden in häßliche Unterführungen gezwungen. Es sind damit in der Verkehrssicht die Potentiale des Zu-Fuß-Gehens und Radfahrens weitgehend ausgeblendet (das, was in Deutschland nur mit einem negativen Begriff als nichtmotorisierter Verkehr bezeichnet wird, in der Schweiz aber positiv als »Langsamverkehr«). Ebenso ausgeblendet sind die emotionalen Aspekte dieser Mobilitätsformen.

Der vom Menschen ausgehende umfassende Mobilitätsbegriff zeigt aber auch Lösungsräume auf für die anstehende Transition. Es geht hier um nichts weniger als eine Transition vom fossilen Verkehr zu einer postfossilen Mobilität, in der die Erfüllung der Mobilitätsbedürfnisse aller Menschen das Ziel ist. Orientierung bieten hier die bereits besprochenen Leitplanken der *Verallgemeinerbarkeit*, der *effizienten und wirtschaftlichen Energienutzung* sowie des Übergangs zu *erneuerbaren Energien*. Es kommen aber noch weitere Leitplanken hinzu:

Effiziente Raum- und Siedlungsstrukturen

Durch die abnehmende Verfügbarkeit von Öl und steigende Energiepreise werden die Wirtschafts- und Raumstrukturen ebenso geprägt wie die Energiestrukturen des Verkehrs. Es wird sich eine neue Balance einstellen zwischen schnell und langsam; schneller wird nicht mehr grundsätzlich besser sein als langsamer. Und es wird sich eine neue Balance einstellen zwischen Nähe und Ferne: mit einer Aufwertung der Nähe. Effiziente Raumstrukturen sind das Ziel, die die Mobilitätsbedürfnisse mit einem möglichst geringen Verkehrs- und Energieaufwand erfüllen können.

Anthropologische Grundkonstante

Am Anfang war der aufrechte Gang. Der Mensch ist aus seiner Evolution auf körperliche Aktivität ausgerichtet. Damit er gesund bleibt, muss er sich regelmäßig körperlich betätigen. Empfohlen wird mindestens eine Stunde gemäßigt intensive Bewegung nahezu täglich. Daraus folgt, dass im täglichen Mobilitätsverhalten ein Budget für Körperkraftmobilität zu reservieren ist. Es gibt keine Zeit zu »sparen«; der mit eigener Kraft zurückgelegte Weg reduziert den Aufenthalt im Fitnesscenter. Zu-Fuß-Gehen ist kein überwundenes Relikt aus präfossiler Zeit (das menschheitsgeschichtlich neue Radfahren erst recht nicht). Körperkraftmobilität ist und bleibt konstitutiv für das Menschsein.

Elektronische Kommunikation

Hier ist nicht die klassische Verkehrssteuerung gemeint, sondern neue Möglichkeiten für die Menschen, ihre Mobilität zu organisieren. Durch elektronische Kommunikation wird der Mobilitätsraum erweitert und erhält neue Qualitäten. In ländlichen Gebieten Afrikas wird über Mobiltelefon vorher abgeklärt, ob sich der Weg zu einem entfernten Markt lohnt. Jugendliche verabreden sich per Handy und organisieren ihre Aktivitäten »on the fly«. Fahrgemeinschaften werden organisiert. Die Verbindung von digitalen Diensten mit Verkehr schafft mehr Beweglichkeit und kann auch Verkehr vermeiden. Diese elektronische Dimension der Mobilität ist unabhängig von der Art der Energieversorgung und ist auch jetzt schon im fossilen Kontext wirksam.

Attraktivität

Eine emotional ansprechende Gestaltung der postfossilen Mobilität soll in einem sich selbst verstärkenden Prozess eine eigene Gravitation entwickeln. Postfossile Mobilität mit ihren Begrenzungen ist zwar unvermeidlich, wird aber nicht automatisch attraktiv sein. Daher ist die attraktive Gestaltung der postfossilen Mobilität eine gesellschaftliche Aufgabe. Dazu sind die emotionalen Aspekte aller Mobilitätsformen ernst zu nehmen (nicht nur der Besitz und die Benutzung des Autos sind mit Emotionen verbunden). Insbesondere geht es auch darum, die Aufenthaltsqualität und Attraktivität der öffentlichen Räume zu steigern. Dies ergibt sich schon daraus, dass wegen des steigenden Raumwiderstands und wegen der größeren Rolle der Körperkraftmobilität die nähere Umgebung wichtiger wird.

Damit ist der Rahmen aufgespannt für eine postfossile Mobilität, die durch hohe Energieeffizienz, erneuerbare Energien und Körperkraft ermöglicht wird. Es ist klar, dass die Entwicklung zu weitgehend veränderten Strukturen führen wird. Dies hat Konsequenzen für alle Formen des Wirtschaftsverkehrs, ebenso aber für die künftige Rolle des privaten Automobils. Das private Automobil wird deutlich weniger dominant sein als heute, und es wird in Funktion und Technik grundlegend verändert sein.

Orientierung für die Autoindustrie

Sustainable World 2100

Peak Oil wird einen grundlegenden Umbruch einleiten. Damit ist auch für die Autoindustrie »Business as usual« keine mittel- und langfristige Option mehr. Die Krisen der letzten Jahre haben das schon gezeigt. Wo aber führt der Weg hin?

Einige Leitplanken wurden bereits aufgezeigt. Sie müssen aber noch weiter konkretisiert werden. Die Industrie braucht für ihre Planungen ein strategisches Ziel, an dem sie sich orientieren kann. Aus praktischen Gründen ist es daher sinnvoll, ein derartiges Ziel als positives Szenario zu formulieren. Dieses Szenario nennen wir *Sustainable World 2100*. Man kann zwar nicht wirklich wissen, wie eine nachhaltige Zukunft aussehen muss, aber aus der Identifikation von definitiv nichtnachhaltigen Randbedingungen und den bisher vorgestellten Analysen lassen sich einige spezifische Merkmale für ein positives Szenario ableiten, die qualitativ sehr konkret und weitreichend sind. Das Jahr 2100 ist weit genug weg, dass man meinen könnte, hiermit ein praktisch unverbindliches Ziel zu formulieren. So ist es aber nicht; vielmehr soll hier ausgedrückt werden, dass es sich dabei um langfristig unzweifelhaft stabile Randbedingungen handelt, die zu beachten sind. Es wird sich auch zeigen, dass damit sehr konkrete Zeithorizonte für die Transition verbunden sind, die schon in den nächsten 20 Jahren wirksam werden und daher heute schon relevant sind.

Abbildung 77 zeigt ein vereinfachtes Bild einer idealen *Sustainable World 2100.* Darin müssen Umwelt, Wirtschaft, Bevölkerung und Ressourcenverbrauch in einem stabilen und sozial ausgeglichenen Verhältnis stehen.

Im folgenden werden technologische Kriterien für eine nachhaltige Entwicklung beschrieben. Diese Kriterien versuchen nicht, ein vollständiges Bild einer nachhaltigen Wirtschafts- und Lebensweise zu zeichnen. Das ist prinzipiell unmöglich. Aber es werden diejenigen Dimensionen beschrieben, die für das künftige Umfeld der Autoindustrie besonders relevant sind.

In der *Sustainable World 2100* sind die stofflichen Ressourcen und die Landflächen begrenzt. Ein Wachstum des Angebots und Verbrauchs ist prinzipiell nur bei erneuerbaren Ressourcen denkbar, aber auch da nicht bei allen. Jeder Entwicklungspfad von heute zu dem angestrebten Ziel muss diese Randbedingungen berücksichtigen.

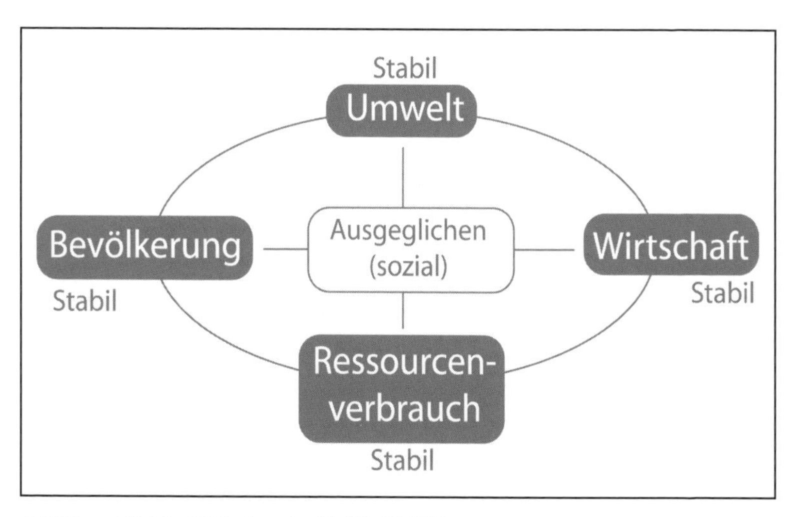

Abbildung 77: Idealbild »Sustainable World 2100«

Die wichtigsten Stellgrößen sind:

- der Wasserverbrauch,
- der Nahrungsmittelverbrauch,
- der Energieverbrauch,
- der Verbrauch von Mineralien und anderen Rohstoffen,
- der Flächenverbrauch.

Die begrenzten Ressourcen müssen die Bedürfnisse aller Menschen erfüllen, daher bestimmt die Größe der Erdbevölkerung den pro Person möglichen spezifischen Energieverbrauch und Materialverbrauch in einer nachhaltigen Welt. Wachstum der Güterproduktion kann es langfristig nur durch Substitution oder Steigerung der Effizienz geben.

Das Szenario *Sustainable World 2100* geht daher von folgenden Annahmen aus:

- Energie wird vollständig aus erneuerbaren Quellen bereitgestellt.
- Das Angebot an Nahrungsmitteln und Wasser überschreitet nicht die Regenerationsfähigkeit der Quellen und der agrarischen Landflächen.
- Mit wenigen Ausnahmen werden Rohstoffe vollständig aus recyclierten Produkten verfügbar gemacht. Das erfordert erhebliche Effizienzsteigerungen verglichen mit den jetzigen Verbrauchsraten.

Besonders wichtig für die Autoindustrie ist der Aspekt des Materialverbrauchs. Das bedeutet, dass der jährliche Verbrauch an nicht erneuerbaren Rohstoffen für die Produktion von neuen Produkten vollständig aus der Recyclierung von alten Produkten stammen muss, weil das exponentielle Verbrauchswachstum dieser Produkte in der Vergangenheit die entsprechenden ausbeutbaren Bodenschätze praktisch erschöpft hat. Hohe Bedeutung hat auch das Niveau der Energienutzung. Alle Energie wird, da erneuerbar, praktisch Endenergie sein. Das Niveau ist abhängig von vielen Faktoren, insbesondere auch von der Größe der Bevölkerung. Die für die Menschheit zur Verfügung stehende Energieleistung wird möglicherweise einen Bereich von 1 bis 2 kW pro Kopf (entsprechend einem Energieverbrauch von zirka 8760 – 17 520 kWh pro Jahr) nicht überschreiten dürfen.

Die folgende Tabelle zeigt den Verbrauch wichtiger Mineralien und die gegenwärtig sehr niedrigen Recyclingraten.

Mineralische Rohstoffe	Jährlicher Verbrauch pro Kopf und Jahr	Recyclingrate
Eisen und Rohstahl	200 kg	~ 26 %
Phosphate (P_2O_5)	6,61 kg	< ? %
Aluminium	4 kg	~ 11 %
Kupfer	2,6 kg	~ 13 %
Blei	1,16 kg	~ 51 %
Nickel	0,25 kg	~ 25 %
Lithium	?	?
Neodym	?	?

Tabelle 18: Der heutige nichtnachhaltige Verbrauch ausgewählter Mineralien

Bei Kunststoffen ist die Recyclingrate ebenfalls sehr gering. Gegenwärtig gibt es nur eine kaskadierende Sekundärnutzung mit absteigender Qualität und einer thermischen Verwertung am Ende. Anzustreben ist aber ein Recycling im ursprünglichen Wortsinn.

Aus den auf Energie und Stoffströme bezogenen Kriterien für das Szenario *Sustainable World 2100* lassen sich Themenfelder und Handlungsbereiche ableiten, die für die Automobilindustrie unmittelbar relevant sind. Die folgende Liste zeigt sieben Bereiche, die als relevant für die Erreichung der Nachhaltigkeitsziele angesehen werden:

1. Alternative Antriebe und Kraftstoffe für Automobile
2. Verringerung des Energieverbrauchs
3. Materialien für Leichtbau
4. Reduktion der Stoffströme
5. Erzeugung von elektrischem Strom
6. Infrastrukturen
7. Querschnittsbereiche

Für jeden dieser Bereiche lassen sich heutige und künftige Schlüsseltechnologien identifizieren. Diese Schlüsseltechnologien werden in zwei Kategorien eingeteilt:

- Eindeutig nichtnachhaltige Technologien, die nicht im Einklang mit dem Szenario *Sustainable World 2100* stehen;
- Technologien, die geeignet sind, die Ziele des Szenarios *Sustainable World 2100* zu erreichen.

Nichtnachhaltige Schlüsseltechnologien

Die folgenden (über das klassische Destillieren von Rohöl in Raffinerien hinausgehenden) Technologien und Innovationen werden als nicht nachhaltig beurteilt und sollten daher nicht weiter verfolgt werden, sondern so schnell wie möglich ausgephast werden.

Bereich 1: Alternative Antriebe und Kraftstoffe für Automobile

Synthetische Kohlenwasserstoffe (CtL, GtL)
Synthetische Kohlenwasserstoffe aus Kohle (Coal to Liquids – CtL) und aus Erdgas (Gas to Liquids – GtL) sind nicht nachhaltig, da ihre Herstellung einen enormen Verbrauch endlicher fossiler Rohstoffe verursacht, verstärkt dadurch, dass bei der Umwandlung erhebliche energetische Verluste entstehen. Dies gilt speziell auch für die Kohle, wie in vorhergehenden Kapiteln gezeigt wurde. Auch die CO_2-Emissionen liegen bei diesen Verfahren hoch. Erdgas würde energetisch sinnvoller direkt in Verbrennungsmotoren verwendet als erst zu einem flüssigen Kraftstoff umgewandelt werden.

Wasserstoffproduktion mit Atomstrom
Dieser Pfad ist nicht nachhaltig, weil die Kernenergienutzung nicht nachhaltig ist (siehe S. 311).

Biogene Kraftstoffe
Die Nutzung von biogenen Kraftstoffen in wirklich großem Stil ist nicht nachhaltig wegen der begrenzten agrarischen Landflächen und den daraus resultierenden Nutzungskonkurrenzen.

Bereich 2: Verringerung des Energieverbrauchs

Falsche Performance-Anforderungen für Automobile
Heutige private Automobile sind in der Regel Allzweck-Fahrzeuge, ausgelegt auf möglichst hohe Leistungen und stark von Design-Kriterien bestimmt. Diese fehlgeleiteten Auslegungskriterien führen zu einem gewaltigen Material- und Energieverbrauch der heutigen Fahrzeugflotten.

Entwicklung von SUVs (Sports Utility Vehicles)
SUVs sind eine kurze Episode in der Geschichte des Automobilbaus; ihre Marktnische konnte nur in Zeiten niedriger Treibstoffpreise entstehen. In dem Maße, wie die Preise für Kraftstoffe steigen, werden die SUVs wieder verschwinden.

Bereich 3: Reduktion der Stoffströme

Verwendung von Komponenten, die nicht recyclierbar und wiederverwendbar sind
Je mehr Fahrzeuge produziert werden, um so schneller stößt die Gewinnung dieser Materalien an ihre Grenzen, und um so wichtiger wird die Verwendung von recyclierten Rohstoffen.

Bereich 4: Erzeugung von elektrischem Strom

Stromerzeugung aus fossilen Quellen mit CCS
Da die fossilen Energiequellen ohnehin absehbar begrenzt sind, ist es eine Verschwendung von Energie, Geld und Zeit, die Technologien für die Speicherung von CO_2 bei künftigen Kohlekraftwerken weiter voranzutreiben. CCS steht für »Carbon Capture and Storage«. Die Konzentration auf die Entwicklung von CCS-Technologien verzögert die notwendige und unausweichliche Transformation des Energiesystems in Richtung auf nachhaltige Strukturen mit einem großen Anteil von dezentraler Energieerzeugung und einem entsprechend angepassten elektrischen Netz. CCS-Technologien erfordern einen hohen Aufwand; das Speichervolumen ist begrenzt und die Risiken sind hoch. Außerdem besteht die große Gefahr, dass das Argument, CCS-Technologien wären in 15 bis 20 Jahren einsatz-

bereit, dazu benutzt wird, jetzt noch konventionelle Kraftwerke zu bauen, die CO_2 emittieren. Wenn diese Kraftwerke einmal gebaut sind, dann können sie die nächsten 40 Jahre in Betrieb sein. Doch sie sollten aus Gründen des Klimaschutzes schon viel früher abgeschaltet werden (und werden wahrscheinlich wegen der beschränkten Verfügbarkeit von Kohle auch nicht so lange laufen können).

Stromproduktion aus Kernenergie

Die Stromproduktion aus Spaltungsreaktoren ist aus einer Reihe von Gründen nicht nachhaltig:

- Heutige Reaktoren sind abhängig von sehr begrenzten Uranvorkommen.
- Die Technologie der schnellen Brüter ist bisher nicht als gangbar nachgewiesen, alle Versuche haben mit Fehlschlägen geendet.
- Die Möglichkeiten für eine Ausweitung der Kernbrennstoffbasis (Uran in Phosphorvorkommen, Urangewinnung aus Seewasser, Thorium) werden stark übertrieben und haben keine wissenschaftlich und technisch solide Basis, und dies, obwohl die genannten Alternativen seit 40 bis 50 Jahren diskutiert werden.
- Kernreaktoren produzieren gefährlichen Müll für geologische Zeiträume, die die historischen Zeiträume der Menschheitsgeschichte bei weitem übersteigen. Außerdem ist das Risiko, dass schwere Unfälle das Leben in großen Teilen der Welt auslöschen könnten, größer als Null.

Kernfusion

Die Kernfusion wird als nicht nachhaltig angesehen, da sie riesige menschliche und finanzielle Ressourcen bindet, obwohl klar ist, dass selbst im besten Falle ein kommerzieller Reaktor nicht vor dem Jahr 2050 den Betrieb aufnehmen könnte. Und auch in diesem Falle werden derartige Reaktoren sehr große Mengen an schwach radioaktivem Müll produzieren. (Zum Beispiel müsste die innere Wand in einem Fusionsreaktor alle drei Jahre ausgewechselt werden.)

Nachhaltige Schlüsseltechnologien

Die im folgenden beschriebenen Technologien und Innovationen sind (im Unterschied zu den im vorigen Abschnitt beschriebenen Techniken) im Einklang mit den Zielen des Szenarios *Sustainable World 2100.*

Nutzung eines Hektars Land zur Kraftstoffproduktion

Die nachfolgende Abbildung zeigt in Abhängigkeit von der Art des Kraftstoffs (biogene Kraftstoffe oder Wasserstoff), dem Erzeugungspfad (aus Biomasse, Fotovoltaik oder Windenergie) und der Antriebstechnologie (Verbrennungsmotor oder Brennstoffzelle), wie viele Fahrzeuge mit Kraftstoff, erzeugt auf einem Hektar Land, versorgt werden könnten.

Die effizienteste Alternative zum auf Öl basierenden Verbrennungsmotor ist Wasserstoff, genutzt in Brennstoffzellenfahrzeugen. Wasserstoff aus Fotovoltaik-Anlagen ist sechs bis sieben mal und aus Windkraftanlagen vier mal so effizient wie biogener Wasserstoff.

Könnte elektrischer Strom direkt für den Fahrzeugantrieb in Batteriefahrzeugen genutzt werden, dann würde sich die Zahl der Fahrzeuge verdreifachen, die pro Hektar mit den elektrischen Pfaden PV und Windenergie versorgt werden können.

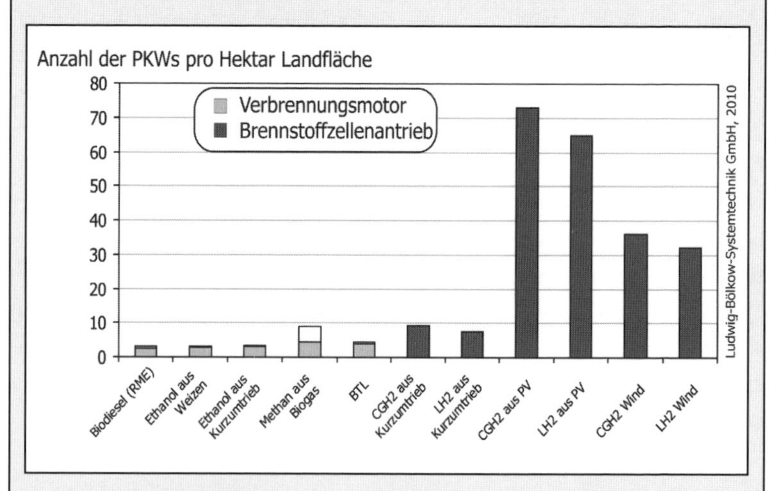

Abbildung 78: Anzahl der PKWs, die mit Kraftstoff versorgt werden können, der auf einem Hektar Land erzeugt wird

Bereich 1: Alternative Kraftstoffe und Antriebe für Automobile

Erneuerbarer Strom, der Benzin und Diesel als Kraftstoff ersetzt
Erneuerbarer Strom (aus Wasserkraft, Fotovoltaik, SOT, Wind, Geothermie) wird die Hauptenergiequelle im Jahr 2100 sein. Die direkte Nutzung von Strom als »Kraftstoff« für den Verkehr weist die höchste Effizienz auf. Parallel dazu wird jedoch die Verwendung von Wasserstoff als Kraftstoff in all den Fällen nötig sein, in denen die Stromspeicherung in Batterien nicht anwendbar ist. Strom wird auf jeden Fall die vorherrschende Energiequelle für die Kraftstoffproduktion (Wasserstoff) sein.

Elektrische Fahrzeuge als Standard, die Automobile mit Verbrennungsmotor ersetzen
Alle Fahrzeuge werden Strom als »Kraftstoff« nutzen, entweder direkt als Batteriefahrzeuge oder indirekt mit Wasserstoff und Brennstoffzellen.

Bereich 2: Verringerung des Energieverbrauchs

Auslegung der Automobile nach nachhaltigen Kriterien
Heutige Automobile sind nicht optimiert im Hinblick auf die für den täglichen Gebrauch tatsächlich notwendigen Leistungsanforderungen. Im Allgemeinen sind die Fahrzeuge überdimensioniert in Bezug auf Gewicht, Motorleistung, Geschwindigkeit und Größe (man denke nur an SUVs im Stadtverkehr). Daher werden Fahrzeuge, die in Bezug auf nachhaltige Leistungsmerkmale optimiert sind, einen signifikant niedrigeren Energieverbrauch haben.

Für spezifische Anwendungen optimierte Fahrzeuge
Das heutige Allzweckauto wird ersetzt werden durch Automobile, die im Hinblick auf ihre jeweiligen Anwendungen optimiert sind. Diese Optimierungen erfolgen in Abhängigkeit von regionalen Anforderungen (Nutzungsprofile, Fahrten in der Stadt oder auf dem Land, Straßenbeschaffenheiten) und Transportaufgaben (Personen, Güter, Nutzlasten).
Taxis etwa sind in Deutschland in der Regel konventionelle Automobile (Mittelklasse bis Luxusklasse) und werden in Städten für den Transport von Personen über kurze Entfernungen eingesetzt. Das hat zur Folge,

dass diese Fahrzeuge bezüglich Motorleistung und Höchstgeschwindigkeit überdimensioniert sind: Die Geschwindigkeiten in der Stadt bewegen sich zwischen 30 und 70 km/h, aber die Maximalgeschwindigkeit der Taxen beträgt bis zu 200 km/h und mehr. Außerdem sind sie nicht optimiert für den Transport von Personen mit Gepäck.

Bereich 3: Materialien für den Leichtbau

Automobile in Leichtbauweise mit Materialien, die vollkommen recyclierbar sind und keine fossilen Ressourcen brauchen
Um Gewicht, Energieverbrauch, Emissionen und Abfälle zu reduzieren, werden neue Materialien für den Leichtbau eingesetzt werden. Diese Materialien sollen vollständig recyclierbar und für dieselbe Verwendung wiederverwendbar sein. Sie sollen ohne fossile Energien hergestellt werden.

Bereich 4: Reduktion der Stoffströme

Vollständige Recyclierung aller im Auto verwendeten Materialien
Alle Materialien im Produkt Auto werden recycliert und für denselben Verwendungszweck wiederverwendet. Am Ende der Lebensdauer eines Fahrzeugs werden keine Materialien mit geringerer Qualität generiert. Dies ist mit Sicherheit ein sehr schwer zu erreichendes Ziel. Eine abgeschwächte Version ist die folgende Zielformulierung:

Vermeidung von Abfall während der Produktion und am Ende der Lebensdauer der Fahrzeuge
Hier wird zugelassen, dass bei der Recyclierung niederwertige Materialien entstehen, die einen anderen Verwendungszweck im Produkt haben als den ursprünglichen. Als Folge ist immer ein gewisser Zufluss von neuen Materialien notwendig.

Bereich 5: Erzeugung von elektrischem Strom

Sonne und Wind als wichtigste Quellen für die Stromproduktion
Bis zum Jahr 2100 wird erneuerbarer Strom die Hauptenergiequelle sein. Wesentliche Stützen für die künftige Stromerzeugung werden Solarener-

gie (Fotovoltaik und solarthermische Kraftwerke) und Wind (onshore und offshore) sein. Biomasse wird eine begrenzte Rolle spielen, vorwiegend eingesetzt in der Kraft-Wärme-Kopplung und abhängig von den regionalen Bedingungen.

Demand-Side-Management
Demand-Side-Management wird zum Standard. Das Zusammenspiel von Energienachfrage und Energieangebot wird beeinflussbar gemacht und optimiert, damit die Stromerzeugung von fluktuierenden Quellen (wie Sonne und Wind) möglich wird. Stromspeichertechnologien werden in diesem Kontext ebenfalls wichtig sein.

Dezentrale Kraftwerke, die zentrale Großkraftwerke ersetzen
Eine Energieversorgung, die weitgehend mit dezentralen Strukturen arbeitet, reduziert den Bedarf für den Stromtransport über große Entfernungen und erlaubt stärkeren Einsatz von Kraft-Wärme-Kopplung. Dezentrale Kraftwerke werden in Bezug auf regionale Energiepotentiale und Energiebedarf optimiert.

Bereich 6: Infrastrukturen

Infrastrukturen für batterieelektrische Fahrzeuge
Eine Infrastruktur für batterieelektrische Fahrzeuge ist bis zum Jahr 2100 aufgebaut. Entsprechend der Einsatzgebiete und der Anforderungen gibt es einen Mix für das Schnellladen von ausgewählten Fahrzeugen und geeignete Infrastrukturen für das langsame Laden.

Betankungsinfrastrukturen für Wasserstoff
Bis zum Jahre 2100 ist ein flächendeckendes Tankstellennetz für die Betankung von Brennstoffzellenfahrzeugen aufgebaut.

Bereich 7: Querschnittstechnologien

Mikrosystemtechnik
Die Miniaturisierung von mechanischen und elektrischen Funktionen reduziert den Material- und Energieverbrauch. Mikrosystemtechnik wird Standard.

Roadmap für die Transition der Autoindustrie

Das folgende Schema beschreibt das prinzipielle Aussehen einer Roadmap für die Transition der Automobilindustrie zu nachhaltigeren Strukturen. Die wesentlichen Anpassungen müssen in einem sehr kurzen Zeitfenster bis etwa 2030 auf den Weg gebracht sein. Die Roadmap ist in drei größere Phasen eingeteilt.

Phase I (Zeitraum bis 2015)
Die in den vorigen Kapiteln dargestellten Szenarien der künftigen Energieversorgung sind ernst zu nehmen und müssen Grundlage der strategischen Planungen der Automobilindustrie sein. Ausgehend von der Tatsache, dass Peak Oil »jetzt« ist und angesichts der Tatsache, dass die bevorstehenden Strukturbrüche schon teilweise begonnen haben, ist keine Zeit zu verlieren. Der Richtungswechsel muss sofort eingeleitet werden. Das bedeutet, dass man bei der Planung neuer Produkte die als nichtnachhaltig erkannten Strukturen so schnell wie möglich verlassen sollte und sich auf die Bereiche und Handlungsfelder konzentrieren sollte, die im vorhergehenden Kapitel behandelt wurden. Dazu ist die Entwicklung der zukunftsfähigen neuen Technologien voranzutreiben. Dazu müssen auch neue Partnerschaften mit anderen Akteuren in neuen Netzwerken geknüpft werden. Bis 2015 werden sich die Randbedingungen für die Automobilindustrie für alle erkennbar grundlegend geändert haben: *alle* schließt hier auch die Kundschaft der Autoindustrie ein. Mit der Änderung des Weltbildes der Konsumenten wird sich auch ihr Kaufverhalten ändern, und sie werden feststellen, dass man in Zukunft andere Autos brauchen wird. Das wird dazu führen, dass sie die bisherigen Autos eher nicht mehr werden kaufen wollen. Und solange es keine überzeugenden Alternativen gibt, werden sie die Autos, die sie bereits haben, erst einmal weiter betreiben. Damit steht der Branche ein Schock bevor.

Phase II (2015 bis 2030)
In der Phase II muss der Richtungswechsel tatsächlich umgesetzt werden und sich in den Produkten zeigen. Die meisten der vorgeschlagenen Aktionen müssen in dieser Phase erfolgen. Dies ist aller Wahrscheinlichkeit nach eine Überlebensfrage für die Automobilindustrie. Warum ist diese

Zeitspanne so kurz? Weil in diesem Zeitraum ein dramatischer Rückgang des Ölangebots erfolgen wird. Der Flaschenhals wird enger und alte Geschäftsmodelle brechen weg. Nur wer schnell genug auf das neue Umfeld reagieren kann, wird überleben.

Ein Blick auf vergangene technologische Umbrüche zeigt, wie schnell die Ablösung alter Technologien durch neue erfolgen kann. Beispiele sind der Ersatz der Röhre und des Relais durch Transistor und integrierte Schaltkreise, der Übergang vom Buchdruck zum Offsetdruck, der Ersatz der Kathodenröhren durch Flachbildschirme, die Verdrängung der klassischen Fotografie durch Digitalkameras. Diese Beispiele zeigen, dass die meisten dieser Übergange sowohl *radikal* waren (von den alten Technologien blieb im Markt fast nichts übrig) und dass sie auch *rasend schnell* erfolgt sind. Wenn Innovationen einen offensichtlichen Vorteil haben und wenn entsprechende Produkte auf dem Markt verfügbar sind, dann setzen sie sich auch durch – »the winner takes it all«. Diese Beispiele zeigen auch, dass die Innovationen häufig mit tiefgreifenden Umbrüchen in der Industrielandschaft verbunden waren. Neue Unternehmen erobern die Märkte, alte verschwinden – und mögen die Unternehmen in der Vergangenheit noch so erfolgreich gewesen sein. Die deutsche Industriegeschichte seit den 1970er Jahren weist viele prominente Namen untergegangener Unternehmen auf. In Umbruchsituationen ist das Festhalten an alten Strukturen und Produkten kein Erfolgsrezept.

Erschwerend kommt hinzu, dass der Automarkt in den reichen Industrieländern zunehmend zu einem Modemarkt geworden ist: Automoden können quasi über Nacht wechseln (wie die nächste Frühjahrskollektion der Damenmode). Auch das ist eine Bedrohung des Geschäftsmodells (niemand braucht zum Beispiel wirklich einen SUV).

Phase III (2030 bis 2100)

Bis spätestens 2030 muss der Systemwechsel und der Technologiewechsel geschafft sein. Ab dann beginnt die lange Phase des »fine-tuning« und der Optimierung der als nachhaltig erkannten Maßnahmen, um dem Ziel eines vollkommen erneuerbar betriebenen und vollkommen recyclierbaren Fahrzeugs nahezukommen.

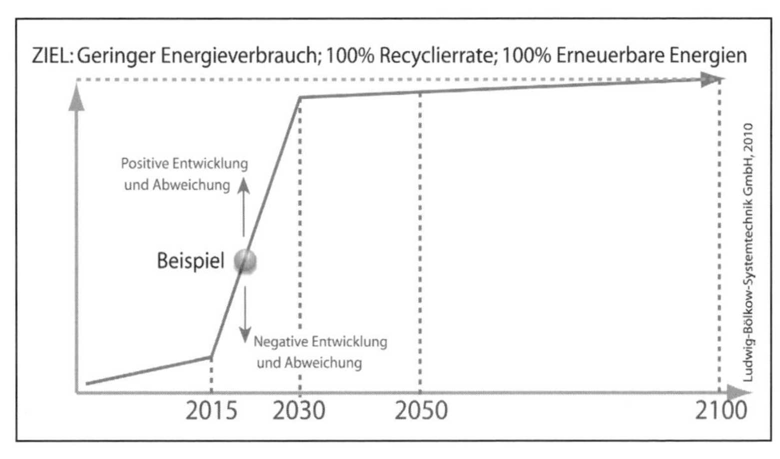

Abbildung 79: Roadmap zum nachhaltigen Auto – das prinzipielle Schema

Die Nachhaltigkeitsziele des *Sustainable World 2100* Szenarios zusammen mit den zu ihrer Erreichung identifizierten Technologien sind relevant für eine Reihe von konkreten industriellen Handlungsfeldern. Einige dieser Handlungsfelder betreffen das Geschäft der Automobilindustrie unmittelbar, die übrigen betreffen die Handlungsfelder anderer Industriezweige und politischer Institutionen, die den Rahmen setzen und die für die Geschäftsmöglichkeiten der Autoindustrie mittelbar relevant sind.

Die folgende Tabelle beschreibt eine Roadmap, in der konkrete Handlungsfelder und die ihnen zugeordneten Ziele sowie die Zeithorizonte bis zu ihrer Erreichung vorgeschlagen werden.

Handlungsfeld	Zeithorizont	Zu erreichendes Ziel
1. Erhöhung der Effizienz	bis 2015	Reduktion des Kraftstoffverbrauchs um ≥ 50 Prozent. Beispiele: reduziertes Fahrzeuggewicht, Hybridisierung
2. Neue Standards für Batterien und Wasserstoff	bis 2015	Internationale Regeln, Codes und Standards (RCS) müssen harmonisiert und eingeführt werden: für Batterien (Beladung, Sicherheitsanforderungen, Kurzschluss, Überlastung) und Wasserstoff und Brennstoffzellen (Tankstellen, Fahrzeugzulassung und Betrieb, zum Beispiel in Tunneln und Gebäuden)
3. Infrastrukturen für Batteriefahrzeuge und Wasserstofffahrzeuge	bis 2015	Aufbau einer Betankungsinfrastruktur für Batteriefahrzeuge (Anpassung des elektrischen Netzes, Schnellladestationen); Aufbau einer Wasserstofftankstellen-Infrastruktur
4. Leichtbaumaterialien	bis 2020	Konventionelle Materialien werden durch Leichtbaumaterialien ersetzt (zum Beispiel Carbonfasern)
5. Elektrische Antriebe	bis 2020	Elektrische Antriebe werden Standard und ersetzen den Verbrennungsmotor (Batterie- und Brennstoffzellenfahrzeuge)
6. Erneuerbarer Strom	bis 2030	Erneuerbarer Strom wird ein relevanter »Kraftstoff«
7. Intelligente Netze	bis 2030	Simultane Optimierung von stationärem und mobilem Energieangebot und -verbrauch
8. Neue angepasste Konzepte und Produkte	bis 2030	Angepasste Anforderungen und fortgeschrittene Fahrzeugkonzepte für verschiedene Anwendungen
9. Neue Mobilitätskonzepte	bis 2030	Integrative Ansätze neuer Betreibermodelle etc.
10. Biogene Materialien	bis 2050	Biogene Rohstoffe, zum Beispiel Kunststoffe
11. 90 % Recyclierrate 90 % Erneuerbare Energien	bis ~ 2050	Stoffliche Nutzung: 90 % (für denselben Zweck). Alle Formen erneuerbarer Energien
12. 100 % Recyclierrate 100 % Erneuerbare Energien	2100	Stoffliche Nutzung: 100 % (für denselben Zweck). Alle Formen erneuerbarer Energien

Tabelle 19: Roadmap zum nachhaltigen Auto – Handlungsfelder

Die in der Tabelle beschriebene Roadmap ist in der folgenden Grafik bildlich dargestellt.

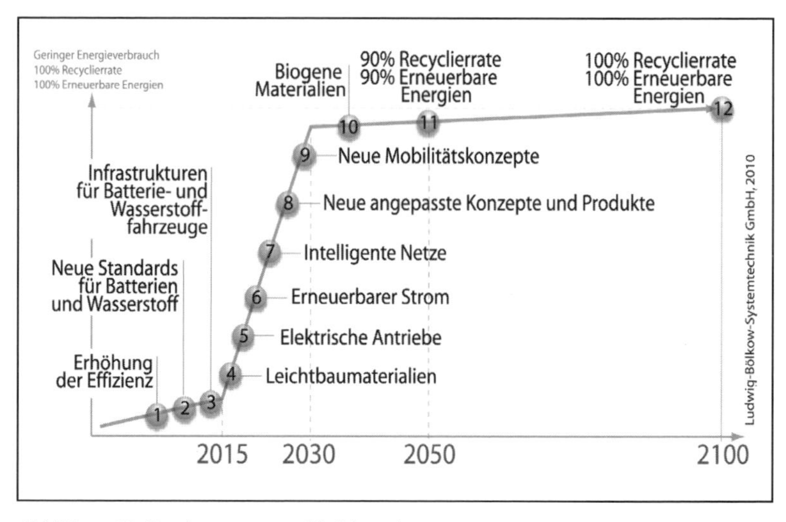

Abbildung 80: Roadmap zum nachhaltigen Auto

Eine verträgliche Transition ist möglich

Beharrungskräfte und neue Akteure

Je proaktiver die unvermeidliche Transition von allen Akteuren angegangen wird, um so verträglicher kann sie ablaufen. Dem stehen aber mächtige Beharrungskräfte entgegen. Denn gerade die großen und mächtigen Unternehmen in der Wirtschaft haben ihre Geschäftsgrundlage in reichlicher und billiger fossiler und nuklearer Energie. Dazu gehören unter anderem die Energiewirtschaft, von der Öl- und Gasindustrie bis zur Kohle, die Stromversorgungsunternehmen, die Automobilindustrie, die Luftfahrtindustrie und die Logistikunternehmen, die Stahlindustrie und die Chemieindustrie. Die größten an der Börse notierten Unternehmen sind Ölkonzerne. Ein großer Teil dieser Unternehmen verliert mit dem

Wegbrechen der fossilen Energien ihre bisherige Geschäftsgrundlage und sieht auch für sich keine gangbaren Alternativen.

Aber selbst in den Fällen, in denen die Alternativen im Prinzip bestehen, etwa bei den Stromversorgern, ist die Bereitschaft zu einem proaktiven Umsteuern gering. Das liegt daran, dass das bisherige Geschäft ja noch profitabel ist, Investitionen in neue Strukturen riskant und teuer sind und damit gegenwärtige und künftige Gewinne erst einmal schmälern. Hinzu kommt das Problem der *sunk costs*. Und in der Tat ist es ja auch bei einem Erkennen der Notwendigkeit des Umsteuerns und bei gutem Willen eine höchst schwierige unternehmerische Aufgabe, den notwendigen Richtungswechsel einzuleiten, ohne die Existenz des Unternehmens zu gefährden. Verstärkt werden die Beharrungskräfte noch durch den Herdentrieb: Die Konkurrenz verhält sich ja genauso, also erscheint das Risiko des Abwartens weniger hoch.

Diese eingebauten Trägheiten im System führen dazu, dass ein großes Interesse daran besteht, das gewohnte »Business as usual« solange wie möglich weiterzuführen. Daher lautet die Devise: »Business as usual« mit möglichst wenig Änderungen«. Und es werden ja auch die Hoffnungen geschürt – von Wissenschaftlern, Politikern und Medien – dass dies tatsächlich möglich sein könnte. In beispielhafter Form findet man diese Vorstellung etwa in der Autoindustrie: Man müsse halt langfristig nur Benzin und Diesel durch erneuerbaren Strom ersetzen, ansonsten könne alles gleichbleiben. Die bisherigen Ausführungen sollten zeigen, dass dies ein Irrtum ist – mit möglicherweise schweren Konsequenzen für die betroffene Industrie.

Außerhalb der etablierten Industrien wächst aber die Erkenntnis und das Bewusstsein, dass es so wie bisher nicht weitergehen kann. Es sind insbesondere Bewegungen in der Zivilgesellschaft, die vielfach ihre Wurzeln in den von der Konferenz in Rio 1992 angestoßenen Agenda-21-Prozessen haben. Im Vordergrund stehen dabei die Umweltaspekte und der Klimawandel. Viele Agendagruppen sind nach wie vor aktiv, beeinflussen die Meinungsbildung und wirken in die Lokalpolitik. Hinzugekommen ist eine große Zahl von Energiewende-Initiativen und auch immer mehr Gemeinden und Landkreise, die sich eine zu 100 Prozent erneuerbare Energieversorgung zum Ziel gesetzt haben. Diese Initiativen beschränken sich bisher meist auf die Strom- und Wärmeversorgung und lassen den für schwierig gehaltenen Bereich der Mobilität und des Verkehrs erst einmal beiseite. Seit einigen Jahren gewinnt die von Rob Hopkins initiierte Bewegung der *Transition Towns* immer mehr Anhänger. Diese Initiativen gehen ausdrücklich von Peak Oil und den Folgen für die Gesellschaft aus. Ziel ist es, elastische Strukturen zu finden und umzusetzen, die die Abhängigkeit vom Öl und allen anderen fossilen Brennstoffen zunehmend reduzieren. Dabei ist eine klare Voraussetzung, dass alle Lebensbereiche betroffen sind.

Daneben entstehen auch neue Industriezweige im Bereich der erneuerbaren Energien, insbesondere in der Fotovoltaik und in der Windenergie. Mit *neu* sollen hier alle Industriezweige bezeichnet werden, die nicht mehr auf die Beseitigung oder Milderung von negativen Umweltwirkungen bestehender Produktionsweisen abzielen, sondern in ihren Verfahren und Produkten die negativen Umweltwirkungen gar nicht erst entstehen lassen. Die klassischen Umweltschutz-Technologien dagegen sind »end-of-pipe«-Technologien, das heißt, die negativen Folgen des Ressourcen- und Energieverbrauchs sollen gemildert werden, ohne dass ihr Einsatz grundsätzlich in Frage gestellt würde. So soll beispielsweise nicht das Verkehrswachstum beschränkt werden, sondern die Umweltfolgen sollen vom Verkehrswachstum entkoppelt werden. Stromkonzerne propagieren das Abscheiden und Lagern von CO_2 aus Kohlekraftwerken, statt etwa in Windkraft zu investieren. Anders ausgedrückt: Bisher ging es um die Entkoppelung der negativen Umweltwirkungen vom (steigenden) Ressourcen- und Energieverbrauch.

Ein großes wirtschaftliches Potential besteht auch in verbesserten Techniken und Materialien für die energetische Sanierung des Gebäudebestandes und generell für ökologisches Bauen.

Diese neuen Industriezweige und Geschäftsfelder sind gegenwärtig noch sehr von den politischen Rahmenbedingungen abhängig. In Deutschland hat das Erneuerbare-Energien-Gesetz (EEG) zu einem von den meisten nicht für möglich gehaltenen Wachstum der Windenergie und der Fotovoltaik bei gleichzeitig erheblich gesunkenen spezifischen Kosten geführt. Im Baubereich sind die Rahmenbedingungen weit weniger günstig. Generell kann jedoch erwartet werden, dass bei steigenden Preisen der fossilen Energien die Dynamik in der Entwicklung der erneuerbaren Energien zunimmt.

Vielleicht auf keinem anderen Feld sind die politischen Rahmenbedingungen und das Handeln der Regierungen (auf allen regionalen Ebenen, von der EU bis zu den Kommunen) so durchgehend bestimmend wie auf dem Gebiet der Mobilität und des Verkehrs. Investitionen in Verkehrsinfrastrukturen sind Investitionen der öffentlichen Hände; die Planungsrichtlinien sind politisch vorgegeben. In diesem Rahmen ist der Gestaltungsspielraum derzeit sehr begrenzt, sowohl für Kommunen als auch für zivilgesellschaftliche Initiativen. Dennoch kommt auch hier langsam Bewegung in die bisherigen Denkmuster, die vor allem durch eine Priorisierung des motorisierten Verkehrs gekennzeichnet waren. Es wird zunehmend erkannt, wie wichtig der öffentliche Raum und die Aufwertung des Nahbereichs für das Leben in einer Stadt sind und dass dieser Raum nicht fast vollständig vom motorisierten Verkehr beansprucht werden darf. Dafür kann man immer mehr Beispiele finden. In der Schweiz gibt es eine mit *Langsamverkehr* bezeichnete Neuerung, wo in den entsprechenden Zonen alle (Fußgänger, Radfahrer, Autofahrer) gleichberechtigt den öffentlichen Raum nutzen dürfen – nach folgenden Regeln: *Vortritt* (sic!) für Fußgänger und Begrenzung der Geschwindigkeit des motorisierten Verkehrs auf 20 km/h. Doch am spektakulärsten ist vielleicht die Renaissance der Fußgänger und des Fahrradverkehrs in New York. Dort wird im großen Stil Straßenraum zu Fahrradspuren umgewidmet, der Times Square ist jetzt autofrei und die Menschen nutzen in großer Zahl den wiedergewonnenen öffentlichen Raum.

Das wohlverstandene Eigeninteresse der Wirtschaft

Keine weiteren Investitionen in das alte fossile System

Investitionen in das alte System erschweren und verzögern die Transition in nachhaltigere Strukturen. Das falsch investierte Geld fehlt für Zukunftsinvestitionen. Tatsächliche Investitionsentscheidungen in der Wirtschaft hängen natürlich davon ab, wie die Zeitskalen eingeschätzt werden. Sicher gibt es auch das Problem des zu frühen Umstiegs, wenn die neuen Produkte deutlich teurer sind und die Märkte noch nicht so weit sind. Wesentlich für die Entscheidungen sind auch die Lebenszyklen der Investitionen und Produkte.

Ein etwa 10jähriger Lebenszyklus eines Automobils ist angesichts der zu erwartenden Änderungen in den kommenden zwei Jahrzehnten sehr lang. Damit besteht die Gefahr, dass zum Beispiel nach fünf Jahren eines Produktzyklus die Rahmenbedingungen sich so geändert haben, dass das Produkt nicht mehr verkäuflich ist, das Nachfolgeprodukt aber noch nicht fertig und verfügbar ist. Es entsteht eine zeitliche Lücke, die die Existenz des Unternehmens gefährdet. Das Vertrauen in ein Weiterführen von »Business as usual« birgt daher hohe Risiken.

Noch deutlicher wird das bei Investitionen der Energiewirtschaft. Neue Kohlekraftwerke mit einer Lebensdauer von 30 bis 50 Jahren können sich schon in wenigen Jahren als Fehlinvestition erweisen. Investitionen in zukunftsfähige Produkte können in Umbruchsphasen sehr schnell zu einem Wettbewerbsvorteil werden. Der Erfolg japanischer Hybridfahrzeuge ist ein Beispiel dafür.

Nachhaltige Märkte

Global agierende Unternehmen müssen gerade in Umbruchszeiten, in denen sich die Nichtnachhaltigkeit vieler bestehender Strukturen erweist, daran interessiert sein, dass die Lebensverhältnisse in möglichst großen oder allen Teilen der Welt einer friedlichen Wirtschaftstätigkeit förderlich sind.

Dazu gehört im Sinne der Übertragbarkeit der Lebensverhältnisse auf alle Menschen eine gerechtere Verteilung von Vermögen und Einkommen. Dies ist eine notwendige Voraussetzung, dass sich große Märkte auch langfristig entwickeln und bestehen können. Eine weitere notwendige Voraussetzung für nachhaltige Märkte ist eine friedliche Welt. Länder im Krieg und »failed states« sind nur für die Waffenindustrie ein günstiges Umfeld.

Dies zeigt, dass diese sehr allgemeine Forderung, die mancher auf den ersten Blick vielleicht für ziemlich unverbindlich halten mag, in Wahrheit grundlegend und extrem weitreichend ist. Die Orientierung der Automobilindustrie an den Leitplanken für nachhaltigere Strukturen liegt somit in ihrem wohlverstandenen Eigeninteresse.

Aufbruch

Der hohe Energieverbrauch in den Industrieländern für Wärme, Strom und Kraftstoffe ist eine Folge der reichlichen und billigen Verfügbarkeit fossiler Energieträger in der Vergangenheit. Es bestand in dieser Zeit nicht wirklich eine wirtschaftliche Notwendigkeit, mit Energie effizient umzugehen. Dies ist zwar unstreitig eine Fehlentwicklung gewesen, andererseits bedeutet es aber, dass es riesige Effizienzpotentiale in allen drei Bereichen gibt, um den Rückgang der fossilen Energieträger abzufedern. Diese Effizienzpotentiale beziehen sich nicht nur auf einzelne Technologien, sondern bestehen darüber hinaus auch in hohem Maße in Verhaltensänderungen. Beides erfordert ein Umdenken und eine Abkehr von liebgewordenen Gewohnheiten, was aber eher ein mentales Problem als ein faktisches ist.

Die Gesellschaft muss lernen, mit weniger Energie und reduzierten Stoffströmen auszukommen. Und sie muss lernen, mit den Schwankungen des Energieangebots aus erneuerbaren Quellen fertigzuwerden. Für beides sind die objektiven Voraussetzungen gut. Es besteht kein Anlass zu düsteren Untergangsszenarien, die von manchen schon fast lustvoll an die Wand gemalt werden. Auf der Habenseite steht eine weniger beschädigte Umwelt und auch die Befreiung von manchen Zwängen, die mit dem bisherigen Entwicklungspfad verbunden waren.

In einer postfossilen Welt kann man gut leben. Es gibt genug Energie, Dienstleistungen und Güter für alle. Die Energieversorgung wird persönlicher und die Verantwortlichkeiten sind weniger anonym. Die Mobilität wird menschlicher, besser und gesünder gewährleistet sein. Materielles Wachstum wird es nicht mehr geben, aber das ist kein Unglück. Dafür werden menschliche Energien freigesetzt und Raum für soziale Innovationen geschaffen. Das Leben wird entschleunigt. Es entsteht wieder eine intensivere Beziehung zu den Dingen – schon weil man länger mit ihnen leben muss. Die Ästhetik, die Schönheit der (gebauten) Umwelt und der Gegenstände des täglichen Lebens werden wieder wichtiger.

Auf internationaler Ebene kann eine Welt mit einer gerechteren Verteilung von Lebenschancen entstehen. Die Lebensstile werden differenziert sein. Der Lebensstil des »Nordens« wird nicht mehr auf Kosten der heute weniger entwickelten Länder und auf Kosten nachfolgender Generationen gehen.

Dennoch ist die Transition in eine postfossile Welt alles andere als harmlos. Es sind tiefgreifende strukturelle Änderungen in fast allen Lebensbereichen erforderlich, die bestehende Interessen, Geschäftsfelder und Machtstrukturen berühren. Dies bedeutet, dass es ein großes Konfliktpotential gibt. Der anstehende Übergang ist unvermeidlich, und er ist auch nicht aufschiebbar. Aber er ist gestaltbar. Dieses Buch ist genau aus diesem Grund geschrieben worden. Die gesellschaftliche und politische Aufgabe besteht darin, diesen Übergang möglichst verträglich zu gestalten und die unvermeidlichen Konflikte in friedlicher Weise zu lösen. Das gilt für die Beziehungen im Kleinen, auf nationaler und auf internationaler Ebene. Der am wenigsten aussichtsreiche Weg ist sicherlich, sich mit militärischen Mitteln einen möglichst großen Anteil an den verbleibenden Ressourcen sichern zu wollen anstatt den Übergang positiv und proaktiv zu befördern. Es wird kein bleibender Vorteil sein, möglichst lange am Alten festzuhalten.

Eine gerechtere Welt in einem größeren Einklang mit der Natur, ein besseres Leben für alle Menschen mit weniger Energie ist möglich. Aber dieses Ziel muss auch gewollt und ernsthaft verfolgt werden.

Literatur

[ABB 2007] ABB, Xiangjiaba - Shanghai +/- 800 kV UHVDC transmission project; 2007, http://www.abb.com/industries/ap/db0003db004333/148bff3c00705c5ac125774900517d9d.aspx

[Aktionsplan 2010] Nationaler Aktionsplan für erneuerbare Energie gemäß der Richtlinie 2009/28/EG zur Förderung der Nutzung von Energie aus erneuerbaren Quellen, Bundesrepublik Deutschland, 4. August 2010, http://www.erneuerbare-energien.de/files/pdfs/allgemein/application/pdf/nationaler_aktionsplan_ee.pdf

[ASPO 2002] Association for the Study of Peak Oil (ASPO), ASPO Newsletter No. 23, November 2002, rhttps://aspo-ireland.org/newsletter/en/pdf/newsletter23_200211.pdf, 29 May 2007

[ATLAS 1997] The European Commission, Directorate-General (DG) Energy and Transport: Future Potential; ATLAS; funded by the non nuclear programme of the 4th Framework Programme for Research and Technological Development; http://europa.eu.int/comm/energy_transport/atlas/htmlu/hydfpot1.html

[BBR 2006] Bundesamt für Bauwesen und Raumordnung (Hg.), Postfossile Mobilität. Informationen zur Raumentwicklung. Heft 8.2006. Bonn: BBR

[BBR 2009] Bundesamt für Bauwesen und Raumordnung (Hg.), Steigende Verkehrskosten – bezahlbare Mobilität. Informationen zur Raumentwicklung. Heft 12.2009. Bonn: BBR

[Birol 2008] »Die Sirenen schrillen«, Interview mit Fatih Birol in der Zeitschrift Internationale Politik, April 2008, Seite 34–45

[Bloomberg 2010] Bloomberg News, »China Consider Setting Coal Production Ceiling by 2015 to Cut Emissions«, http://www.bloomberg.com/news/print/2010-07-28/china-considers-setting-coal-production-ceiling-by-2015-to-cut-emissions.html, Juli 2010

[BMVBS 2010] Bundesministerium für Verkehr, Bau und Stadtentwicklung, http://www.bmvbs.de/Klima_-Umwelt-Energie/Mobilitaet-Verkehr-,3115/Elektromobilitaet.htm, August 2010

[BP 2010] BP Statistical Review of World Energy 2010, June 2010, http://www.bp.com/statisticalreview

[BPB 2007] BPB – Bundeszentrale für politische Bildung, Verstaatlichungspolitik in Bolivien, 19. November 2007, http://www.bpb.de/themen/XMJ8EI,0,Verstaatlichungspolitik_in_Bolivien.html

[Bundesregierung 2010] Etablierung der Nationalen Plattform Elektromobilität - Gemeinsame Erklärung von Bundesregierung und deutscher Industrie, Berlin, 2010, http://www.bundesregierung.de/Content/DE/Artikel/2010/05/2010-05-03-elektromobilitaet-erklaerung.html

[Campbell 2008] Colin J. Campbell, Frauke Liesenborghs, Jörg Schindler, Werner Zittel, Ölwechsel!, Deutscher Taschenbuchverlag, München, 2002, aktualisierte Ausgabe, 2. Auflage März 2008

[Desertec 2010] Desertec Foundation, Juni 2010, http://www.desertec.org/de/

[DEWI 2010] Niedermann, B., DEWI: Status der Windenergienutzung in Deutschland – Stand 31.12.2009; 26. Januar 2010

[DoE 2010] Department of Energy FY 2011 Congressional Budget Request, Budget Highlights, February 2010 Office of Chief Financial Officer, http://www.cfo.doe.gov/budget/11budget/Content/FY2011Highlights.pdf

[Energy.EU 2010] European Energy Portal, Juni 2010, http://www.energy.eu/

[EPIA 2008] EPIA – European Photovoltaic Industry Association, Solar Generation V – 2008, Solar electricity for over one billion people and two million jobs by 2020, September 2008, http://www.epia.org

[EPIA 2010] EPIA – European Photovoltaic Industry Association, Global Market Outlook For Photovoltaics until 2014, May 2010 update, http://www.epia.org/fileadmin/EPIA_docs/public/Global_Market_Outlook_for_Photovoltaics_until_2014.pdf

[EPIA 2010a] EPIA – European Photovoltaic Industry Association, PV Technologies: Cells and Modules, Juni 2010, http://www.epia.org/solar-pv/pv-technologies-cells-and-modules.html

[ESHA 2004] Lithuania Hydropower Association; European Small Hydropower Association

[EurActiv 8/2010] EurActiv, »Nationaler Energieaktionsplan vorgelegt: Erneuerbare Energien – Übertrifft Deutschland das EU-Ziel?«, 4. August 2010 http://www.euractiv.de/energie-klima-und-umwelt/artikel/erneuerbare-energien---bertrifft-deutschland-das-eu-ziel-003469

[EWEA 2010] European Wind Energy Association (EWEA), Juni 2010; http://www.ewea.org

[Farinelli 2004]; Farinelli,U., International Institute for Industrial Enviromental Economics, University of Lund, Lund, Sweden: Renewable energy policies in Italy; Energy for Sustainable Development, Volume VIII No. 1, March 2004

[FCH JU] European Commission, Fuel Cells and Hydrogen Joint Undertaking (FCH JU) http://ec.europa.eu/research/fch/index_en.cfm

[GEO-4 2007] Global Environment Outlook: environment for development (GEO-4), United Nations Environment Programme (UNEP), New York, October 2007, http://www.unep.org/geo/geo4/media/index.asp

[Greenpeace 2004] Greenpeace, »Windstärke 12«, Studie, 2004, http://www.wind-energie.de/fileadmin/dokumente/Themen_A-Z/Ziele/EWEA_Windforce12dt_2004.pdf

[Greenpeace 2010] Greenpeace Meldung, Es tut sich etwas in Indonesien, Sigrid Totz, 27. Mai 2010, http://www.greenpeace.de/themen/waelder/nachrichten/artikel/es_tut_sich_etwas_in_indonesien/

[GWEC 1997-2009] Global Wind Energy Council, Global Wind Report 1997-2009 http://www.gwec.net

[IEA 2008] IEA Statistics, Energy Balances of Non-OECD countries / OECD countries 2008 edition

[IEA 2009] IEA Statistics, Energy Balances of Non-OECD countries / OECD countries 2009 edition

[IEA 2010] IEA Statistics, Energy Balances of Non-OECD countries / OECD countries 2010 edition

[IEA 2010a] IEA Statistics, Renewable Information, 2010 edition

[IEA 2010b] IEA – International Energy Agency Publications, Energy Technology Perspectives, 2010

[IHS Energy 2006] Petroleum Economics and Policy Solutions, ed. by IHS-Energy, 2006 (annual updates), http:// www.ihs.com

[Joule 1995] Matthies et al, Germanischer Lloyd, Hamburg; Garrad et al.,Garrad Hassan and Partners, Bristol; Scherweit et al; Windtest KWK, Kaiser-Wilhelm-Koog: Study of Off-shore Wind Energy in the EC - Joule I; co-funded by the Commission of the European Communities (CEC) in the framework of the JOULE I programme under contract no. JOUR-0072 and by the Bundesminister für Forschung und Technologie (BMFT) under ref. No. 0329118 A, and was partly carried out under contract to the Energy Technology Support Unit (ETSU) as part of the Department of Trade and Industry's (DTI) Renewable Energy programme; Verlag Natürliche Energie 1995

[JRC 2009] EC Joint Research Centre, PV Status Report 2009; ISSN 1831-4155, Ispra, 2009; http://re.jrc.ec.europa.eu/refsys/

[Kaltschmitt 1995]; Kaltschmitt, M.; Fischedick, M.: Wind- und Solarstrom im Kraftwerksverbund, Möglichkeiten und Grenzen; 1. Auflage 1995, C.F. Müller Verlag GmbH, Heidelberg; ISBN 3-7880-7524-4

[Klaiß 1992] Eds. Klaiß, H.; Deutsche Forschungsanstalt für Luft- und Raumfahrt e.V. (DLR), Studiengruppe Energiesysteme, Stuttgart; Staß, F., Zentrum für Sonnenenergie- und Wasserstoff-Forschung (ZSW), Stuttgart: Solarthermische Kraftwerke im Mittelmeerraum, Band 2: Energiewirtschaft, Solares Angebot, Flächenpotential, Laststruktur, Technik und Wirtschaftlichkeit, Springer Verlag 1992

[Klimaretter 2010] Klimaretter.info, Online-Magazin, Indonesien will Öko-Fonds starten, 28. Januar 2010, http://www.klimaretter.info/nachrichtensep/umwelt-nachrichten/5099-indonesien-wirbt-fuer-oeko-fonds

[LBST 2010] M. Altmann, P. Schmidt, W. Weindorf, et al.: Assessment of Potential and Promotion of New Generation of Renewable Technologies; Report by Ludwig-Bölkow-Systemtechnik GmbH (LBST), the Centre for European Policy Studies (CEPS), the College of Europe (COE), and HINICIO for the ITRE Committee of the European Parliament, Munich, Germany, 2010 (to be published)

[Maddison 2001] Maddison, Angus, The World Economy. A Millenial Perspective, Paris (OECD) 2001

[MED-CSP 2005] Trieb, F., et al., Concentrating Solar Power for the Mediterranean Region; Final Report by German Aerospace Center (DLR), Insitute of Technical Thermodynamics, Section Systems Analysis and Technology Assessment; Study commissioned by Federal Ministry for the Environment, Nature Conservation and Nuclear Safety, Germany; 16 April 2005

[NOW 2010] Nationale Organisation Wasserstoff- und Brennstoffzellen-technologie, Berlin, August 2010, http://www.now-gmbh.de/

[NREL 2002] National Renewable Energy Laboratory (NREL), Leitner, A., BDI Consulting: Fuel from the sky: solar power's potential for Western energy supply; NREL/SR-550-32160; July 2002

[NRW-Enquete 2007] Enquete-Kommission zu den Auswirkungen längerfristig stark steigender Preise von Erdöl- und Erdgasimporten auf die Wirtschaft und die VerbraucherInnen in Nordrheim-Westfalen, Protokoll der 6. Sitzung, Düsseldorf EKPr 14/3, 9. Juni 2006

[OEA 2010] N. Roussear, European Ocean Energy Association (OEA): Ocean Energy – Growth Perspectives for the Industry; 6 January 2010

[Oettinger 2010] Günther Oettinger, EU-Kommissar für Energie: Die Europäische Energiestrategie 2011-2020, Rede beim BDEW Kongress 2010, Berlin, 30. Juni 2010, http://ec.europa.eu/commission_2010-2014/oettinger/headlines/speeches/2010/06/doc/20100630.pdf

[Pelikan 2005] Pelikan, B., Institut für Wasserwirtschaft Universität für Bodenkultur, Wien: Entwicklung von Kleinwasserkraftprojekten - eine europaweite Herausforderung; Workshop Kleinwasserkraft: Kooperation Tschechien - Österreich; 8. Juni 2005, Landhaus St. Pölten

[Petroconsultants 1995] Colin J. Campbell, Jean H. Laherrere, The World's Oil Supply 1930 – 2050, Petroconsultants, Genf 1995

[PRIS 2010] Power Reactor Information System – PRIS, International Atomic Energy Agency – IAEA, 12. August 2010, http://www.iaea.org/programmes/a2/

[Quaschning 2000] Quaschning, V., Berlin: Systemtechnik einer klimaverträglichen Elektrizitätsversorgung in Deutschland für das 21. Jahrhundert; Fortschritt-Berichte VDI, Reihe 6: Energietechnik; VDI Verlag GmbH Düsseldorf 2000

[RECP 2002] Renewable Energy Country Profile, Version 0.6b; prepared for the European Bank for Reconstruction and Development (EBRD) by Blacke & Veatch International (BVI); September 2002

[Reller 2009] Armin Reller et al., GAIA 18/2 2009: 127-135, The Mobile Phone: Powerful Communicator and Potential Metal Dissipator

[REN21 2009] REN21 – Renewable Energy Policy Network fort he 21th Century, Renewables Global Status Report 2009 Update, http://www.ren21.net

[RIA 2006] Viktor Danilov-Danilyan, Water Problems Institute, Russian Academy of Sciences, »Water to be Russia's trump card after oil«, published by RIA Novosti, on 24 November 2006, http://en.rian.ru/analysis/20061124/55953107.html

[Rubin 2010] Jeff Rubin, Warum die Welt kleiner wird, Hanser Verlag, München 2010

[Salter 2000] Salter. S., Edinburgh University, Wave Power Study 2000; 10. August 2000

[Schindler et al. 2009] J. Schindler, M. Held, unter Mitarbeit von G. Würdemann, Postfossile Mobilität – Wegweiser für die Zeit nach dem Peak Oil, Bad Homburg 2009

[Stásky 2005] Strásky, D.: Situation der Kleinwasserkraft in Tschechien, St. Pölten, 8. Juni 2005

[The Guardian 2006] Dilip Hiro, »Shanghai surprise«, published by The Guardian Unlimited on June 16, 2006, http://commentisfree.guardian.co.uk/dilip_hiro/2006/06/shanghai_surprise.html

[Van Son 2010] Paul van Son, Interview, »Wir bringen die Wüste nach Europa«, Die Zeit, 09.07.2010,http://www.zeit.de/wirtschaft/unternehmen/2010-07/desertec?page=2

[WBGU 2003] Der Wissenschaftliche Beirat der Bundesregierung Globale Umweltveränderungen – www.WBGU.de

[Weber 2010] L. Weber, G. Zsak, C. Reichl, M. Schatz, World-Mining-Data 2010, Bundesministerium für Wirtschaft, Familie und Jugend der Republik Österreich, Wien, 2010

[WEC 2001] World Energy Council (WEC), Survey of energy resources: hydropower; 2001; http://www.worldenergy.org/wec-geis/publications/reports/ser/hydro/hydro.asp

[WEC 2009] World Energy Council, Survey of Energy Resources Interim Update 2009, http://www.worldenergy.org/publications/survey_of_energy_resources_interim_update_2009/coal/default.asp

[Wenzel 2010] Wenzel, Bernd, Nitsch, Joachim, Langfristszenarien und Strategien für den Ausbau der Erneuerbaren Energien in Deutschland bei Berücksichtigung der Entwicklung in Europa und global, Deutsches Zentrum für Luft- und Raumfahrt (DLR), Stuttgart, Frauenhofer Institut für Windenergie und Energiesysteme (IWES), Kassel, Ingenieurbüro für neue Technologien (IFNE), Teltow, FKZ 03MAP146, Juni 2010

[WEO 1998] World Energy Outlook, International Energy Agency, 1998

[WEO 2004] World Energy Outlook, International Energy Agency, 2004

[WEO 2006] World Energy Outlook, International Energy Agency, 2008

[WEO 2008] World Energy Outlook, International Energy Agency, 2008

[WEO 2009] World Energy Outlook, International Energy Agency, 2009

[WWEA 2010] WWEA – World Wind Energy Association, World Wind Energy Report 2009, March 2010, http://www.wwindea.org/home/images/stories/worldwindenergyreport2009_s.pdf

[Zittel 2001] Zittel, Werner, Ludwig-Bölkow-Systemtechnik GmbH, Analysis of the UK Oil Production, A contribution to ASPO, Febuar 2001, http://www.energiekrise.de

Abbildungsverzeichnis

Abbildung 1: Weltweite Ölförderung und Ölpreis [EIA 2010] 17
Abbildung 2: Verfügbarkeit fossiler und nuklearer Energie – Historie und Prognose 18
Abbildung 3: Weltregionen im Überblick 28
Abbildung 4: Weltweiter Primärenergieverbrauch 2009 [BP 2010], [WEO 2009] 32
Abbildung 5: Entwicklung des Rohölpreises seit 1960; Der reale Ölpreis berücksichtigt die Inflationsrate und ist daher für einen langjährigen Vergleich besser geeignet als der nominale Ölpreis 36
Abbildung 6: Der künftig zu erwartenden Ölpreis – Anpassung der Prognosen der Internationalen Energieagentur an die reale Entwicklung 40
Abbildung 7: Geschichte der Ölfunde (nachgewiesene und wahrscheinliche) und die jährliche Ölförderung 43
Abbildung 8: Schematische Darstellung der typischen Förderung in einer Region 46
Abbildung 9: Ölförderung der großen europäischen und amerikanischen Ölfirmen. 49
Abbildung 10: Entwicklung der »nachgewiesenen Ölreserven« [BP 2010] 50
Abbildung 11: Weltweite Ölförderung aus heutigen und neuen Quellen aus Sicht der Internationalen Energieagentur 57
Abbildung 12: Beitrag der einzelnen Länder zur weltweiten Ölförderung 59
Abbildung 13: Weltweite Ölförderung in Mb pro Tag: Vergangenheit und Ausblick 61
Abbildung 14: Ölförderung im Mittleren Osten 63
Abbildung 15: Ölförderung in Nordamerika 64
Abbildung 16: Ölförderung in den USA 66
Abbildung 17: Ölförderung in Kanada 67
Abbildung 18: Ölförderung in den Übergangsstaaten 69
Abbildung 19: Ölförderung in Europa 70
Abbildung 20: Ölförderung in Südamerika 72
Abbildung 21: Ölförderung in Afrika 73

Abbildung 22: Ölförderung in Australien und Neuseeland 73
Abbildung 23: Die Ölförderung in Indien und Pakistan 74
Abbildung 24: Die Ölförderung in China 75
Abbildung 25: Die Ölförderung in Ostasien 75
Abbildung 26: Nettoexporte der OPEC, der OPEC-Staaten des Mittleren Ostens und Saudi-Arabiens im Vergleich zur Entwicklung des Ölpreises seit 1987 77
Abbildung 27: Weltweite Erdgasförderung: Vergangenheit und Ausblick 81
Abbildung 28: Weltweite Erdgasreserven in 1000 Milliarden m^3 82
Abbildung 29: Weltweite Erdgasförderung: Vergangenheit und Ausblick 84
Abbildung 30: Erdgasproduktion in den Übergangsstaaten 90
Abbildung 31: Erdgasförderung in OECD-Nordamerika 91
Abbildung 32: Erdgasproduktion in Kanada 92
Abbildung 33: Erdgasförderung in den USA 93
Abbildung 34: Erdgasförderung im Mittleren Osten 94
Abbildung 35: Erdgasförderung in OECD Europe 96
Abbildung 36: Weltreserven an Kohle 102
Abbildung 37: Die geographische Verteilung der Staaten mit den größten Kohlereserven [WEC 2009] 103
Abbildung 38: Globale Kohleförderung, wie sie mit den Reservenangaben kompatibel ist 106
Abbildung 39: Kohleförderung in China 108
Abbildung 40: Kohleförderung der USA – diese dominiert die nordamerikanische Kohleförderung 110
Abbildung 41: Gegenwart und Langzeitprognose für die indische Kohleproduktion 112
Abbildung 42: Kohleförderung im pazifischen Raum nach OECD-Definition 113
Abbildung 43: Die Kohleförderung in Indonesien 114
Abbildung 44: Entwicklung der Nettoexporte und -importe von Kohle seit 2001 116
Abbildung 45: Kohleförderung in OECD-Europa 118
Abbildung 46: Historie und Trend bei der Entwicklung der weltweiten Nuklearenergiekapazität 126
Abbildung 47: Mögliche Förderszenarien von Uran (mit Berücksichtigung der Ressourcenklassifizierung der NEA) und der Uranbedarf für Reaktoren 128
Abbildung 48: Prognosen für die australische Uranerzproduktion 131
Abbildung 49: Uranförderung in den Übergangsstaaten: Historie und Prognose 132
Abbildung 50: Uranförderung im Nordamerika der OECD 133
Abbildung 51: Uranproduktion im Europa der OECD 134
Abbildung 52: Anteil Erneuerbarer an der Energieversorgung 142

Abbildung 53: Veranschaulichung der theoretischen Potentiale, der nutzbaren technischen Potentiale und bereits erzeugten Energiemengen von Solarenergie, Windkraft und Biomasse ... 144
Abbildung 54: Technisches Potential für erneuerbare Energie und Endenergieverbrauch 2008 ... 149
Abbildung 55: Benötigte Fläche, um den heutigen Endenergieverbrauch der Welt mit Solarenergie abzudecken ... 151
Abbildung 56: Installierte Leistung PV-Systeme weltweit (netzabhängig und netzunabhängig) [Datenquelle: EPIA 2010] ... 153
Abbildung 57: Fotovoltaik-Potentiale weltweit ... 157
Abbildung 58: Minimales technisches Potential zur Stromerzeugung mittels solarthermischer Kraftwerke ... 161
Abbildung 59: Prognose und Realität der weltweiten Installation von Windenergie. Für die Voraussage 2010 wurden alle geplanten Projekte berücksichtigt. [GWEC 1997–2008, 2010]; [GWEC, 2008]; [WEO, 1998-2009]; [WBGU, 2003] ... 166
Abbildung 60: Technische Potentiale zur Stromerzeugung aus Windenergie . 168
Abbildung 61: Entwicklung der durchschnittlichen Nennleistung bei den in Deutschland installierten Windrädern [DEWI 2010] ... 170
Abbildung 62: Technische Potentiale zur Stromerzeugung aus Laufwasserkraftwerken und Staudämmen ... 173
Abbildung 63: Technische Potentiale konventioneller Klein- und Großwasserkraftwerke im Vergleich zum heutigen Ertrag und Strombedarf (im Jahr 2007) ... 175
Abbildung 64: Rückblick und Ausblick: Weltweite Energiebereitstellung aus fossilen, nuklearen und erneuerbaren Energiequellen ... 192
Abbildung 65: Spezifischer Primärenergieverbrauch je Einwohner [Datenquelle: IEA energy balances, edition 2010] ... 196
Abbildung 66: Energiebereitstellung in OECD-Nordamerika ... 205
Abbildung 67: Energiebereitstellung OECD-Europa (Förderung und Erzeugung) ... 218
Abbildung 68: Neuinstallierte Kraftwerkskapazitäten in Europa im Jahr 2009 [EWEA 2010] ... 221
Abbildung 69: Perspektiven China ... 229
Abbildung 70: Perspektiven Südasien ... 234
Abbildung 71: Perspektive Übergangsstaaten ... 238
Abbildung 72: Perspektiven Mittlerer Osten ... 243
Abbildung 73: Perspektiven Ostasien ... 248
Abbildung 74: Perspektiven Afrika ... 254
Abbildung 75: Perspektive Lateinamerika ... 261
Abbildung 76: Förderung und Perspektive OECD-Pazifik ... 266
Abbildung 77: Idealbild »Sustainable World 2100« ... 311

Abbildung 78: Anzahl der PKWs, die mit Kraftstoff versorgt werden können, der auf einem Hektar Land erzeugt wird 318
Abbildung 79: Roadmap zum nachhaltigen Auto – das prinzipielle Schema... 323
Abbildung 80: Roadmap zum nachhaltigen Auto 325

Tabellenverzeichnis

Tabelle 1: Die Ölneufunde nehmen deutlich ab ... 44
Tabelle 2: Vergleich der Öl-Nettoimporte und -exporte 2002 und 2030 (Negatives Vorzeichen bedeutet Exporte) ... 80
Tabelle 3: Erdgasförderung, -verbrauch und -importe (Negatives Vorzeichen bedeutet Exporte) [BP 2010] ... 100
Tabelle 4: Technisches Potential für erneuerbare elektrische Energie ... 150
Tabelle 5: Das technische Potential für die Erzeugung von Wärme mit verschiedenen erneuerbaren Energien ... 151
Tabelle 6: Übersicht wichtiger PV-Hersteller mit bestehender Produktionskapazität und aktueller Jahresproduktion [LBST 2010] ... 159
Tabelle 7: Technische Potentiale zur Stromerzeugung aus Fotovoltaik ... 161
Tabelle 8: Technische Potentialabschätzung für die Nutzung von SOT-Anlagen zur Stromerzeugung ... 165
Tabelle 9: Top 10 Windmärkte – installierte Leistung 2009 [WWEA 2010] 170
Tabelle 10: Technische Potentiale zur Stromerzeugung aus Windenergie ... 172
Tabelle 11: Technische Potentiale zur Stromerzeugung aus Laufwasserkraftwerken und Staudämmen ... 177
Tabelle 12: Weltweite Potentiale zur Stromerzeugung aus Geothermie ... 182
Tabelle 13: Weltweite Potentiale zur Wärmeerzeugung aus geothermischen Großanlagen ... 182
Tabelle 14: Weltweite Biomassepotentiale (Lignozellulose) ... 188
Tabelle 15: Entwicklung des spezifischen Pro-Kopf-Einkommens seit dem Mittelalter (in US-Dollar in Preisen von 1990) [Maddison 2001] .. 200
Tabelle 16: Neuinstallierte Kraftwerkskapazitäten in Europa im Jahr 2009 [EWEA 2010] ... 223
Tabelle 17: Übersicht möglicher Stromspeicher ... 288
Tabelle 18: Der heutige nichtnachhaltige Verbrauch ausgewählter Mineralien 314
Tabelle 19: Roadmap zum nachhaltigen Auto – Handlungsfelder ... 325

Abkürzungen

a	Jahr
ASPO	Association for the Study of Peak Oil and Gas
bbl(oe)	Barrel (oil equivalent), Fass Rohöl
BEF	Batterieelektrisches Fahrzeug
BIP	Bruttoinlandsprodukt
BtL	Biomass-to-Liquid (transport fuel)
BZ	Brennstoffzelle
BZF	Brennstoffzellenfahrzeug
CBM	Coal bed methane, Grubengas
CtH_2	Coal-to-Liquid, Kraftstoff aus Kohle
e	Electricity, Strom
E&P	Exploration and production; Ausgaben für Ölsuche und -förderung
EC	European Commission, Europäische Kommission
EJ	Exa-Joule = 10^{18} Joule
EU	European Union, Europäische Union
EW	Einwohner
FBR	Fast breeding reactor, Nuklearer Schnellbrüter
Gb	Gigabarrel
GJ	Gigajoule
GWe	Gigawatt electrisch
GWh	Gigawattstunde
H2	Hydrogen, Wasserstoff
ha	hectare, Hektar
HEU	Highly enriched uranium
IEA	International Energy Agency, Internationale Energieagentur
kW	Kilowatt
kWh	Kilowattstunde
LBST	Ludwig-Bölkow-Systemtechnik
LNG	Liquefied natural gas, Flüssiggas

m	Meter
Mb	Megabarrel
MMBTU	Million British Thermal Units
MPa	Megapascal
Mt	Megatonne
Mtce	Million tons of coal equivalent, Million Tonnen Kohleäquivalent
Mto	Million tons of oil, Million Tonnen Öl
Mtoe	Million tons oil equivalent, Million Tonnen Öläquivalent
MW	Megawatt
MWe	Megawatt electrisch
MWh	Megawattstunde
NEA	Nuclear Energy Agency (OECD)
NG	Natural gas, Erdgas
NGL	Natural gas liquid, d. verflüssigtes Erdgas
OECD	Organisation for Economic Cooperation and Development
PV	Fotovoltaik
RAR	Reasonably Assured Resources
RES	Renewable Energy Sources, erneuerbare Energiequellen
SEC	Securities and Exchange Commission
SOT	Solarthermal power plant for electricity generation
SR	Speculative resources
t	Tonnen
toe	Metric ton oil equivalent, Tonnen Öläquivalent
TWh	Terawattstunde
U	Uranium
USGS	U.S. Geological Survey
WEC	World Energy Council
WEO	World Energy Outlook (der IEA)

Ludwig-Bölkow-Systemtechnik GmbH

Die Ludwig-Bölkow-Systemtechnik GmbH (LBST) ist ein Beratungsunternehmen für Energie und Umwelt. Unsere internationalen Kunden aus Industrie, Finanzsektor, Politik und Verbänden unterstützen wir bei Fragen zu Technologie, Strategie und Nachhaltigkeit.

Zwei Jahrzehnte kontinuierlicher Erfahrung des interdisziplinären Teams renommierter Experten bilden die Basis der umfassenden Kompetenz der LBST.

Die LBST bietet ihren Kunden:

- System- und Technologiestudien, Technologiebewertung und Due Diligence; Energie- und Infrastrukturkonzepte, Machbarkeitsstudien;
- Strategieberatung, Produktportfolioanalysen, Identifizierung neuer Produkte und Dienstleistungen, Marktanalysen;
- Nachhaltigkeitsberatung, Lebenszyklus-Analysen, Carbon Footprint Analysen, Bewertung natürlicher Ressourcen (Energie, Mineralien, Wasser), Nachhaltigkeitsbewertung (Sustainability Due Diligence);
- Projektmanagement, -begleitung und -bewertung, Koordination;
- Entscheidungsvorbereitung Studien, Briefings, Expertenkreise, Trainings.

Besondere Arbeitsschwerpunkte liegen in den Bereichen Energie (erneuerbare Energie, Energiespeicherung, Wasserstoff und Brennstoffzellen) und Verkehr (Kraftstoffe und Antriebe, Infrastruktur, Mobilitätskonzepte), sowie bei umfassenden Nachhaltigkeitsanalysen.

Ein konsequenter Systemansatz ist Kennzeichen aller Arbeiten. Nur dadurch, dass wirklich alle relevanten Elemente einer vernetzten Welt berücksichtigt werden, können wir unseren Kunden eine vollständige Grundlage für ihre Entscheidungen geben.

Mit ihrem tiefen Verständnis gesellschaftlicher und technologischer Entwicklungen sowie ihrer Unabhängigkeit hilft die LBST ihren Kunden mit objektiven und fundierten Informationen bei der Sicherung ihrer Zukunft.

Ludwig-Bölkow-Systemtechnik GmbH
Daimlerstr. 15
85521 Ottobrunn
Telefon +49 89 6081100, Fax +4 89 6099731
Email: info@lbst.de
Web: http://www.lbst.de

Autoren

Dipl. Ing. Martin Zerta, arbeitet seit 2002 bei der Ludwig-Bölkow-Systemtechnik GmbH (LBST), einem Beratungsunternehmen für Energie und Umwelt. Er studierte Versorgungstechnik an der Fachhochschule München. Neben den Schwerpunkten Wasserstoff- und Brennstoffzellentechnik beschäftigt er sich mit regionalen Energiekonzepten, sowie Szenarien und Strategien für eine langfristige Energieversorgung.

Kontakt: +49-89-608110-25
martin.zerta@lbst.de; www.lbst.de

Dr. Werner Zittel, ist seit 1989 bei der Ludwig-Bölkow-Systemtechnik GmbH in Ottobrunn beschäftigt. Er promovierte in Physik an der TH Darmstadt und am Max-Planck-Institut für Quantenoptik in München. Er ist Gründungsmitglied von ASPO International und im Vorstand von ASPO Deutschland (Association of the Study of Peak Oil and Gas) sowie Mitautor der Bücher Energiehandbuch (2002), Ölwechsel (2008), Geht uns das Erdöl aus? (2009)

Kontakt: +49-89-608110-20
zittel@lbst.de; www.lbst.de; www.energiekrise.de

Dipl. Kaufmann Jörg Schindler, war bis zu seiner Pensionierung Ende 2008 Geschäftsführer der Ludwig-Bölkow-Systemtechnik GmbH. Von 2000 bis 2004 war er Mitglied in der Enquete-Kommission des Bayerischen Landtags „Neue Energie für das neue Jahrtausend«. Schindler ist im Vorstand von ASPO Deutschland, ist Mitinitiator des Netzwerkes Slowmotion und Mitautor der Bücher Ölwechsel (2008), Geht uns das Erdöl aus? (2009) und Postfossile Mobilität (2009).

Kontakt: +49-89-6011553;
schindler@lbst.de; www.energiekrise.de

Dr. Hiromichi Yanagihara, war von 1969 bis März 2010 bei Toyota Motor beschäftigt. 2001 wechselte er als Chefentwickler zu Toyota Motor Europe NV/SA und arbeitete an innovativen neuen Fahrzeugkonzepten und langfristigen Perspektiven für die Automobilbranche. Hr. Yanagihara ist Mitglied der *Japan Society of Mechanical Engieers* (JSME) und der *Institution of Mechanical Engineers* (IMechE). Seit April 2010 führt Hr. Yanagihara das Beratungsunternehmen ODY Co., Ltd mit Sitz in Tokio.

Kontakt: +81-422-56-8592,
pvt.yanagihara@hotmail.co.jp,
www.odynet.web.fc2.com

Stichwortverzeichnis

Abiotische Theorie 56
Afrika 6, 23, 25 f., 29, 38, 48, 58, 72, 78, 97–101, 110, 114 f., 129, 143 f., 149 f., 153, 158, 160, 162 f., 165, 171, 175 f., 181 f., 186 f., 189ff., 196, 198 f., 210ff., 220, 240, 244–251, 270, 293, 335, 337
Ägypten 57, 173, 240, 245, 247
Alberta 65g., 92
Algerien 42, 53, 245, 247
Amoco 46
Andasol 161
Angola 53, 57, 72, 190, 245, 247
Aramco 48
Arco 46
Argentinien 129, 251, 254
Aserbeidschan 67 f.
ASPO 327, 334, 341
AUFBRUCH 3, 325
Australien 24, 29, 73, 95, 100 f., 108, 110, 112, 115, 119, 129 f., 153, 160, 162, 176, 180ff., 191, 194, 196, 220, 222, 257, 259 f., 336

Barentssee 83, 89,
Batterie 22ff., 26, 140, 152, 212, 221 f., 230, 256, 260, 275, 279, 281, 285, 288, 312, 319
Belgien 183, 194
Benz, Carl 273
BHP Billiton 258
Biden, Joe 202
Biodiesel 139, 183
Bioethanol 254 f.
Biomasse 5, 16, 21, 23, 26, 36, 140, 143–148, 150, 152, 164, 179, 183, 185ff., 199, 206, 216, 222, 228 f., 234, 242, 248. 254, 257, 259, 263, 268, 290, 292, 294, 312, 315, 337
Birol, Fatih 31, 39 f., 219, 328
Bolivien 24, 190, 222, 251, 253–256, 328
BP 31, 32, 47ff., 61, 68, 81, 82, 88, 97, 124, 177, 247, 254, 266, 328, 335, 339
Brennstoffzelle 23, 312, 341
Bulgarien 129
Burgan 41
Bush, George W. 201, 207

Campbell, Colin 46, 56
CCS 118, 310
Chavez, Hugo 251
Cheney, Dick 86
Chile 24, 194, 222, 255, 287
China 6, 23 f., 29, 35, 48, 74, 76, 78, 97, 101 f., 103–108, 112, 115, 120, 123, 149 f., 154, 156ff., 160, 162ff., 167, 169, 171, 174ff., 178, 181 f., 187, 190 f., 196, 198, 207, 219–226, 235, 240, 244, 246, 247, 249, 250ff., 264, 267, 281, 284 f., 288, 297,, 328, 337
Coal Bed Methane 341
ConocoPhillips 81
CtL 99, 309

Dänemark 165, 169, 172, 183, 194
Deepwater Horizon 46, 48, 253
Desertec 154, 161 f., 190, 211, 248, 328, 333
Diesel, Rudolf 273

Ecuador 53, 253, 256
EIA 16, 37, 57, 335
El Salvador 180
Elektrizität 26, 141, 154, 232, 241, 268 f., 275 f., 178, 294
Elf 46
EPIA144, 153ff., 157, 329, 337
Ethanol 36, 58, 184, 254
EWEA 19, 21, 144, 167, 171 f., 216 f., 329 f., 337, 339
ExxonMobil 48

Fahrrad 25, 230, 273, 280 f., 295
Fina 46
Finnland 122, 126, 135, 183, 194
Ford, Henry 273
Fotovoltaik 21, 33, 139, 144, 149, 152ff., 156–161, 207, 216 f., 221, 226, 229, 23, 237, 242, 248, 255, 259, 279, 293, 312, 313, 315, 323, 337, 339, 342

Gabun 129
Gashydrat 87
Gazprom 89, 215, 232,
Geothermie 5, 139, 144 f., 179ff., 24, 216, 234, 242 f., 259, 313, 339
Ghawar 41, 44
Golf von Mexiko 35, 38, 46, 48, 55, 57, 59, 64 f., 201, 253
Greenpeace 167, 240, 243, 330
Großbritannien 51, 54, 69, 88, 95, 116, 125, 160, 169, 171, 176, 298, 265, 272
Grubengas 84 f., 90 f., 341
Guatemala 180
GWEC 168, 330, 337

Hartbraunkohle 100 f., 109 f.,
Holzpellets 183

IAEA 19, 127, 130, 332
Indien 6, 23 f., 29, 35, 73 f., 101, 110ff., 115, 160, 166, 169, 176, 178, 181 f., 190 f., 196, 198, 225–230, 235, 240, 250, 270, 284, 294, 336
Indonesien 53, 75, 95, 99 f., 103 f., 110, 112 f., 115, 180, 196 f., 199, 239 f., 242 f., 330 f., 336
International Energy Agency (IEA) 40, 330, 334
IPCC 286
Irak 53, 61, 270
Irakkrieg 34, 61, 201
Iran 24, 34, 41, 53, 61, 81, 93, 189, 191, 236 f.
Irland 194
Island 180, 194
Israel 194
Italien155, 169, 180, 183, 194, 198, 216

Japan 29, 112, 122, 154 f., 157 f., 160, 171, 176, 178, 181 f., 194, 197, 204, 207, 221, 235, 239 f., 250, 257, 259 f., 284, 287, 293, 298
Joule-1-Programm 330

Kanada 29, 38, 53, 57, 62 f., 65 f., 86, 91, 115, 119, 129, 131, 133, 158, 160, 171, 176, , 178, 182, 194, 200 f., 220, 291, 335 f.
Kasachstan 24, 67 f., 90, 119, 129ff., 191
Kirgisien 24, 191
Kohleenergie 5, 98, 99, 101, 103, 105, 107, 109, 111, 113, 115,117
Kohleverflüssigung 99, 112
Kongo, Demokratische Republik 129, 245
Konventionelles Erdgas 90
Konventionelles Öl 53
Kuwait 41, 53, 266

Laherrère, Jean 38, 46, 332
Lateinamerika 6, 29, 70, 78, 97, 100, 149 f., 158, 160, 163, 171, 175 f., 181 f., 187, 195, 198, 251–256, 337

Leonard, Ray 56
Lithium-Ionen-Akku 142
Ludwig-Bölkow-Systemtechnik GmbH (LBST) 6 f., 9, 331, 334, 341, 343-346
Lukoil 234

Madagaskar 110, 196, 246
Meerwasserentsalzung 23, 236
Methanhydrat 87
Mexiko 85, 92
Mittlerer Osten 6, 29, 61, 78, 97, 149 f., 160, 163, 171, 181 f., 187, 235 f., 337
Mobilität 13, 26, 190, 261, 281, 295, 300, 302, 304 f., 322 f., 326 f., 333
Morales, Evo 190, 251

Nabucco 215
NEA 127 f., 130ff., 336
Neuseeland 29, 73, 194, 257, 259, 291, 336
NGL 52 f., 57, 59, 342
Niederlande 189, 194,
Nigeria 35, 53, 57, 72, 189, 245, 247, 267
Nordsee 34, 44, 69, 173, 267, 283
Norwegen 51, 54, 69, 88, 95, 183, 194, 215, 243, 267
NOW 213, 331

Obama, Barack 139, 166, 201 f.
OECD 6, 21-24, 28 f., 31, 40, 63, 78, 88, 90, 92, 96 f., 108, 112 f., 117, 127, 131, 133, 135, 143 f., 149 f., 158, 160, 163, 171, 175 f., 176, 181ff., 187, 194-199, 201, 203 f., 206ff., 211, 213, 214, 216 f., 225, 251, 257 f., 284, 330 f., 336ff., 342
Oettinger, Günther 209, 211, 332
Offshore-Öl 64, 232
Offshore-Windenergie 172 f., 211
Ölkrise 40
Ölsande s. Teersande 203
Onshore-Öl 43
Onshore-Windenergie 171
OPEC 9, 15, 34, 36, 40, 48, 51, 53, 70, 75ff., 219, 336
Ostasien 6, 75, 78, 97 f., 149 f., 160, 163, 171, 175 f., 181 f., 239ff., 291, 336 f.
Otto, Nikolaus 273

Pakistan 24, 29, 74, 191, 240, 270, 336
Palmöl 239 f., 243
Peak Fossil 5, 15, 17, 19
Peak Gas 17, 81, 83, 93, 282
Peak Oil 5, 7, 15, 17, 25, 34 f., 37, 39, 41, 43, 45, 47, 49, 51, 53, 55, 57, 59, 61 f., 64 f., 67, 69, 71, 73, 75, 77, 98 f., 190, 192, 195, 261, 282, 284, 285, 305, 316, 322, 327, 333, 341
Pedelec 278
Petrobras 48, 70, 252
Petroconsultants 38, 46, 332
Philippinen 180
Polen 103, 194, 239
Portugal 129, 155, 169, 172, 189, 194
Pumpspeicherwerk 26, 142, 166
Putin, Wladimir 24, 191,

Qatar 53, 81, 93 f., 237, 266
Quaschning, Volker 160, 332

Regenwald 239 f., 243 f., 253, 256 f.,
Rio 321
Rubin, Jeff 36, 333
Rühl, Christoph 48
Rumänien 129
Russland 24, 48, 57, 67, 76, 78, 81 f., 88, 95, 98, 100 f., 119, 132, 160, 171, 176, 181ff., 189, 191, 209, 215 f., 231-236, 252, 267, 276,

Saudi-Arabien 16, 36, 38, 41, 44, 48, 52 f., 57, 61, 62, 76 f., 199, 219, 237
Schiefergas 85 f.,

Schweden 88, 183, 194
Schweiz 185, 194, 303, 323
SCO 24, 191
Shale Gas 84–87, 90ff., 203, 205
Shell 46ff., 50, 72, 213
Silizium 152, 157, 277
Slowakei 194
Slowenien 194
Smart Grid 210
Solarenergie 5, 23, 33, 139, 146f., 151, 153, 155, 157, 159, 161, 163, 186, 199, 204, 210, 226ff., 230, 234, 236ff., 248f., 259, 337
Solarthermie 150, 152, 216
Solarzellen s. Fotovoltaik 33, 139, 152, 155, 157
Sonnenenergie s. Solarenergie 146, 150, 152f., 165, 179, 250, 255, 331
SOT 139, 150, 161ff., 206, 237, 313, 339, 342
Spanien 129, 153ff., 160f., 169, 171f., 176, 189, 194, 216
Steinkohle 100f., 109, 110, 116, 205
Südasien 6, 29, 78, 97, 110, 149f., 160, 163, 171, 176, 181f., 187, 225, 227, 229, 337
Südkorea 29, 122, 194, 197, 284
Südostasien 29, 95, 240
Syncrude 66

Tadschikistan 24, 129, 191
Teersande 15, 38, 47, 52f., 59, 63, 65f., 92
Thailand 57, 239
Tiefsee-Öl 47, 54, 253
Tight Gas 84, 86
Toyota Motor Europe (TME) n7, 10, 346
Tschechien 129, 332
Türkei 103, 153f., 178, 180, 194, 216

Übergangsstaaten 6, 29, 38, 58, 67f., 78, 83, 88f., 97f., 100, 105, 115, 132, 149f., 158, 160, 163, 165, 171, 175f., 181f., 187, 231, 233, 237, 298, 335ff.
Ungarn 129, 194
Unkonventionelles Erdgas 84
Unkonventionelles Öl 53

USA 9, 18, 24, 29, 37, 42, 58ff., 62–65, 76, 84f., 88–93, 100f., 103, 106, 108ff., 114f., 119, 122, 125f., 129f., 133f., 154, 157f., 160ff., 166, 169, 171, 173, 176, 178, 180–183, 189ff., 196, 198, 200f., 203, 205, 207, 12, 219–222, 224, 236, 240, 247, 249, 252, 268, 274, 279, 283f., 287, 291, 297f., 335f.
Usbekistan 24, 132, 191
USGS 37, 64, 110, 342

Venezuela 35, 38, 53, 57, 70, 72, 189f., 251–255, 266
Verbrennungsmotor 186, 273f., 312f., 319
Vereinigte Arabische Emirate 53
Vietnam 57, 239

Wärmedämmung 200, 299
Wasserkraft 5, 21, 23, 144f., 149f., 173, 175, 177, 179, 228f., 234, 237, 242, 244, 246, 248, 255, 259, 268, 275, 278, 313
Wasserstoff 26, 33, 53, 79, 135, 141f., 152, 166, 191, 201, 203, 211ff., 222f., 238, 257, 260, 267, 278f., 282, 312f., 315, 319, 331, 341, 343
Wasserstoff-Brennstoffzellenfahrzeuge 201
Wasserstoff-Infrastruktur 26, 213
WBGU 167f., 333
Weichbraunkohle 100
Weltenergierat 101
Windenergie 5, 146ff., 158, 165–173, 179, 206f., 211, 221f., 229, 234, 245, 248, 256, 259, 312, 322f., 328, 334, 337, 339

Windkonverter 170,
World Energy Council (WEC) 98, 102, 177, *334*, *336*, *342*
World Energy Outlook (WEO) 17 f., 31 f., 40, 71, 73, 90 f., 94, 96, 167 f., 171, 228, 242, *334–337*, *342*
WWEA 167, 169, 172, *334*, *339*